国家级一流本科专业建设成果教材

高等院校智能制造应用型人才培养系列教材

增材制造技术
原理与应用

王进峰　普雄鹰　刘　颖
邢宏宇　孔祥广　周福成 　编著

Additive Manufacturing
Principles and Applications

化学工业出版社

·北京·

内 容 简 介

本书是"高等院校智能制造应用型人才培养系列教材"之一,面向智能制造相关专业,目标是打造适合培养智能制造工程应用型人才的教材体系,以培养适应智能制造发展需求的应用型人才。

本书秉持"案例引入→原理阐述→应用场景→探索创新"的思路,全面系统地阐述了增材制造技术的原理、典型工艺、应用案例和技术前沿。

第1章概述了增材制造的原理、技术类型、发展背景和现状。第2章阐述了增材制造的数据处理技术,包括STL文件的检测和修复、分层算法和扫描填充算法;第3~8章分别介绍了光固化成型、熔融沉积制造、激光选区烧结、激光选区熔化、激光沉积制造、3DP打印技术的工艺原理、系统组成、工艺过程和典型应用案例。

本书内容结构完整、脉络清楚,主体内容浅显易懂,扩展阅读深入浅出,既保证了基础内容的全面性和条理性,又保证了高阶内容的创新性和时效性。

本书是高等院校增材制造相关专业的教材,也可供相关技术领域的工程技术人员阅读。

图书在版编目(CIP)数据

增材制造技术原理与应用/王进峰等编著. —北京:
化学工业出版社,2023.9
高等院校智能制造应用型人才培养系列教材
ISBN 978-7-122-43741-9

Ⅰ.①增… Ⅱ.①王… Ⅲ.①快速成型技术-高等学
校-教材 Ⅳ.①TB4

中国国家版本馆CIP数据核字(2023)第119798号

责任编辑:金林茹 张海丽 　　　　　装帧设计:韩 飞
责任校对:刘曦阳

出版发行:化学工业出版社(北京市东城区青年湖南街13号 邮政编码100011)
印　　装:河北鑫兆源印刷有限公司
787mm×1092mm 1/16 印张13½ 字数318千字 2024年2月北京第1版第1次印刷

购书咨询:010-64518888 　　　　　售后服务:010-64518899
网　　址:http://www.cip.com.cn
凡购买本书,如有缺损质量问题,本社销售中心负责调换。

定　　价:52.00元 　　　　　　　　　版权所有 违者必究

高等院校智能制造应用型人才培养系列教材
建设委员会

主任委员：

罗学科　　郑清春　　李康举　　郎红旗

委员（按姓氏笔画排序）：

门玉琢　　王进峰　　王志军　　王丽君　　田　禾

朱加雷　　刘　东　　刘峰斌　　杜艳平　　杨建伟

张　毅　　张东升　　张烈平　　张峻霞　　陈继文

罗文翠　　郑　刚　　赵　元　　赵　亮　　赵卫兵

胡光忠　　袁夫彩　　黄　民　　曹建树　　戚厚军

韩伟娜

教材建设单位（按笔画排序）：

上海应用技术大学机械工程学院	北京信息科技大学机电工程学院
山东交通学院工程机械学院	四川轻化工大学机械工程学院
山东建筑大学机电工程学院	兰州工业学院机电工程学院
天津科技大学机械工程学院	辽宁科技学院机械工程学院
天津理工大学机械工程学院	西京学院机械工程学院
天津职业技术师范大学机械工程学院	华北水利水电大学机械学院
长春工程学院汽车工程学院	华北电力大学（保定）机械系
北方工业大学机械与材料工程学院	华北理工大学机械工程学院
北华航天工业学院机电工程学院	安阳工学院机械工程学院
北京石油化工学院工程师学院	沈阳工学院机械工程与自动化学院
北京石油化工学院机械工程学院	沈阳建筑大学机械工程学院
北京印刷学院机电工程学院	河南工业大学机电工程学院
北京建筑大学机电与车辆工程学院	桂林理工大学机械与控制工程学院

序

党的二十大报告指出，要建设现代化产业体系，坚持把发展经济的着力点放在实体经济上，推进新型工业化，加快建设制造强国、质量强国、航天强国、交通强国、网络强国、数字中国。实施产业基础再造工程和重大技术装备攻关工程，支持专精特新企业发展，推动制造业高端化、智能化、绿色化发展。推动战略性新兴产业融合集群发展，构建新一代信息技术、人工智能、生物技术、新能源、新材料、高端装备、绿色环保等一批新的增长引擎。其中，制造强国、高端装备等重点工作都与智能制造相关，可以说，智能制造是我国从制造大国转向制造强国、构建中国制造业全球优势的主要路径。

制造业是一个国家的立国之本、强国之基，历来是世界各主要工业国高度重视和发展的重要领域。改革开放以来，我国综合国力得到稳步提升，到 2011 年中国工业总产值全球第一，分别是美国、德国、日本的 120%、346% 和 235%。党的十八大以来，我国进入了新时代，发展的格局更为宏大，"一带一路"倡议和制造强国战略使我国工业正在实现从大到强的转变。我国不但建立了全球最为齐全的工业体系，而且在许多重大装备领域取得突破，特别是在三代核电、特高压输电、特大型水电站、大型炼化工、油气长输管线、大型矿山采掘与炼矿综采重点工程建设项目、重大成套装备、高端装备、航空航天等领域取得了丰硕成果，补齐了短板，打破了国外垄断，解决了许多"卡脖子"难题，为推动重大技术装备高质量发展，实现我国高水平科技自立自强奠定了坚实基础。进入新时代的十年，制造业增加值从 2012 年的 16.98 万亿元增加到 2021 年的 31.4 万亿元，占全球比重从 20% 左右提高到近 30%；500 种主要工业产品中，我国有四成以上产量位居世界第一；建成全球规模最大、技术领先的网络基础设施……一个个亮眼的数据，一项项提气的成就，勾勒出十年间大国制造的非凡足迹，标志着我国迎来从"制造大国""网络大国"向"制造强国""网络强国"的历史性跨越。

最早提出智能制造概念的是美国人 P.K.Wright，他在其 1988 年出版的专著 *Manufacturing Intelligence*（《制造智能》）中，把智能制造定义为"通过集成知识工程、制造软件系统、机器人视觉和机器人控制来对制造技工们的技能与专家知识进行建模，以使智能机器能够在没有人工干预的情况下进行小批量生产"。当然，因为智能制造仍处在发展阶段，各种定义层出不穷，国内外有不同专家给出了不同的定义，但智能机器、智能传感、智能算法、智能设计、解决制造过程中不确定问题的智能方法、智能维护是智能制造的核心关键词。

从人才培养的角度而言，实现智能制造还任重道远，人才紧缺的局面很难在短时间内扭转，相关高校师资力量也不足。据不完全统计，近五年来，全国有 300 多所高校开办了智能制造专业，其中既有双一流高校，也有许多地方院校和民办高校，人才培养定位、课程体系、教材建设、实践环节都面临一系列问题，严重制约着我国智能制造业未来的长远发展。在此情况下，如何培养出适应不同行业、不同岗位要求的智能制造专业人才，是许多开设该专业的高校面临的首要任务。

智能制造的特点决定了其人才培养模式区别于其他传统工科：首先，智能制造是跨专业的，其所涉及的知识几乎与所有工科门类有关；其次，智能制造是跨行业的，其核心技术不仅覆盖所有制造行业，也适用于某些非制造行业。因此，智能制造人才培养既要考虑本校专业特色，又不能脱离社会对智能制造人才的需求，既要遵循教育的基本规律，又要创新教育体系和教学方法。在课程设置中要充分考虑以下因素：

- 考虑不同类型学校的定位和特色；
- 考虑学生已有知识基础和结构；
- 考虑适应某些行业需求，如流程制造，离散制造，混合制造等；
- 考虑适应不同生产模式，如多品种、小批量生产、大批量生产等；
- 考虑让学生了解智能制造相关前沿技术；
- 考虑兼顾应用型、技能型、研究型岗位需求等。

改革开放 40 多年来，我国的高等教育突飞猛进，高等教育的毛入学率从 1978 年的 1.55%提高到 2021 年的 57.8%，进入了普及化教育阶段，这就意味着高等教育担负的历史使命、受教育的对象都发生了深刻的变化。面对地方应用型高校生源差异化大，因材施教，做好智能制造应用型人才培养，解决高校智能制造应用型人才培养的教材需求就是本系列教材的使命和定位。

要解决好这个问题，首先要有一个好的定位，有一个明确的认识，这套教材定位于智能制造应用人才培养需求，就是要解决应用型人才培养的知识体系如何构造，智能制造应用型人才的课程内容如何搭建。我们知道，应用型高校学生培养的主要目的是为应用型学科专业的学生打牢一定的理论功底，为培养德才兼备、五育并举的应用型人才服务，因此在课程体系、基础课程、专业教育、实践能力培养上与传统综合性大学和"双一流"学校比较应有不同的侧重，应更着眼于学生的实用性需求，应培养满足社会对应用技术人才的需求，满足社会实际生产和社会实际发展的需求，更要考虑这些学校学生的实际，也就是要面向社会发展需求，为社会各行各业培养"适销对路"的专业人才。因此，在人才培养的过程中，对实践环节的要求更高，要非常注重理论和实践相结合。据此，在应用型人才培养模式的构建上，从培养方案、课程体系、教学内容、教学方式、教材建设上都应注重应用型人才培养的规律，这正是我们编写这套应用型高校智能制造相关专业教材的目的。

这套教材的突出特色有以下几点：

① 定位于应用型。这套教材不仅有适应智能制造应用型人才培养的专业主干课程和选修课程教

材，还有基于机械类专业向智能制造转型的专业基础课教材，专业基础课教材的编写中以应用为导向，突出理论的应用价值。在编写中引入现代教学方法和手段，结合教学软件和工业仿真软件，使理论教学更为生动化、具象化，努力实现理论课程通向专业教学的桥梁作用。例如，在制图课程中较多地使用工业界成熟设计软件，使学生掌握比较扎实的软件设计能力；在工程力学教学中引入有限元软件，实现设计计算的有限元化；在机械设计中引入模块化设计的概念；在控制工程中引入 MATLAB 仿真和计算机编程内容，实现基础教学内容的更新和对专业教育的支撑，凸显应用型人才培养模式的特点。

② 专业教材突出实用性、模块化、柔性化。智能制造技术是利用先进的制造技术，以及数字化、网络化、智能化等知识和控制理论来解决制造过程中不确定和非固定模式的问题，使得制造过程具有智能的技术，它的特点是综合性和知识内涵的丰富性以及知识本身的创新性。因此，在教材建设上与以前传统的知识技术技能模式应有大的区别，更应注重对学生理念、意识、认知、思维方式和系统解决问题能力的培养。同时考虑到各行业、各地和各校发展阶段和实际办学水平的不同，希望这套教材尽可能为各校合理选择教学内容提供一个模块化、积木式结构，并在实际编写中尽量提供项目化案例，以便学校根据具体情况做柔性化选择。

③ 本系列教材注重数字资源建设，更多地采用多媒体的互动方式，如配套课件、教学视频、测试题等，使教材呈现形式多样化，数字内容更为丰富。

由于编写时间紧张，智能制造技术日新月异，编写人员专业水平有限，书中难免有不当之处，敬请读者及时批评指正。

高等院校智能制造应用型人才培养系列教材建设委员会

前　言

　　2015 年《政府工作报告》中首次提出实施"中国制造 2025"。为了实现我国由制造业大国向制造业强国的转变，各大部委先后出台相应政策大力发展新一代智能制造技术，其中，工信部在《智能制造工程实施指南（2016—2020）》中明确指出：增材制造技术是新一代智能制造的核心支撑技术之一，增材制造装备是我国实施智能制造需攻克的五大类核心技术装备之一。

　　增材制造技术颠覆了传统的材料去除式的制造技术，是信息技术、材料技术和制造技术的深度融合，被誉为有望推动"第四次工业革命"的代表性技术，也是实现大规模个性化定制的引领技术。随着信息技术、新材料技术和先进制造技术的高速发展，增材制造技术发展迅速，在电子、生物、航空航天等高端领域应用场景日益成熟。我国 2020 年发布了《增材制造标准领航行动计划（2020—2022 年）》，标志着增材制造技术的产业规模日益扩大，企业急需增材制造相关标准的制定和推广，引领增材制造技术向更宽更广的领域发展和应用。

　　在此背景下，企业急需能够利用增材制造技术加速企业实现数字化、网络化和智能化改造的专业技术人才。为了满足高级专业技术人才培养的需求，教材编写工作组筹划了《增材制造技术原理与应用》等相关教材。《增材制造技术原理与应用》教材的撰写，主要基于以下两方面的考虑：

　　（1）在内容覆盖方面，本教材从增材制造技术的全生命周期出发，从前处理、成型处理和后处理三个阶段全面阐述了增材制造技术的原理和应用。在前处理阶段，阐述了 CAD 建模、STL 文件导出、STL 文件检测和修复、分层算法设计和扫描填充算法设计；在成型处理阶段，详细阐述了不同增材制造工艺的工艺原理、系统组成、工艺过程、新材料；在后处理阶段，在分析成型精度的基础上，从强化、清洗等角度探讨了不同增材制造工艺的后处理流程。

　　（2）在编写形式方面，本教材在基础知识、高阶知识前后贯通、延续递阶的基础上，强调以解决"复杂增材制造问题"为核心的工程教育思想的融入。首先，通过思维导图较为清晰地阐述知识点及其体系结构；然后，以案例引导→原理阐述→应用场景→探索创新为主线，由浅入深地阐述增材制造的基础知识和高阶知识。

　　本教材参与编写的人员包括：华北电力大学王进峰（第 1 章），沈阳工学院普雄鹰（第 6 章、第 7 章），北京建筑大学刘颖（第 3 章、第 4 章），山东建筑大学邢宏宇（第 2 章、第 8 章），华北电力大学孔祥广、周福成（第 5 章），研究生张佳祥参与了书中部分图、表、公式的编写和修订。

由于编著者水平有限，书中不足之处在所难免，敬请读者批评指正。

编著者

扫码获取本书资源

目 录

第 3 章　光固化技术　　　　　　　　　47

第6章 激光选区熔化技术   118

第 8 章　3DP 打印技术　181

概述

思维导图

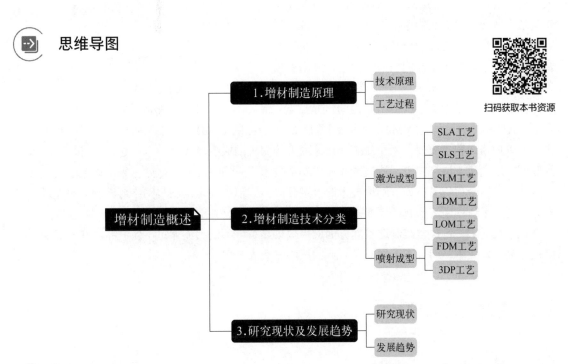

扫码获取本书资源

学习目标

（1）掌握增材制造的基本概念和技术原理；

（2）掌握增材制造的工艺过程；

（3）了解增材制造不同称谓蕴含的技术特征；

（4）掌握 SLA、FDM 等七种增材制造的工艺原理；

（5）了解增材制造技术和产业的发展现状和趋势；

（6）了解利用科技文献和专利分析增材制造技术及产业的方法。

 案例引入

增材制造技术在航空航天、船舶工程、生物医疗等领域应用广泛。

美国通用电气公司为 LEAP 发动机研制的高温合金燃油喷嘴采用迷宫式复杂流道设计，可实现燃油与空气的高效混合，提高发动机性能，且该设计可保证喷嘴在高温下长时间服役。与传统的制造方法相比，使用增材制造技术后，单个燃油喷嘴尖端零件数量从 20 个减少到 1 个，喷嘴尖端重量减轻了 25%，发动机燃油效率比 CFM56 发动机高出 15%，发动机燃油喷嘴如图 1-1 所示。

20 世纪 80 年代以来，随着生活水平的提高，人们的消费也日趋个性化。空前激烈的市场竞争迫使制造企业必须以更快的速度设计、制造出性价比高，并能满足人们需求的产品，因此，产品快速开发的技术和手段成了企业的核心竞争力。制造业内

图 1-1 发动机燃油喷嘴

外部形势发生巨大变化，使得传统的大批量、刚性的生产方式及其制造技术已不能适应要求，于是先进制造技术就成了世界范围内的研究热点，涌现了计算机集成制造系统（CIMS）、敏捷制造（AM）、虚拟制造（VM）、并行工程（CE）、智能制造（IM）、柔性制造系统（FMS）等先进的管理模式和净成型、激光加工、快速成型等先进的成型概念及技术。进入 21 世纪以来，互联网技术高速发展，先进制造模式和先进制造技术不断涌现。尤其是近年来，以人工智能技术为核心的新一代信息与先进制造技术深度融合，大规模个性化定制和网络协同制造等先进生产方式催生了新的经济形式、新业态和新的产业模式，增材制造技术使企业在快速响应客户的个性化消费需求、解决传统制造难题方面应用效果显著，不仅大大缩短了新产品的开发周期，降低产品开发成本，而且大大提高了企业的核心竞争力。

1.1 增材制造原理

1.1.1 技术原理

增材制造（additive manufacturing）技术，又称为快速原型制造（rapid prototyping manufacturing，RPM）技术，或快速成型制造（rapid prototyping，RP）技术，或 3D 打印技术。它将计算机辅助设计（CAD）、计算机辅助制造（CAM）、计算机数字控制（CNC）、激光、精密伺服驱动和新材料等先进技术集于一体，通过三维建模软件设计工件的三维模型，对三维模型进行分层切片，得到各层截面的二维轮廓，按照这些轮廓，成型头在数控系统的控制下形成各个截面轮廓，并

逐步顺序叠加成三维工件。因此，增材制造技术是由 CAD 模型直接驱动，快速制造任意复杂形状的三维物理实体的技术。

增材制造技术彻底摆脱了传统的去除加工法——部分去除大于工件的毛坯上的材料来得到工件，而采用全新的增长加工法——用一层层的小毛坯逐步叠加成大工件，将复杂的三维加工分解成简单的二维加工的组合，其基本原理如图 1-2 所示。

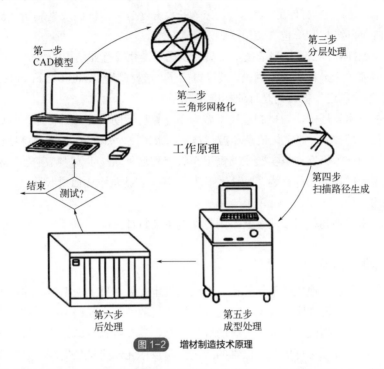

图 1-2　增材制造技术原理

增材制造"材料叠加"的思想起源于 19 世纪末的美国。1892 年，Blanther 提出用分层制造法制作地形图。这种方法的原理是将地形图的轮廓线压印在一系列蜡片上，然后按轮廓线切割蜡片，并将其黏结在一起，得到三维地形图。

1902 年，Carlo Base 在其专利中提出用光敏聚合物制造塑料件的原理，这是现代第一种快速成型技术——"立体平版印刷术"的初始设想。

1976 年，Paul L Dimatteo 在其专利中进一步明确提出，先用轮廓跟踪器将三维物体转化成许多二维轮廓薄片，然后用激光切割使这些薄片成型，再用螺钉、销钉等将一系列薄片连接成三维物体，这些设想与现代另一种快速成型技术——"物体分层制造"的原理极为相似。

1979 年，日本东京大学的 Nakagawa 教授开始采用分层制造技术制作实际的模具，如落料模、压力机成型模和注塑模。实际上，早期的这些专利虽然提出了一些快速成型的基本原理，但是还很不完善，更没有实现快速成型机械及其原材料的商品化。

20 世纪 80 年代末以后，快速成型技术有了根本性的发展。Charles W Hull 在其 1986 年的专利中提出一个用激光照射液态光敏树脂，从而分层制作三维物体的现代快速成型机的方案。随后，美国 3D Systems 公司据此专利，于 1988 年生产出了第一台现代快速成型机——SLA-250（液态光敏树脂选择性固化成型机），开创了增材制造技术发展的新纪元。

在此后的 10 年内，涌现了 10 多种不同形式的快速成型技术，如薄型材料选择性切割（LOM）、丝状材料选择性熔覆（FDM）和粉末材料选择性烧结（SLS）等，并且在工业、医疗以及其他领域得到了普遍的应用。不仅如此,还派生出一个全新的领域——快速模具制造(rapid tooling),从而使快速成型成为现代制造业必不可少的支柱技术。

1995 年,麻省理工学院创造了"三维打印"一词,当时的毕业生 Jim Bredt 和 Tim Anderson 修改了喷墨打印机方案,将墨水替换为胶水来黏结粉床上的粉末,发现可以打印出立体物品。他们将这种打印方法称作 3D 打印(3D printing,3DP)。此后,3D 打印一词慢慢流行,所有的快速成型技术都归到 3D 打印的范畴。其他一些术语包括实体自由成型制造(solid freeform fabrication,SFF)和分层制造也被使用了很多年。

2009 年初,ASTM F42 增材制造技术委员会试图标准化该行业使用的术语,在一次会议上,经过许多行业专家关于最佳术语的讨论,最终得出了"增材制造"(additive manufacturing,AM)一词,如今,"增材制造"被认为是行业标准术语。

在百年来的技术发展中,增材制造技术融合了计算机辅助设计、材料加工与成型技术,综合了计算机图形处理技术、数字化信息和控制技术、激光技术、机电技术和材料技术等的优势,西北工业大学凝固技术国家重点实验室的黄卫东教授称这种新技术为"数字化增材制造",中国机械工程学会宋天虎秘书长称其为"增量化制造",其实它就是不久前引起社会广泛关注的"三维打印"技术的一种。

增材制造技术的不同称谓反映了其不同方面的主要特征。

(1)离散堆积制造

离散堆积制造是基于现代成型学理论,在成型技术发展基础上提出的,体现了快速成型技术的基本成型原理。它既表明了模型信息处理过程的离散性,又强调了成型物理过程的材料堆积性。离散堆积制造的提法不局限于现有的成型工艺,没有对制造单元的性状做任何限制。制造单元可以是二维层片,也可以是更低维的线单元、点单元,或者是更高维的三维实体。它是从成型原理的角度作出的概括,具有较强的概括性和适应性。

(2)分层制造

分层制造体现了目前已有的快速成型工艺的基本成型过程特征,强调了快速成型技术是将复杂的三维加工分解成一系列的二维层片的加工。不同于锻压、铸造等传统工艺的一次性成型,着重强调层作为制造单元的特点。

(3)材料添加制造

该定义从材料在成型过程中的状态变化出发,强调快速成型技术是在 CAD 模型离散的基础上将材料单元通过一定方式堆积、叠加成型,而不同于车削加工等基本材料去除原理的传统加工工艺。

由于目前出现的快速成型工艺均采用一层层叠加制造的原理,是在 CAD 模型离散基础上的材料分层累加成型过程,所以上述 3 个概念没有本质的区别。

(4)直接 CAD 制造

该定义反映了快速成型 CAD 模型直接驱动,实现了设计与制造一体化。计算机中的 CAD 模型通过接口软件直接驱动快速成型设备,接口软件完成 CAD 数据向设备数控指令的转化和成型过程的工艺规划，成型设备则像打印机一样打印零件，完成三维输出。

（5）实体自由成型制造

该定义表明快速成型技术不需要专用的模腔或夹具，零件的形状和结构也相应不受任何约束。这和传统的模锻、铸造等在型腔约束下的成型有很大不同，也不同于需要专用夹具的冷加工。由于不需要专用的夹具或工具，成型过程具有极高的柔性，这是快速成型技术非常重要的特征。快速成型工艺是用逐层变化的截面制造三维形体，在制造每一层片时都和前一层自动实现连接，第一层和成型平台连接，这样零件成型过程中不需要专用夹具或工具，使制造成本完全与批量无关。当零件的形状、要求和批量改变时，不需要进行重新设计、制造工装和专用工具，只需要改变它的 CAD 模型，调整和设置工艺参数，即可制造出新的零件。

（6）即时制造

该定义反映了该类技术的快速响应性。由于不需要针对特定零件制定工艺操作规程，也不需要准备专用夹具和工具，所以零件三维 CAD 模型建立之后，可立即输入快速成型系统，由数据处理软件进行零件信息处理和工艺规划，然后自动生成数控代码控制成型机造型。快速成型工艺造型过程所需时间与零件形状和大小有关，也和工艺种类有关。

1.1.2　工艺过程

增材制造的工艺过程包含前处理、成型加工和后处理三个环节。

（1）前处理

包括工件三维模型的构建、三维模型的近似处理和三维模型的切片处理。

① 三维模型的构建。首先要构建所加工工件的三维 CAD 模型，该三维 CAD 模型可以利用计算机辅助设计软件（如 SolidWorks，Cero，UG 等）直接构建，也可以将已有产品的二维图样进行转换而形成三维模型，或对产品实体进行激光扫描、CT 断层扫描得到点云数据等来构造三维模型。

② 三维模型的近似处理。由于产品往往有一些不规则的自由曲面，加工前要对模型进行近似处理，以方便后续的数据处理工作。由于 STL 格式文件格式简单、实用，目前已经成为快速成型领域的标准接口文件。

③ 三维模型的切片处理。根据被加工模型的特征选择合适的加工方向，在成型高度方向用一系列一定间隔的平面切割近似后的模型，以便提取截面的轮廓信息。间隔一般取 0.05～0.5mm，常用 0.1mm，间隔越小，成型精度越高，但成型时间也越长，效率就越低；反之则精度低，但效率高。

（2）成型加工

根据切片处理的截面轮廓，在计算机的控制下，成型头（激光头或喷嘴）按各个截面轮廓信息做扫描运动，在工作台上一层一层地堆积材料，然后将各层相黏结，最终得到原型产品。它是快速成型的核心。

（3）后处理

从成型系统中取出成型件，进行工件的剥离、后固化、修补、打磨、抛光和表面强化处理等。增材制造工艺过程如图 1-3 所示。

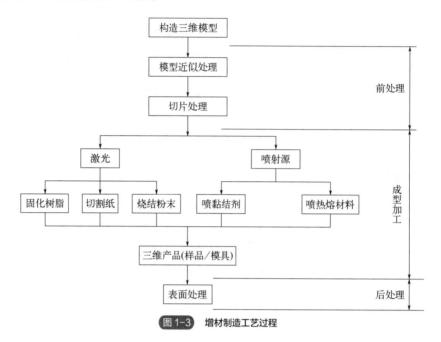

图 1-3 增材制造工艺过程

增材制造技术在成型概念上以离散/堆积成型为指导思想；在控制上以计算机和数控为基础，以最大柔性为目标。因此，只有在计算机技术和数控技术高度发展的今天，才有可能产生快速成型技术。CAD 技术实现了零件的曲面或实体造型，能够进行精确的离散运算和繁杂的数据转换。先进的数控技术为高速、精确的二维扫描提供必要的基础，这是精确、高效堆积材料的前提。而材料科学的发展则为快速成型技术奠定了坚实的基础，材料技术的每一项进步都将给快速成型技术带来新的发展机遇。目前，增材制造技术中材料的转移形式可以是自由添加、去除、添加和去除相结合等多种形式，构成三维物理实体的每一层片，一般为 2.5 维层片，即侧壁为直壁的层片，目前也出现了由 3 维层片构成实体的工艺。其主要特征包括以下几点：

① 高度柔性，成型过程无需专用工具或夹具，可以制造任意复杂形状的三维实体；

② CAD 模型直接驱动，CAD/CAM 一体化，无需人员干预或较少干预，是一种自动化的成型过程；

③ 成型过程中的信息过程和材料过程一体化,适合成型材料为非均质并具有功能梯度或有孔隙度（也称孔隙率）要求的原型；

④ 成型的快速性，适合现代激烈竞争的产品市场；

⑤ 技术的高度集成性。快速成型是计算机、数控、激光、新材料等技术的高度集成。

1.2 增材制造技术分类

增材制造技术按照成型工艺可分为两大类：一类是基于激光或其他光源的成型技术，包括光固化成型（SLA）、选择性激光烧结（SLS）、选择性激光熔化（SLM）、激光直接沉积制造（LDM）、分层实体制造（LOM）等；另一类是基于喷射的成型技术，包括熔融沉积成型（FDM）、三维打印成型（3DP）。

（1）光固化成型（SLA）技术

SLA（stereo lithography appearance），也称光固化立体成型、立体光刻、立体平版印刷，有时也简称 SL。

SLA 技术原理如图 1-4 所示。在树脂液槽中盛满透明、有黏性的液态光敏树脂，它在紫外激光束的照射下会快速固化。成型过程开始时，可升降的工作台处于液面下一个截面层厚的高度。聚焦后的激光束在计算机的控制下，按照截面轮廓的要求，沿液面进行扫描，使被扫描区域的树脂固化，从而得到该截面轮廓的塑料薄片。然后工作台下降一层薄片的高度，再固化另一个层面。这样层层叠加构成一个三维实体。

SLA 的材料是液态的、不存在颗粒的材质，因此可以做得很精细。不过光敏树脂价格昂贵，所以 SLA 目前主要用于打印薄壁的、精度要求较高的零件。适合于制作中小型工件，能直接得到塑料产品。它还能代替蜡模制作浇铸模具，以及作为金属喷涂模、环氧树脂模和其他软模的母模。

（2）选择性激光烧结（SLS）技术

SLS（selective laser sintering），选择性激光烧结，也称选区激光烧结。

SLS 采用粉末材料，一般为金属粉末、陶瓷粉末等，粉末材料在激光照射下产生烧结，由计算机控制层层堆结成型。SLS 工艺原理如图 1-5 所示。首先，铺展粉末材料并刮平，将材料预热到接近熔点，使用高强度的 CO_2 激光器有选择地在该层截面上扫描，使粉末温度升至熔点，然后烧结形成黏结，接着不断重复铺粉、烧结的过程，直至完成整个模型成型。

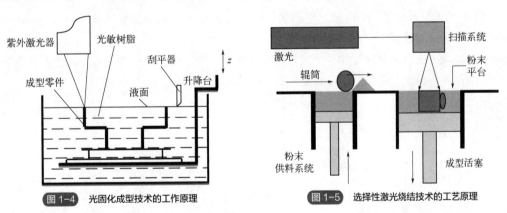

图 1-4　光固化成型技术的工作原理　　　图 1-5　选择性激光烧结技术的工艺原理

（3）选择性激光熔化（SLM）技术

SLM 是在选择性激光烧结（SLS）技术基础上发展起来的，但又区别于 SLS。SLS 工艺中粉体未发生完全熔化，成型件中含未熔固相颗粒，直接导致孔隙率高、致密度低、拉伸强度差、表面粗糙度高等工艺缺陷。相比于 SLS，SLM 不依靠黏结剂，而是直接用激光束完全熔化粉体，成型性能得以显著提高。经 SLM 净成型的构件，成型精度高，综合力学性能优，可直接满足实际工程应用，在生物医学移植体制造领域具有重要的应用。

（4）激光直接沉积制造（LDM）技术

激光直接沉积制造（laser direct deposition manufacturing，LDDM），也称为直接激光制造（laser direct manufacturing，LDM）。与 SLS、SLM 等工艺用激光照射预先铺展好的金属粉末不同，在 LDM 工艺中，激光照射喷嘴输送的粉末流，即激光与输送粉末同时工作。最早由美国 Sandia 国家实验室研发，利用激光束等高能束流熔化金属材料，在基体上形成熔池的同时将沉积材料（金属粉末或丝材）送入，随着熔池移动实现材料在基体上的沉积。

LDM 技术将 SLS 技术和 SLM 技术结合，并保持了这两种技术的优点。LDM 可直接近净成型出全致密的金属零件或精坯。相比于 SLM 工艺，该工艺成型效率高，在直接制造航空航天、船舶、机械、动力等领域中大型复杂整体构件方面具有突出优势。但由于没有粉床的支承功能，导致对复杂结构的成型较困难，且成型精度略低。

（5）分层实体制造（LOM）技术

LOM（laminated object manufacturing），即分层实体制造。

LOM 是一种薄片材料叠加工艺，工艺原理如图 1-6 所示。利用激光或刀具切割薄层纸、塑料薄膜、金属薄板或陶瓷薄片等片材，非零件区域切割成若干小方格，便于后续去除。然后通过热压或其他形式层层黏结、叠加获得三维实体零件。可以看出，LOM 工艺还有传统切削工艺的影子，只不过它已不是对大块原材料进行整体切削，而是先将原材料分割为多层，然后对每层的内外轮廓进行切削加工成型，并将各层黏结在一起。

（6）熔融沉积成型（FDM）技术

FDM（fused deposition modeling），即熔融沉积成型，也称为熔丝制造（fused filament fabrication，FFF）。

FDM 工艺原理如图 1-7 所示。将丝状（直径约 2mm）的热塑性材料通过喷头加热熔化，喷头底部带有微细喷嘴（直径一般为 0.2～0.6mm），材料以一定的压力挤喷出来，同时喷头沿水平方向移动，挤出的材料与前一个层面熔结在一起。一个层面沉积完成后，工作台垂直下降一个层的厚度，再继续熔融沉积，直至完成整个实体造型。

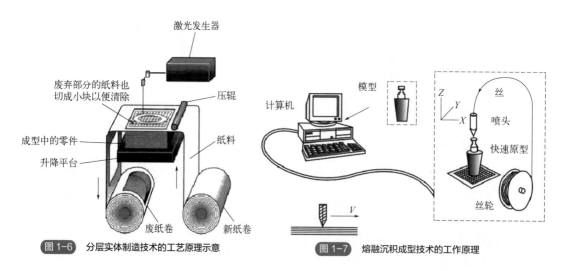

图 1-6　分层实体制造技术的工艺原理示意　　图 1-7　熔融沉积成型技术的工作原理

（7）三维打印成型（3DP）技术

三维打印成型技术（three dimensional printing and gluing, 3DP），又称为喷墨沉积成型。

该技术利用喷头喷射黏结剂，选择性地黏结粉末来成型。首先，铺粉机构在加工平台上精确地铺上一薄层粉末材料；然后，喷墨打印头在数控系统的控制下，在粉末上喷出一层特殊的胶水，喷到胶水的薄层粉末发生固化。在这一层上再铺上一层一定厚度的粉末，打印头按下一截面的形状喷射胶水。如此层层叠加，从下到上，直到把一个零件的所有层打印完毕。最后，把未固化的粉末清理掉，得到一个零件原型。

1.3 增材制造技术研究现状及发展趋势

1.3.1 研究现状

世界范围内增材制造相关的新工艺、新材料、新应用不断涌现。针对工程塑料、陶瓷等材料的增材制造技术逐渐成熟，典型金属增材制造结构的力学性能趋于稳定，甚至部分超过锻件性能。新种类合金材料的成分设计、材料基因组设计、多材料功能梯度结构、超材料结构、仿生材料及其结构、具有电磁屏蔽功能的复合材料结构、材料结构功能一体化设计、4D 打印智能材料、活体细胞打印、极端环境下的增材制造及应用等创新性、交叉性技术研究进展明显。无支承金属成型、大幅面高能束密集阵列区域化选区熔化金属成型、金属摩擦沉积制造、混合制造等前沿基础研究成果丰富。

在企业应用方面，增材制造技术赋予零部件集成打印、轻量化、高效换热、新材料应用、多材料功能梯度结构设计等创新功能，正在规模化地集成到现有产品的制造流程甚至供应链中，革新传统制造方法并降低制造成本。一些优势制造企业建立了包括基于增材制造技术的创新结构设计能力、增材制造成型工艺控制、后处理及质量检测评价等在内的全流程技术体系。

在标准建设方面，传统制造强国在增材制造技术方面进展较快，较多采用政府部门、高校、科研机构、企业、标准化机构组成标准化联盟，以国防装备、工程化场景应用需求为牵引，注重标准类基础研究的发展模式；以发布增材制造标准建设路线图的形式来推动相关建设，如《增材制造标准化路线图》（美国）、《增材制造标准领航行动计划（2020—2022 年）》（中国）。截至 2022 年 3 月，世界范围内发布、在编、拟编相关标准超过 200 项，已发布的标准涉及增材制造技术的术语和定义、数据格式、设计、材料、成型工艺、零件检测、装备产品、人员、操作、安全、评估、修理、行业应用等方面。值得指出的是，增材制造的标准建设仍处于初期阶段，明显滞后于技术自身发展和产业推广需求。

在技术路线图方面，传统制造强国积极研究并发布各自的版本。美国国防部发布了《增材制造路线图》（2016 年），将技术路线分为设计、材料、工艺、价值链 4 方面，面向维修与保障、部署与远征、新部件/系统采办 3 类应用范围，为实施合作、协调投资提供了基础框架。在欧盟资助下，增材制造行业技能战略联盟发布了《欧洲增材制造技能路线图》（2021 年），明确了 2030 年前的应用需求及技术挑战，从消除增材制造技术差距的角度提出了目标和举措。我国在 2019 年发布了面向 2035 年的增材制造路线图研究成果，梳理了中国增材制造技术的中长期发展方向。

国际增材制造产业从起步期转入成长期。随着技术成熟度提升、单位成本降低、产业配套能力增强，增材制造已逐渐经成为工业领域的主流制造方式，以综合效益改善促进了下游应用发展。行业领军企业规划了多种增材制造技术发展路线，采取加大资金投入、设立研发中心等形式布局增材制造软硬件及创新网络平台，快速推进商业化应用；超前应对增材制造相关产业的潜在竞争，在专利、标准方面进行布局，力求把握新型制造技术制高点，在民用飞机、发动机、医疗器械等装备制造方面取得创新发展。国际增材制造产业链不断拓展，航空、航天、航海、能源动力、汽车与轨道交通、电子、模具、医疗健康、数字创意、建筑等领域的企业和服务厂商不断涌入这一新兴市场。增材制造技术在航空、航天发动机制造方面获得广泛应用，如利用增材制造技术制造的航空发动机燃油喷嘴、传感器外壳、低压涡轮叶片等零件通过了适航认证，并批量应用到商用航空发动机，增材制造技术还使涡轮机部件具备了批生产能力。在汽车行业，增材制造技术应用覆盖原型设计、模具制造、批量化打印零件等。在数控机床产业链中，出现了配套有 3D 打印头的数控机床和机器人产品。增材制造在个性化医疗器械生产方面应用广泛，如新型 3D 打印医疗器械产品趋于多样化，从生物假体制造扩展至细胞、组织、器官的打印，还可用于制造医用机器人。

我国初步建立了涵盖 3D 打印材料、工艺、装备技术到重大工程应用的全链条增材制造技术创新体系，相关技术研究涉及从光固化材料的原型制造到大尺寸金属材料的增减材一体化制造的完整环节，包括各类工艺的增材制造装备与增材制造数据处理、各类成型工艺的路径规划软件、模拟增材制造过程物理化学变化的数字仿真软件、数字孪生体建模仿真、空间原位增材制造等。工程应用技术拓展至工业领域的产品装备创新、工业领域高价值部件的再制造修复、重大装备的原位修复与制造等。在医疗领域，生物医疗 3D 打印成为精准医疗、康复保健研究的前沿技术，相应产品以增材制造的康复器具、手术导航以及医疗植入物等为代表，极具应用前景。

"十三五"时期以来，我国完成了十多类关键部件的技术攻关和自主生产，体现了核心部件的良好研制进展。开发的激光熔覆喷头，适用于 1～20kW 激光直接能量沉积，在电机转子、风机转子等动力部件的增材修复中获得应用。激光加热阴极电子枪、大尺寸数字式动态聚焦扫描系统、在线检测系统等打破了国外公司的技术壁垒。我国增材制造技术研究在工艺与装备稳定性、精度控制、变形与应力调控等方面取得了良好进展，大幅面动态铺粉的旋转粉末床增材制造装备、新一代高性能难加工合金大型复杂构件增减材制造装备等系列产品研制成功并投入应用。我国形成了国家级、省级、重要行业的增材制造创新中心协同布局，骨干企业率先发展的创新网络与产业生态体系；增材制造产业链的各环节，包括原材料、关键零部件配套、装备研制、共性技术研发平台、应用服务商以及各应用领域，都在快速发展。我国消费级增材制造产业规模全球领先。在高性能金属增材制造原材料及其生产装备方面，基本实现了国产化替代，具有批量化供应和成本竞争优势；核心器件及零部件的国产化进程加速，在国产中低端装备上实现了规模化配套；高性能金属增材制造装备基本突破了规模化、产业化瓶颈，5 轴增减材混合制造装备已实现商业化。增材制造砂型成为铸造行业转型升级突破口，建成万吨级铸造 3D 打印制造工厂；实现新型飞机研制过程中的增材制造结构件占比超过 3%，建成火箭发动机零组件的智能生产车间。

我国增材制造产业规模稳步增长。增材制造产业链上的大、中、小企业融通发展格局显现，国内增材制造设备供应商积极从跟随状态转向自主创新发展，龙头企业具备了参与国际市场竞争的技术能力。以京津冀地区、长三角地区、珠三角地区为核心，中西部地区为纽带的增材制造产业发展的地域空间格局基本形成，区域性产业链集聚优势逐步体现。为应对国际市场与技术交流的形势变化，促进我国增材制造产业链的健康发展，产业界积极推动增材制造"产学研用"协同发展模式，补齐产业链薄弱环节，突破关键技术瓶颈。增材制造产业链的上、中、下游机构与企业紧密合作：下游的用户从需求出发解决了技术来源，上游的增材制造原材料生产与销售商、中游的增材制造设备与打印产品服务厂商明确了技术开发重点及市场方向。例如，航空、航天、核电、医疗领域的用户，与国内相关企事业单位组成技术攻关联合体，开展增材制件的实验验证与认证工作，实现国产材料、工艺装备在各领域的"能用、敢用、规模化应用"。未来经济发展的良好预期以及超大规模的内需市场，是我国战略性新兴产业发展的根本动力。"3D 打印+"正在向汽车、模具、精准医疗、新能源、再制造等制造业的细分方向、社会生活的多个方面深入发展。随着增材制造技术成熟度的提升，材料及生产成本的持续下降，增材制造技术的应用范围及产业规模有望进一步拓展，增材制造、减材制造、等材制造将逐渐在制造业价值链上形成"三分天下"格局。

1.3.2　发展趋势

（1）生物医药与医疗器械增材制造

生物医药产业、新型治疗技术的发展，对生物医药与医疗器械制造技术提出更高要求。增材制造是实现个性化诊疗方案与植入物制造的关键技术。在当前 3D 打印应用于精准医疗的基础上，继续完善医用增材制造产品的认证标准、法规、评价体系，创新发展高效增材制造的新工艺、新技术、新装备：基于 3D 打印技术，发展受控释放的药剂打印产品，制造满足生物相容性的骨科植入物以及基于可降解材料的打印产品；发展基于生长因子的 3D 打印技术，实现人体器官再造的重大突破；探索体内原位打印修复技术，为骨缺损临床修复填充、部分功能器官修复提供新手段。针对社会老龄化现象，基于增材制造技术研究人体老化器官功能再生方案，延长人类的寿命，提升人类的生活质量，从而取得生命科学的重大创新成果，开创规模化的新兴产业。

（2）大型高性能复杂构件的增材制造

瞄准航空、航天、船舶、核能等领域重大装备的发展需求，突破大型复杂精密构件研发生产的"卡脖子"技术环节，如高性能铝合金、钛合金、船用钢、高温难熔难加工合金、复合材料等材料的大型复杂构件高效增材制造工艺，系列化的工程成套装备性能控制及质量评价、检测标准认证与工程化应用等；重点攻关大型高性能复杂构件制造的组织性能调控、在线质量检测、服役性能预测、装备集成与可靠性等技术。以增材制造技术的应用提升推动重点工程、重大装备的建设突破，提升相关产品的研制水平和更新换代能力。

（3）空间增材制造

空间增材制造在形成空间新材料、新工艺、新应用，提高空间活动能力，增强空间开发利用优势方面具有重要价值。面向工程实际需求，针对航天器、空间站、卫星的在轨制造与维修，太阳能电池阵列、天线、光学系统等大型空间结构的在轨制造与组装，外星球基地建设等长远发展规划，着力提升空间增材制造技术。系统级的研究布局包括舱内微重力环境下的增材制造技术与装备、适应舱外极端环境的新材料成型技术与装备、空间巨型结构的多方位增材制造技术、在轨制造工厂。突破真空微重力环境下的金属冶金与部件原位修复，轻质金属及新合金的原位增材制造，复合材料空间增材制造，多材料、多功能器件的空间增材制造，生物器官的空间增材制造等技术，构建在轨制造技术体系。此外，利用外星物质进行新合金原位冶金及增材制造、月壤基地3D打印等也是亟待发展的大规模空间开发支撑技术。以空间增材制造技术的基础研究为突破口，快速转化应用能力，探索商业应用示范。未来结合民用、商业、国防需求，开辟新的制造体系、人类新的制造基地，为解决地外资源原位利用、拓展人类地外持续生存与活动能力提供战略性保障。

（4）基于增材制造的结构创新与新材料发明

面向能源领域发展需求，基于增材制造技术的创新设计将显著缩小换热器结构，支持小型化、模块化、可移动的核电小堆装备工程化开发，为核电安全性提升及潜在的电力供应安全提供保障；研究堆芯燃料组件、核主泵、换热器、热电转换器等关键结构的创新设计，新材料及相应的增材制造技术，探索增材制造在线增强增韧技术，提高增材制件的复杂工况服役性能，超前布局并构建核电行业增材制造标准及质量评价体系。针对前沿新材料，发挥增材制造技术在材料基因组设计新合金、多材料及功能复合材料构件制造方面的作用，研究基于增材制造的新材料合成技术、新材料增材制造工艺及其应用，形成高端装备用特种合金、电子打印材料、生物医用材料、智能仿生材料、高性能纤维复合材料、高性能陶瓷基复合材料、新型合金材料等；依托增材制造技术，构建新材料发明的创新体系，提升材料研发能力和新材料产业竞争力。

本章小结

增材制造技术是21世纪最有发展前景的先进制造技术，它集成了计算机辅助设计技术、数控技术以及编程技术，从一定程度上实现了信息技术与制造技术的融合。从增材制造的产品生命周期角度，其制造过程分为前处理、成型处理和后处理；其所使用的"刀具"主要包括喷射源和激光器，据此，增材制造被分为SLA、SLS、SLM、LDM、LOM、FDM、3DP等。随着增材制造技术的不断发展，其应用领域日趋广泛，产业规模也不断扩大，但是面临的问题也很多。

 练习题

1. 什么是增材制造技术？
2. 试描述增材制造技术的工艺过程。
3. 试描述SLA工艺原理、SLS工艺原理、FDM工艺原理、3DP工艺原理。

参考文献

[1] 卢秉恒. 增材制造技术——现状与未来[J]. 中国机械工程, 2020, 31(01): 19-23.
[2] 中国工程科技发展战略研究院. 2022中国战略性新兴产业发展报告[M]. 北京: 科学出版社, 2021.
[3] 袁建军, 谷连旺. 3D打印原理与3D打印材料[M]. 北京: 化学工业出版社, 2022.

[4]　果春焕，王泽昌，严家印，等. 增减材混合制造的研究进展[J]. 工程科学学报，2020，42(05)：540–548.DOI：10.13374/j.issn2095–9389.2019.06.18.006.

[5]　Toombs J, Luitz M, Cook C C, et al. Volumetric additive manufacturing of silica glass with microscale computed axial lithography [J]. Science, 2022, 376(6590): 308–312.

[6]　史玉升，伍宏志，闫春泽，等. 4D 打印——智能构件的增材制造技术[J]. 机械工程学报，2020，56(15)：1–25.

[7]　卢秉恒，侯颖，张建勋. 增材制造国家标准体系建设与发展规划[J]. 金属加工(冷加工)，2022，4(10)：1–4.

[8]　国家制造强国建设战略咨询委员会，中国工程院战略咨询中心. 中国制造业重点领域技术创新绿皮书——技术路线图[M]. 北京：电子工业出版社，2019.

[9]　中国工程科技 2035 发展战略研究项目组. 中国工程科技 2035 发展战略研究——技术路线图卷[M]. 北京：电子工业出版社，2020.

[10]　顾冬冬，张红梅，陈洪宇，等. 航空航天高性能金属材料构件激光增材制造[J]. 中国激光，2020，47(05)：32–55.

[11]　Qiu G X, Ding W J, Tian W, et al. Medical additive manufacturing: From a Frontier technology to the research and development of products [J]. Engineering, 2020, 6(11): 1217–1221.

[12]　王磊，卢秉恒. 我国增材制造技术与产业发展研究[J]. 中国工程科学，2022，24(04)：202–211.

拓展阅读

基于科技文献和专利分析的我国增材制造技术发展现状

1. 基于科技文献分析

1.1　我国 AM 技术相关文献发表总体态势

科技文献的检索数据源为 CNKI 中国学术期刊网络出版总库，检索日期为 2023 年 3 月 9 日，以"关键词"=("快速成型制造技术"or"3d 打印"or"增材制造")为检索条件，期刊来源选择"北大核心"与"CSSCI"进行精确检索，得到 3641 篇文献。

从图 1 可以看出我国关于增材制造技术的科技文献发表情况。1985 年文献发表数量为 2 篇，2013 年文献发表数量为 24 篇，近三十年间发表量仅增加 22 篇，这期间增材制造相关文献发表数量增长缓慢，说明我国对 AM 技术的研究尚在起步阶段，文献发表量处于较低水平。2014—2022 年，文献发表数量呈现快速增长的趋势。从 2014 年的 56 篇到 2022 年的 604 篇，文献数量增长了近 10 倍。可以预测，未来几年，AM 技术会继续高速发展，相关文献数量也会继续快速增加。

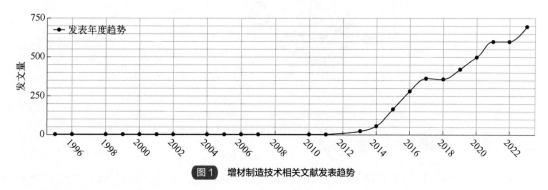

图 1　增材制造技术相关文献发表趋势

总体上，我国增材制造文献数量呈现逐渐增长的态势。该发展过程可以分为两个阶段：

① 1985—2012 年，处于起步期：我国开始对 AM 技术进行研究，这个阶段文献发表量较少。

② 2013 年至今，处于发展期：增材制造的发展备受国家关注，科技文献发表数量出现较快的增长。2015 年初，三部委联合发布《国家增材制造产业发展推进计划（2015—2016 年）》，明确将以钛合金、高温合金等为代表的增材制造专用粉末，以及以激光选区熔化（SLM）、激光选区烧结（SLS）、激光熔融沉积（FDM）等为代表的增材制造专用设备列入重点培育对象，以增材制造新技术抢占新一轮技术变革，加速推动传统制造产业发展；《中国制造 2025》明确将增材制造列入发展智能制造装备和产品、推进制造过程智能化、加快关键技术和装备研发的重点领域。2016 年，国务院印发《"十三五"国家科技创新规划》，提出发展增材制造等技术。2017 年，科技部制订《"十三五"先进技术领域科技创新专项规划》，将 AM 技术列为重点任务的第一位，目标在于完善增材制造的科学基础与工艺技术，建立创新与设计体系，具备 AM 技术大规模产业化的基础[1]。国家的这一系列政策显著促进了我国 AM 技术方面的研究。因此，未来几年，中国增材制造相关文献还会保持高速增长。

1.2　我国 AM 技术相关文献学科分布

从图 2 可以看出，增材制造技术的研究发展渗透到化学工程、金属工艺、建筑工程、生物医学、机械工业、轻工业、计算机等数十个领域，应用广泛。其中计算机软件及计算机应用所占比例最大，为 22.5%，其次为金属学及金属工艺，占比为 14.68%，这主要因为 AM 技术是以计算机为基础，主要以各种金属为材料来进行加工制造的。同时 AM 技术在医学方面也尤为重要，涉及外科学、生物医学工程、口腔科学、肿瘤学等。在临床植入领域，形状和功能设计的不断发展，使得异物与人体内部结构和组织有很高的匹配程度，同时也改善了它们的功能。增材制造技术通过构建具有生物相容性和生物活性的结构来弥补人体组织和植入物之间的差异，利用材料的独特属性增强组织再生与植入物以及周围组织的结合[2]。在医疗器械领域，AM 技术也开发出了不同类型用于诊断和治疗的医疗器械。增材制造技术由于其制造速度快、易于制造复杂结构、轻量化、设计自由度高等独特的优势，在化学工程、金属工艺、生物医学及航空航天等领域都发挥着重要的作用。

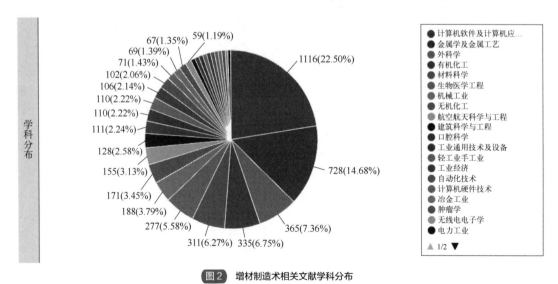

图 2　增材制造术相关文献学科分布

1.3　我国 AM 技术相关文献研究层次分布

由图 3 可知，我国 AM 技术相关文献研究层次前五分别为技术研究、应用基础研究、技术研究-临床研究、技术开发和技术研究-临床医学试验，其对应的相关文献分别为 869 篇、163 篇、157 篇、138 篇和

78 篇。前五都为技术研究和开发，而关于应用研究的文献数量基本都为个位数，说明我国 AM 技术还停留在技术研究与开发阶段，对其应用的相关研究较少。

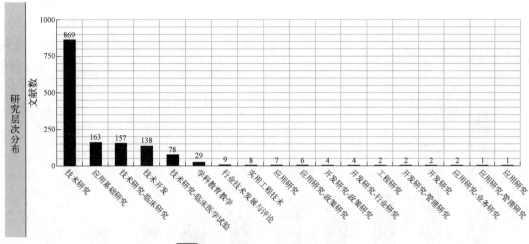

图 3　增材制造技术相关文献研究层次分布

1.4　我国 AM 技术相关文献发表作者分布

由图 4 可知，对增材制造文献发表作者进行统计分析，发文量最多的是李涤尘，发文量为 42 篇；其次为史玉升和乌日开西·艾依提，发文量分别为 32 篇和 22 篇。李涤尘教授团队首次提出了多材料 AM 技术在复杂结构成型，面向声、光、电磁等多物理场的多材料协同制造，以及面向尖端技术领域的应用前景，同时提出"宏微结构一体化制造"是实现"材料-设计-制造"一体化的方向[3]。史玉升教授团队在 *Materials Today*，*Bioactive Materials*，*Acta Materialia* 等期刊发表系列文章，发展了多场耦合的超材料结构设计方法，建立了仿生设计、有限元仿真、结构计算、实验验证与性能预测等模型，突破了多性能耦合设计约束限制，拓展了多性能设计与调控空间，为超材料设计与 AM 技术在航空航天、生物医疗等领域的应用奠定了理论基础。

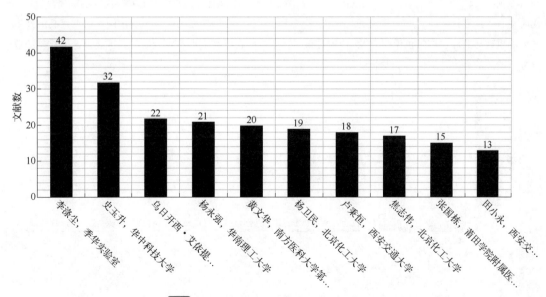

图 4　增材制造技术文献发表作者分布表（前十名）

1.5 我国 AM 技术研究机构分布

由图 5 可知，对增材制造文献发表机构进行统计分析，发现 AM 技术研究主力主要为各大高校，发文量最多的是西安交通大学，发文量总数为 119 篇；其次为华中科技大学，发文量为 100 篇。清华大学、大连理工大学、华南理工大学等学校的发文量也较高，均在 50 篇以上。而我国企业涉及 AM 技术的相关文献发表量都较少，说明 AM 技术还尚未普及应用。

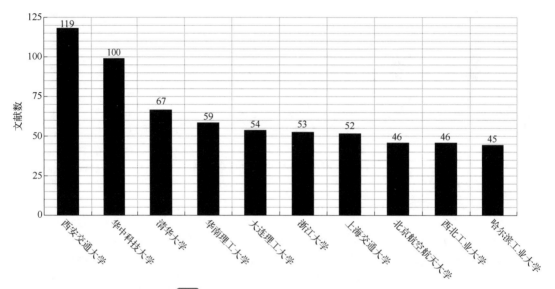

图 5　增材制造技术研究机构分布表（前十名）

1.6 我国 AM 技术研究基金分布

从图 6 可以看出，增材制造领域主要有国家自然科学基金、国家重点研发计划、中央高校基本科研业务费专项资金项目、中国博士后科学基金、国家高技术研究发展计划（863 计划）等重大基金项目资助，同时也有各个省份的自然科学基金资助。从国家对增材制造项目的资助力度可以看出国家对增材制造技术发展的重视与关注。同时也说明 AM 技术对未来制造业而言已经变得不可或缺，我国必须把增材制造放在战略发展的高度，避免产业发展受到外国制约。

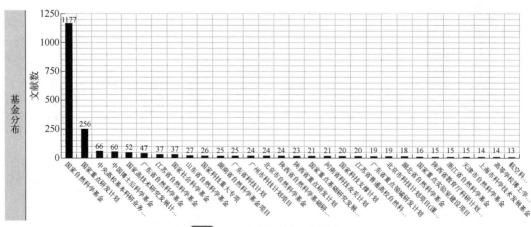

图 6　增材制造技术研究基金分布表

2．基于专利分析

2.1　时间态势分析

专利分析的查询来源为国家知识专利产权局，综合查询关键词为"快速成型制造技术""3D 打印""增材制造"，查询日期 2023 年 3 月 10 日。国内专利可以分为发明、实用新型和外观设计三类。由于专利申请要在 18 个月之后才会公开，所以 2022 年、2023 年的数据仅作为参考，对 2022 年、2023 年的数据不进行分析。通过对国家专利产权局的搜索，查询到增材制造相关专利共 76572 件，其中发明、实用新型、外观设计分别为 47487 件、25955 件、3130 件。

从图 7 可以看出，近 20 年来增材制造专利申请呈上升趋势，大体可以分为三个阶段。

① 2003—2012 年为起步期。这一时期专利发表量较少，每年的专利申请量仅为个位数，基本无增长。尽管我国在 2006 年就提出了快速成型设备及安全的相关标准，但是并没有进行更为深入的研究，更多的还是根据当时的发展现状而提出的。

② 2013—2016 年为快速增长期。在此期间增材制造专利发表数量总体呈快速上升趋势。2013 年，美国麦肯锡咨询公司发布的展望 2025 报告中，将 AM 技术列入决定未来经济的十二大颠覆技术之一[4]。2016 年 4 月，全国增材制造标准化技术委员会 SAC/TC562 正式成立，又于 2016 年底建立了支撑 AM 技术发展的研发机构——国家增材制造创新中心[5]，这一系列举措都促进了我国增材制造的研究。

③ 2017—2021 年为稳步上升期。2017 年，国家十二个部委局联合印发《增材制造产业发展行动计划（2017—2020 年）》，2020 年，国家标准化管理委员会、工信部等六部门印发《增材制造标准领航行动计划（2020—2022 年）》。结合这些政策，我国根据当前发展现状开展了一系列工作，AM 技术的研究得到了稳步发展。除此之外，我国其他标准化技术委员会还在其他各领域根据 AM 技术制定相应标准，如材料方面、加工方面等。

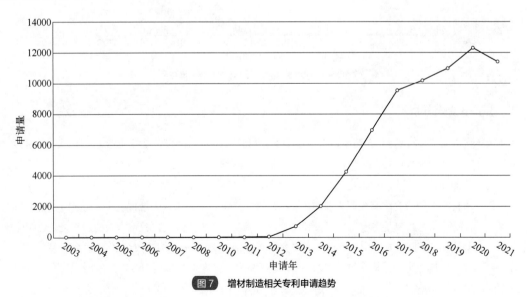

图 7　增材制造相关专利申请趋势

2.2　专利类型分布

不同的专利类型的审查标准、授权条件、有效期限也不尽相同。从客体范围上来看，发明专利相较于实用新型和外观设计范围更广，发明既可以是方法发明，又可以注重实物发明，而其他两类偏重于做实物。按照专利的类型，对我国增材制造相关的专利进行搜集，2003—2021 年增材制造专利申请情况如图 8 所示。

由图 8 可以看出，在三种类型的专利中，发明专利占比最大，实用新型及外观设计次之，可见我国关于增材制造的研究具有很强的创新意识。图 9 表明，2003—2022 年，发明以及实用新型专利申请逐年增长，但发明数量明显高于实用新型，说明我国对于 AM 技术的研究更具创新性。从 2013 年开始，随着国家各项政策的实施，AM 技术渐渐得到重视，专利申请数量逐年递增，而专利授权数量也不断上升，特别是在《中国制造 2025》白皮书发布之后，我国在智能化方向投

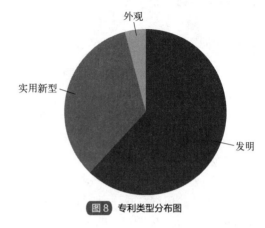

图 8　专利类型分布图

入大量精力，尤其在增材制造、3D 打印这些高端技术层面上更注重创新能力，专利授权率从 2015 年至 2020 年不断提高，其中 2016 年发明专利申请为 3642 件，专利授权为 1838 件，授权率为 50.6%，为近几年授权率最高。

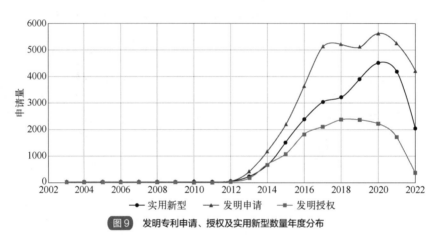

图 9　发明专利申请、授权及实用新型数量年度分布

2.3　主要申请人分析

由表 1 可以看出，排名前 15 的申请人中包括 12 所高校、1 家医院以及 2 家企业。其中西安交通大学位列第一名，专利申请数量为 713 件，华中科技大学和华南理工大学次之，申请数量分别为 567 件和 543 件，领先于其他高校及企业。通用电气公司排名第四，为 453 件，比排名第三的华南理工大学少 90 件，说明我国在增材制造的研究中高校起主要作用，其中西安交通大学处于领先地位，具有较强的创新能力和创新竞争力。而两家企业中通用电气公司占领先地位，深圳市创想三维科技股份有限公司次之，说明两家企业在增材制造及 3D 打印方面均具有很深的研究，具有雄厚基础。1 家医院为上海交通大学医学院附属第九人民医院，申请 261 件，排在第 14 位，说明 AM 技术已经在医学领域得到广泛应用。

表 1　专利申请人情况

序号	申请人	申请量
1	西安交通大学	713
2	华中科技大学	567

序号	申请人	申请量
3	华南理工大学	543
4	通用电气公司	453
5	浙江大学	414
6	吉林大学	399
7	上海交通大学	353
8	深圳市创想三维科技股份有限公司	343
9	四川大学	328
10	清华大学	308
11	南京航空航天大学	307
12	大连理工大学	262
13	西北工业大学	262
14	上海交通大学医学院附属第九人民医院	261
15	哈尔滨工业大学	260

综上所述，我国对 AM 技术的研究主要集中在企业单位和高校，由图 10 可以看出，在国内，增材制造的研发主要还是以高校为主，虽然各类企业所占比例很高，但是专利下分在各企业较为分散，排名最高的通用电气公司的申请量也仅占 0.59%。科研单位紧随其后，说明科研单位在增材制造领域也保持着相当高的创新意识，在专利的竞争中有很强的优势。

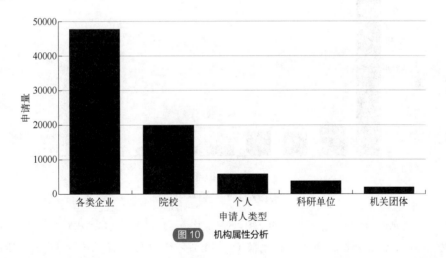

图 10 机构属性分析

2.4 技术态势分析

IPC 意为国际专利分类号，它通过对特定产业专利申请 IPC 分布的分析，既可以判断创新的热点技术区域，又可以判断其涉及的技术领域及发展趋势。IPC 大类是检索专利的一种工具，深入到社会各个领域，如生活、建筑、科技等，通过统一代号查找需要的专利，其中 IPC 小类是对专利相关技术领域的细分，通过 IPC 小类可以深入了解相关专利的技术信息。图 11 是增材制造在 IPC 大类中的分布，表 2 是按照 IPC 小类进行分类统计，其中包括增材制造的分类号、申请量以及所占百分比。

表2 增材制造专利申请数量前 15 名的 IPC 分类

序号	IPC 分类	申请量	百分比
1	B33Y	46518	60.75%
2	B29C	31006	40.49%
3	B22F	12041	15.73%
4	C08L	3100	4.05%
5	A61F	2754	3.60%
6	B28B	2674	3.49%
7	C08K	2394	3.13%
8	B23K	2336	3.05%
9	C22C	2137	2.79%
10	A61B	2075	2.71%
11	A61L	2072	2.71%
12	C04B	2041	2.67%
13	G06F	1995	2.61%
14	A61C	1649	2.15%
15	G01N	1555	2.03%

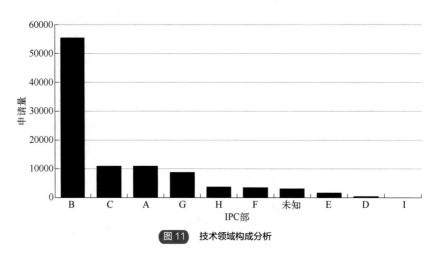

图 11 技术领域构成分析

图 11 和表 2 所示为我国增材制造专利申请技术领域构成，可以看出我国增材制造专利主要集中在 B 部（作业、运输）、C 部（化学、冶金）和 A 部（人类生活必需，如农、轻、医），其中 B 部所占比例最大，为 55701 件，B 部以 B33Y、B29C 为主，分别代表增材制造、塑料的成型或连接，说明 AM 技术在我国材料成型技术方向也有很强的应用。C 部申请专利数量为 11019 件，以 C08L 为主，代表橡胶或天然高分子化合物的组合物，在化学领域，增材制造体现为对材料的选择。A 部申请数量为 10891 件，以 A61F 为主，代表假体、保护假肢的装置等，说明增材制造在我国医疗辅助器械领域也有着重要的应用。

图 12 为主要申请人在排名前十的 IPC 分类情况。从图中可以看出，B33Y、B29C、B22F 都为我国增材制造研究的热点，西安交通大学、华中科技大学等高校在此类上申请数量较多，说明我国高校对 AM 技术以及材料成型方面研究较为深入；一些企业如通用电气公司、创想三维科技公司等在此也有涉及，说明

他们对增材制造研究具有一定的创新性。C 部的 C08L 以及 A 部的 A61F 也是各企业及高校比较集中的研究方向，说明他们在材料、医学等领域也投入了大量精力。除此之外，增材制造还广泛应用在化学工程、金属工艺、建筑工程、生物医学、机械工业、轻工业、计算机等数十个领域，在其中发挥重要作用。

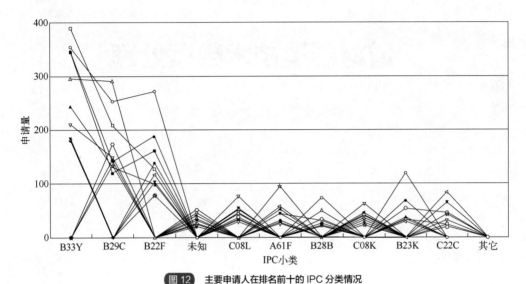

图12 主要申请人在排名前十的 IPC 分类情况

3. 结论

　　通过对增材制造的科技文献和专利进行分析可以看出，我国 AM 技术的研究主力主要集中在高校，说明我国的 AM 技术还主要以研究创新为主，对于 AM 技术的应用还处于起步阶段。国内多数制造企业还处于接触 AM 技术、开展探索应用阶段，没有达到全面掌握、转化应用、创造增量价值的目标[6]。

　　从发展前景上看，AM 技术已经在航空航天、医疗等领域有了更为深入的研究，如北京航空航天大学、西北工业大学等带头建立的全链条增材制造的创新体系，整体水平已经达到世界先进水平；在医疗领域，已经有一批通过 3D 打印的医疗器械得到了认证。尽管如此，我国 AM 技术与一些发达国家如日本、美国等相比在基础理论方面仍有一些差距。但相信未来，在国家政策大力支持下，我国 AM 技术必将得到更加迅速的发展。

参考文献

[1] 陈垦，郝俊伟，宋彬，等. AM 技术发展与应用探索[J]. 世界制造技术与装备市场，2020(06)：61-64.

[2] Chunxu Li, Dario Pisignano, Yu Zhao, et al. Advances in medical applications of additive manufacturing[J]. Engineering, 2020, 6(11): 1222-1231.

[3] 何垚垚，张航，陈子豪，等. 多材料 AM 技术进展[J]. 特种铸造及有色合金，2020, 40(10): 1092-1098. DOI: 10.15980/j.tzzz.2020.10.010.

[4] Disruptive technologies : Advances that will transform life, business, and the global economy[R]. San Francisco : McKinsey Global Institute : 2013.

[5] 卢秉恒，侯颖，张建勋. 增材制造国家标准体系建设与发展规划[J]. 金属加工(冷加工)，2022(04)：1-4.

[6] 王磊，卢秉恒. 我国增材制造技术与产业发展研究[J]. 中国工程科学，2022, 24(4): 202-211.

第2章

增材制造技术数据处理

思维导图

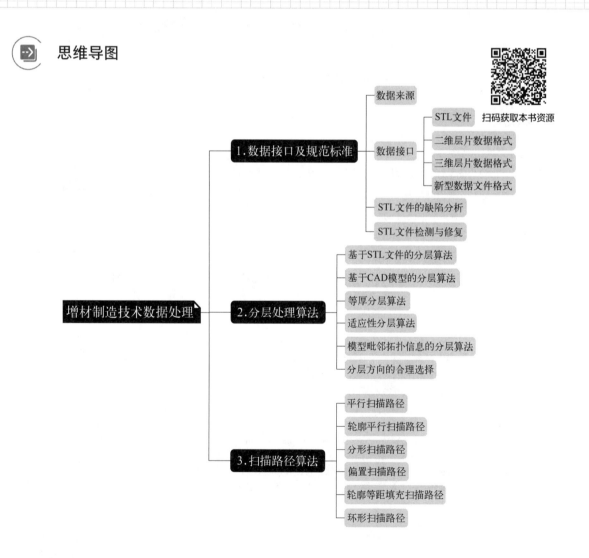

扫码获取本书资源

学习目标

（1）熟悉应用计算机辅助设计软件构造三维模型的方法；
（2）熟悉三维模型的 STL 格式；
（3）了解三维模型的切片处理；
（4）了解扫描路径算法的类型。

案例引入

增材制造技术是一种通过层叠制造创建实体的过程，图 2-1 为 CAD 设计模型打印的产品。与传统制造手段不同的是，增材制造的一个关键步骤是将 CAD 模型转化为 STL 格式文件，STL 文件创建完成后将导入切片程序转化为 G 代码。G 代码是一种数控编程语言，在计算机辅助制造（CAM）中用于自动化机床控制。切片程序还允许设计师设定建造参数，如支承、层厚以及建造方向。

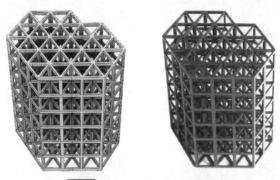

图 2-1　CAD 设计模型打印的产品

增材制造数据处理指的是以三维 CAD 模型或者其他的数据模型为依据，利用分层处理软件将模型离散成断面数据，再将其传输到增材制造系统的过程。增材制造技术的总体数据处理流程如下：将 CAD 系统或者逆向工程得到的三维模型以能够被增材制造分层软件接受的数据格式（如 STL 文件）进行存储，再利用分层软件对模型进行支承、分层等处理，从而产生模型各个层次的扫描信息，最终形成能够被增材制造设备接受的数据格式，将其输出到对应的增材制造设备中。如图 2-2 所示。

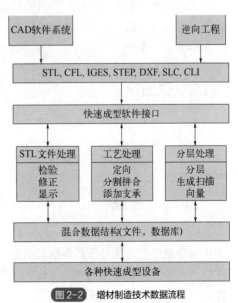

图 2-2　增材制造技术数据流程

2.1　数据接口及规范标准

增材制造系统自身不具备三维建模的能力，为了获得 3D 数据，通常需要使用 CAD 软件。

但是，不同的 CAD 软件所使用的数据格式是不一样的，所以不能一一进行匹配，这就造成了数据交换和信息共享的困难。因此，需要一个能够被增材制造系统所接受、处理，并且能够被市场上大部分 CAD 软件生产的中间数据格式。

2.1.1　数据来源

增材制造与传统的材料去除技术不同，它通过一层一层地添加材料来制造零件。增材制造过程中的数据流如图 2-3 所示。

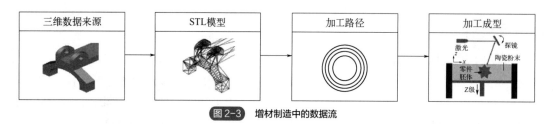

图 2-3　增材制造中的数据流

增材制造的数据来源十分广泛，可以分为以下两类。

（1）三维 CAD 模型

这是最重要、应用最广泛的数据来源。由 Pro/E、SolidWorks、AutoCAD 等三维实体造型软件生成产品的三维 CAD 数据模型，然后对数据模型直接分层，得到精确的截面轮廓。最常用的方法是将三维 CAD 数据模型转换为三角网格形式的数据资料，然后对其进行分层，从而得到增材制造系统专用加工路径。

（2）逆向工程数据

此类数据主要是借助逆向工程相关软件，借助三维扫描仪等逆向工程测量设备，对已有零件进行三维实体扫描，从而获得实体的点云数据资料；对这些点云数据资料进行相关的处理，进行三角网格化生成 STL 文件，然后再进行分层数据处理，或对三维点云数据直接进行分层处理。

2.1.2　数据接口

当前，增材制造技术系统主要采用的数据接口是 STL 文件格式，除 STL 文件格式外，还有二维、三维层片数据格式和新型数据格式。二维层片数据格式文件包括 SLC、CLI、HPGL 等，三维层片数据格式文件包括 IGES、STEP、DXF 等，新型数据格式包括 AMF、3MF 等。

（1）STL 文件

STL（standard template library）文件格式是美国 3D Systems 公司提出的。STL 文件是三维实体模型经过三角化处理后得到的数据文件。它将实体表面离散化为大量的三角形面片，依靠这些三角形面片来逼近理想的三维实体模型。由于精度不同，三角网格的划分也各不相同。精度越高，三角网格的划分越细密，三角形面片形成的三维实体就越趋近于理想实体的形状。三角形面片拟合实体表面的精度可通过弦高差衡量，如图 2-4 所示。

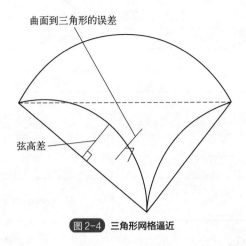

图 2-4 三角形网格逼近

STL 格式类型有二进制和 ASCII 码两种，二进制 STL 文件将三角形面片数据的三个顶点坐标（x, y, z）和外法线向量（L_x, L_y, L_z）均以 32 位的单精度浮点数存储，每个面片占用 50 字节的存储空间。ASCII 码格式的 STL 文件逐行给出三角形面片几何信息，每行以 1 个或 2 个关键字开头，其文件则将数据以数字字符串的形式存储，并且中间用关键词分隔开来，平均一个面片需要 150 字节的存储空间，是二进制 STL 文件的 3 倍。

① ASCII 格式。ASCII 格式用四个数据项表示一个三角形面片的信息单元 facet，即三角形的三个顶点坐标，以及三角形面片指向实体外部的法向量坐标。ASCII 格式的特点是易于人工识别及修改，但因该格式的文件占用空间太大，目前一般仅用来调试程序。ASCII 格式的语法如表 2-1 所示。

表 2-1　ASCII 存储格式

文本文件格式	描述信息
Solid name of object	整个 STL 文件的首行，给出文件路径及文件名
facet normal x，y，z	三角形面片定义起始坐标及其法向量信息
outer loop	当前顶点定义起始标志
vertex x1，y1，z1	第 1 个顶点坐标信息
vertex x2，y2，z2	第 2 个顶点坐标信息
vertex x3，y3，z3	第 3 个顶点坐标信息
end loop	当前顶点定义结束标志
end facet	当前三角形面片定义结束标志
……	……
End solid	当前模型定义结束标志

② 二进制格式。二进制格式的 STL 文件用固定的字节数记录三角形面片的几何信息，文件起始的 84 个字节是头文件，用来记录文件名；后面逐个记录每个三角形面片的几何信息。二进制文件存储格式如表 2-2 所示。

表 2-2　二进制存储格式

二进制文件结构	地址大小（字节）	数据类型	描述信息
UINT8	80	Char	文件头
UINT32	4	Unsigned char	三角形面片的数量
REAL32[3]	12	float	三角形面片的法向量
REAL32[3]	12	float	顶点 1 的坐标信息
REAL32[3]	12	float	顶点 2 的坐标信息
REAL32[3]	12	float	顶点 3 的坐标信息
UINT16	2	Unsigned int	当前三角形面片属性
	……		其余三角形面片信息

STL 数据格式的出发点是用小三角形面片的形式去逼近三维实体的自由曲面，即它是对三维 CAD 实体模型进行三角网格化得到的集合。在每个三角形面片中，STL 数据格式都可由三角形的三个顶点和指向模型外部的三角形面片的外法线向量组成，即 STL 数据格式是通过给出三角形外法线向量的三个分量及三角形的三个顶点坐标实现的。STL 文件实体模型的三角形面片如图 2-5 所示。

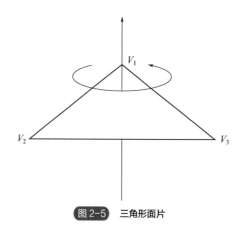

图 2-5　三角形面片

（2）二维层片数据格式

SLC、CLI、HPGL 等属于二维层片的数据文件格式。这些文件基本与增材制造工艺和设备无关，只是对 STL 文件进行一些必要的补充，其目的是让三维 CAD 数据模型与增材制造工艺及设备之间建立更好的联系。此类二维层片文件可从逆向工程中得到，因此它对增材制造工艺与逆向工程技术的集成影响较大。

二维层片数据格式的文件具有如下优点：可直接在 CAD 建模系统内进行分层，可省略 STL 分层的处理时间，提高模型的制造精度，并降低文件的存储量。其最大优点是错误较少并容易修复。

二维层片数据格式的文件具有如下缺点：由于是二维层片数据格式的文件，因此分层厚度无法更改；模型制件无法添加支承，并且不能重新进行定位。

目前二维格式的文件主要用于三维数据模型进行分层处理后，协助 STL 文件进行转换，成为增材制造工艺及设备可识别的数据文件。

① SLC 文件格式。SLC（stereo lithography contour）格式是 3D Systems 公司为获取增材制造三维模型分层切片后的数据而制定的一种数据存储格式。SLC 文件由 z 方向上的一系列逐步上升的横截面组成，这些横截面由内、外边界的轮廓线围合成实体。SLC 格式的截面轮廓依旧只是对实体截面的一种近似，因此精度不高。此外，该格式的计算较为复杂，文件庞大，生成也比较费时。

② CLI 文件格式。CLI（common layer interface）格式是为了解决 STL 文件格式的接口问题而开发的，也可以分为 ASCII 码和二进制两种格式。获取 CLI 文件的方法有三种：逆向工程数据分层、三维模型直接分层以及 STL 模型分层。

CLI 文件是一系列在 z 方向上有序排列的二维层面叠加而成的三维实体模型，即用叠加多层信息的方法来表示三维实体模型。与 SLC 文件相似，CLI 文件的每一层都由内、外轮廓线构成，并有一定的厚度，内、外轮廓线通常用多条线段来表示。通常，CLI 格式是对 STL 模型进行分层处理后保存的文件格式，但也可以直接用作增材制造加工路径的存储格式。与 STL 格式不同，CLI 格式直接对二维层片信息进行描述，因此文件中的错误较少且类型单一，而且文件规模较 STL 文件小得多。但是，由于 CLI 格式把直线段作为基本描述单元，因而降低了轮廓精度，且零件无法重新定向。

CLI 格式广泛应用于分层制造技术和医学 CT 技术，并已在 SLS 与 SLA 增材制造系统中得到应用。

③ HPGL 文件格式。HPGL（Hewlett Packard graphics language）文件格式是绘图仪的一种标准数据文件格式，它也属于二维的数据类型，包括样条线、文本、曲线、圆等信息。该文件格式的突出优点在于目前一般的三维 CAD 软件都具有输出 HPGL 文件的接口而不需另外开发；此外，采用 HPGL 文件格式不需进行切片就可直接传输到 3D 打印系统中进行快速制造。由于该文件对图形元素的排放是按照绘图人员设计的先后顺序进行的，并且曲线图元是通过对大量小线段进行自动插补完成的，因此以此为基础进行的加工效率低下，处理时需要耗费大量的时间。几种二维层片格式的比较如表 2-3 所示。

表 2-3 二维层片格式文件的比较

属性	SLC	CLI	HPGL
准确性	一般	一般	一般
表达类型	多边形	多边形	多边形
可修复性	好	好	好
冗余性	无	无	无
完备性	是	是	是
存储性	一般	一般	一般
中性	是	是	是
数据来源	几何、拓扑	几何、拓扑	几何、拓扑

（3）三维层片数据格式

① STEP 文件格式。STEP 文件格式是一种产品模型数据交换标准格式，已经成为国际公

认的 CAD 数据文件交换全球统一标准格式，因此被所有 CAD 系统支持。

STEP 文件的优点是信息量很大，并且 STEP 格式文件目前已是国际上产品数据交换的标准接口格式文件之一，因此将 STEP 文件作为三维 CAD 数据和增材制造工艺之间的接口转换文件。STEP 数据格式的缺点是文件中包含许多增材制造工艺额外的冗余数据。因此，在进行三维 CAD 数据和增材制造工艺之间的接口转换时，首先必须去除一些冗余信息，同时进行数据压缩、加入拓扑信息等工作。

② IGES 文件格式。IGES（initial graphics exchange specification）格式文件于 1982 年成为 ANSI 标准，现已成为商用 CAD 系统的图形信息交换标准文件，在工业领域得到了较为广泛的应用，大部分商用的 CAD 系统都可借助 IGES 文件进行相互转换。目前有许多 PR 工艺系统都接受 IGES 格式文件。

IGES 格式文件的优点：可提供点、线、曲线、圆弧、曲面、体等实体信息；能精确地表示出三维 CAD 模型信息。IGES 格式文件的缺点:IGES 格式文件虽然是一个通用标准，但包含了大量不必要的信息；不支持面片格式的描述；其切片算法比 STL 格式文件的切片算法复杂；若三维实体模型需设立支承结构，则其支承结构必须要先在 CAD 系统内创建完成后再转化成 IGES 格式，否则无法实现。因此，若增材制造工艺系统采用 IGES 格式文件，与 STL 文件相比，工艺规划较为繁琐。

③ DXF 文件格式。DXF（drawing exchange file）是 Autodesk 公司制定的一种图形交换文件格式，AutoCAD 一直使用 DXF 格式文件来进行不同应用程序之间的图形数据交换。

DXF 文件可读性好，易于被其他程序处理；但是 DXF 格式文件数据量大，结构较复杂，在描述复杂的产品信息时很容易出现信息丢失问题。

④ LEAF 文件格式。LEAF（layer exchange ASCII format）文件格式是由 Helsinki 科技大学研发的。LEAF 格式文件可将三维 CAD 数据模型分为几个层次进行描述。此外，LEAF 格式文件能直接描述所有的 CSG 模型，而且原始样件与支承结构部分容易分离。LEAF 格式文件的缺点是结构较为复杂，当将其格式数据转换至增材制造工艺系统中时，需要一个特殊的转换器才能完成正确的转换。

⑤ LMI 文件格式。LMI（layer manufacturing interface）文件格式支持面片模型。LMI 格式文件的最大特点是不依赖任何软、硬件环境和增材制造处理过程，包含三角形面片的拓扑信息；文件中无冗余的数据信息；支持精确模型；具有一定的柔性与可扩展性，在表示上也不存在二义性。

（4）新型的数据文件格式

① 3MF 文件格式。3MF（3D manufacturing format）文件格式是由 3MF 联盟（Microsoft、Autodesk、Dassault Systems、Netfabb、SLM、惠普和 Shapeways 七家非常有实力的软硬件厂商）于 2015 年联合开发的数据文件格式，其开发是以改变 STL 文件难以适应现有 3D 打印发展需要的现状为目的的。3MF 能够更好地描述 3D 打印模型，可用于多种应用、不同平台、不同服务以及不同类型的 3D 打印机。3MF 是一种基于 XML（extensible markup language）的数据文件格式，其中包括与 3D 制造有关的数据定义，如适用于自定义数据的第三方扩展。

3MF 格式具有以下优点：可以描述一个模型的内在和外在的信息、颜色以及其他的特性；

可扩展以支持 3D 打印新的创新；互操作性和开放性；实用、简单易懂、易于实现；可以解决其他广泛使用的文件格式固有的问题。新的 3D 打印格式文件 3MF 已经发行，但是还未大量应用。3MF 模型如图 2-6 所示。

② AMF 文件格式。为了充分发挥 3D 打印的优势，2011 年美国材料与试验协会（American Society for Testing and Materials, ASTM）提出了一种多材料增材制造文件格式 AMF。该文件格式的基本原理类似于虚拟现实技术中的 x3d 等文件格式，采用点、线、面、柱体的表达形式表示实体几何属性，并将材料属性添加到点、面或体上，采用汇编语言进行代码描述。该类方法是将材料属性添加到设计阶段，文件占用的存储空间较大。

与 STL 文件格式相比，AMF 改进了其精度不高、数据冗余大、信息缺失、文件体积庞大、读取缓慢等不足，同时引入了曲面三角形、颜色贴图、异质材料、功能梯度材料、微结构、排列方位等高级概念。曲面三角形能够大幅提升模型的精度，其是利用各个顶点法线或切线方向来确定曲面曲率的，在进行数据处理切片时，曲面三角形可进行细分，便于获得理想精度。同区域的材料成分是通过空间点坐标公式来表述的，按常数比例混合的材料即为均质材料，按坐标值线性变化的材料即为梯度材料，还可表达非线性梯度材料。当材料比例被赋为 0 时，即表示该处为孔洞。因此，AMF 格式包含的工艺信息更全、文件体积小、模型错误更少，使得 3D 打印过程中使用起来更加方便，模型设计过程也更加轻松。图 2-7 为该文件对应的模型图，该模型图使用简单重复的网格模型与三维位图定义。

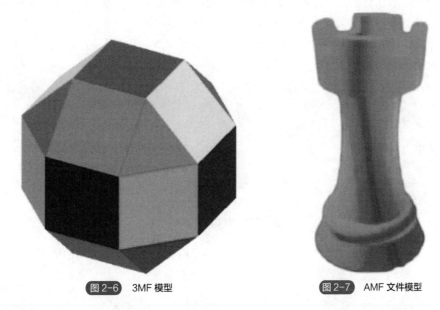

图 2-6　3MF 模型　　　　图 2-7　AMF 文件模型

STL 模型不适用于多色、多材料、多尺度工艺结构的 3D 打印，而 AMF 能表述实体内部材料、工艺结构特征信息的实体模型。与此对应，传统 3D 打印的数据处理过程也将发生大幅度的更改。STL 文件数据处理核心的环节是离散分层切片，由于切片结果用连续小线段组成的一系列轮廓环来指示实体的边界，所以损失了轮廓精度、内部实体材料与工艺特征等信息。研究显示，3D 打印模型数据结构正向样条曲线轮廓+光栅网格的混合形式发展。首先，构造样条曲线轮廓无损描述离散化三角形面片的轮廓，且各个曲线节点不仅存储几何信息，还存储包括色彩在内的表面工艺信息，由此实现高精度、无信息损失的外轮廓数据表达。另外，采用光栅网格表达模型内部的材料及结构信息，基于空间域函数将材料、工艺信息离散化到光栅网格的每个节点上。由此，该层面数据可统一描述 3D 打印所需的全部工艺信息，包括多材料、多色、多尺度工艺结构。

然而，由于 AMF 模型文件的设计与传统仅表达几何外形的设计方法差异较大，目前还没有出现能支持 AMF 格式完整功能的相关设计工具，无法提供全部工艺信息的数据来源，3D 打印软件也无法对 AMF 文件的全部信息予以支持，因此目前并没有应用到实际的多材料制造系统中。

2.1.3 STL 文件的缺陷分析

由于 CAD 软件和 STL 文件格式本身的缺陷，以及转换过程造成的问题，所产生的 STL 文件会产生一些错误，以至于不能正确描述零件的表面。在从 CAD 到 STL 转换时会有将近 70% 的 STL 文件存在这样或那样的错误。如果对这些问题不做处理，会影响后面的分层处理和扫描线处理等环节，产生严重的后果。所以，一般都要对 STL 文件进行检测和修复，然后再进行分层和路径规划。

（1）STL 文件的规范

为保证三角形面片所表示的模型实体的唯一性，STL 文件必须遵循一定的规范，否则这个 STL 文件就是错误的，具体规范如下。

① 取向规则。任意三角形面片的法向量与三个顶点连成的向量方向符合右手定则且其方向必须向外，并且在三角形面片中三条边的向量和必须为零，如图 2-8（c）所示。然而，图 2-8（a）中的三角形面片的法向量方向向内，图 2-8（b）中的三角形面片取向不满足右手定则，并且三条边的向量和不为零，因此图（a）和图（b）均不符合取向规则。

(a) 不满足取向规则　　　　　　(b) 不满足取向规则　　　　　　(c) 满足取向规则

图 2-8　取向规则示意图

② 共顶点规则。相邻的两个三角形面片只能共享两个顶点，即面片的顶点不能落在相邻的任何一个三角形面片的边上，如图 2-9 所示。

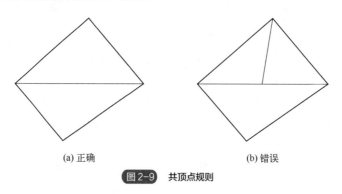

(a) 正确　　　　　　　　　　(b) 错误

图 2-9　共顶点规则

③ 取值规则。任意顶点的坐标值必须是非负的，即 STL 模型文件的实体应该处于直角坐标系的第一象限。如果 STL 模型文件不处于第一象限，应通过后续的旋转和平移等操作进行调整。

④ 充满规则。构成 STL 模型的所有表面必须全部为三角形面片，不能出现其他多边形面片。如图 2-10（a）所示，模型表面上存在正方形面片，说明表面还未完全三角形面化，不符合充满规则。而在图 2-10（b）中，将正方形面片细分成两个三角形面片，此时三维模型中没有除了三角形面片之外的形态，因此符合充满规则。

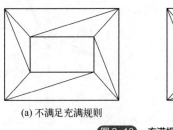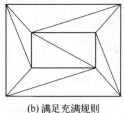

(a) 不满足充满规则　　　　　　　　　(b) 满足充满规则

图 2-10　充满规则

（2）STL 文件的缺陷分析

STL 文件结构简单，没有几何拓扑结构的要求，缺少几何拓扑上要求的健壮性，同时也由于一些三维造型软件在三角形网格算法上的缺陷，因此在快速成型制造中常见的错误有以下几种。

① 间隙（或称裂纹，孔洞），如图 2-11（a）所示，这主要是由于三角形面片的丢失引起的。当 CAD 模型的表面有较大曲率的曲面相交时，在曲面的相交部分会丢失三角形面片而造成孔洞。

② 法向量错误，如图 2-11（b）所示，即三角形的顶点次序与三角形面片的法向量不满足右手规则。这主要是由于生成 STL 文件时顶点记录顺序混乱导致外法向量计算错误。这种缺陷不会造成以后的切片和零件制作的失败，但是为了保持三维模型的完整性，必须加以修复。

③ 重叠或分离错误，如图 2-11（c）所示。重叠面错误主要是由三角形顶点计算时的舍入误差造成的。由于三角形的顶点在 3D 空间中是以浮点数表示的，如果圆整误差范围较大，就会导致面片的重叠或分离。

④ 面片退化，如图 2-11（d）所示，三角形面片 ABC 已经退化成一条直线段。面片退化是指小三角形面片的三条边共线。这种错误常常发生在曲率剧烈变化的两相交曲面的相交线附近，为了防止出现裂缝而添加三角形面片，这主要是由于 CAD 软件的三角形网格化算法不完善造成的。

⑤ 拓扑信息紊乱，这主要是由于某些微细特征在三角形网格化时的圆整造成的。如图 2-12（a）所示，直线段 AB 同时属于四个三角形面片，这显然违反了 STL 文件的规范。图 2-12（b）中顶点位于某个三角形面片内，图 2-12（c）发生了面片重叠，这些都是 STL 文件不允许的。对于这样的情况，STL 文件必须重建。

STL 文件中的间隙是一种比较严重的缺陷。如果在 STL 文件中出现间隙，尽管不会造成切片的失败，但会造成切片轮廓的不封闭，在进行区域扫描时出现扫描线超出轮廓的情况，导致成型零件的制作失败。如图 2-13 所示，由于轮廓线段 AB 的缺损，导致扫描线超出轮廓区域。

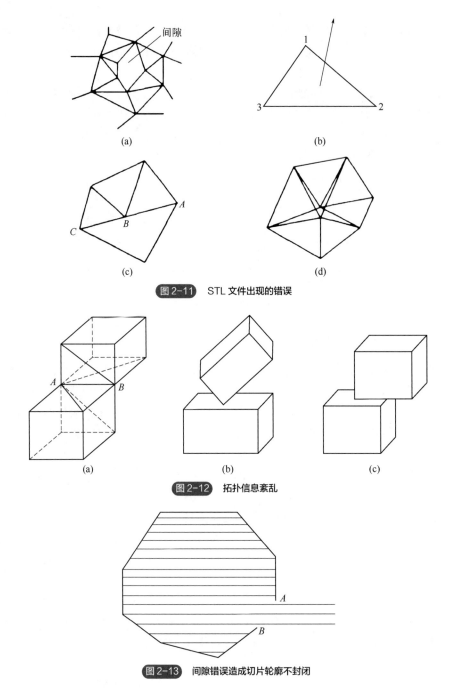

图 2-11　STL 文件出现的错误

图 2-12　拓扑信息紊乱

图 2-13　间隙错误造成切片轮廓不封闭

2.1.4　STL 文件检测与修复

（1）数据结构

虽然 STL 文件作为快速成型系统的输入格式已经得到了广泛的认可，但由于 STL 文件仅包含三角形面片的顶点及其法向量的坐标，而缺少三角形面片之间的拓扑信息，因而给后续处理带来了麻烦。必须设计合适的数据结构，使其不但能反映三角形面片的几何结构，而且能反映相邻关系，以利于 STL 文件的检测和修复。基于以上考虑，采用面向对象的程序设计方法，用 Visual C++ 在 Windows 环境下设计了三个类，即点、边和三角形面，由三个类产生三个对象，并建立相应的对象链表。

点类中的数据成员分别是：顶点的 X 坐标、Y 坐标、Z 坐标。

边类中的数据成员分别是：边的第一个顶点号，该顶点号取该点在点对象链表中的序号；第二端点号；拥有该边的三角形面片号，此面片号取拥有该边的三角形面片在三角形面对象链表中的序号；拥有该边的另一三角形面片号；标志项。

面类中的数据成员分别是：三角形三条边的边号，边号取该边在边对象链表中的序号；三角形面片的法向量的三个坐标值。

这样用面类的成员函数可直接根据面链表提供的边号在边链表中找到相应的边；同样，用边类的成员函数可直接根据边链表中提供的面号和端点号找到相应的面和边的端点。这样就构成了以点对象链表、边对象链表和面对象链表为主线的网络图，如图 2-14 所示。

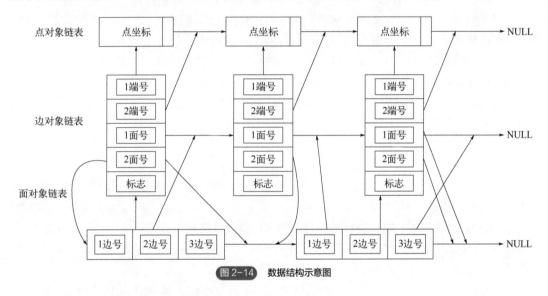

图 2-14　数据结构示意图

（2）STL 文件缺陷的诊断方法

检测 STL 文件中的错误是很困难的，如果不建立适当的数据结构，对于 STL 文件中的错误检测将是十分低效的。通过建立上述数据结构，使检测和修复 STL 文件中的错误变得相对简单，只需要检查边对象中的标志项，就可以判断错误的类型，方法如下。

① 标志项为 2，表示该边为两个三角形拥有，且该边在两个三角形面片上的向量方向相反，STL 文件就是正确的；否则，STL 文件肯定有错。

② 标志项为 1，表示该边只为一个三角形所拥有，相应的 STL 文件肯定存在间隙、覆盖等错误。

③ 标志项为 -2，表示该边为两个三角形拥有，且该边在两个三角形面片上的向量方向相同，此时 STL 文件出现三角形面片的法向量错误。

④ 标志项大于 2，表示拥有该边的三角形面片大于 2，此时出现重叠面等复杂的错误。

在正确的实体模型中，由于每个三角形面包括三条边，而每条边被两个三角形面所共有，即每条边都要重复计算一次，因此边数为面数的 1.5 倍。顶点数与三角形面片数的关系为

$$V=0.5F+2 \qquad\qquad (2\text{-}1)$$

式中　V——顶点数；

　　　F——面片数。

因此在加载 STL 文件时，可以对 STL 文件进行整体性的检测。

（3）STL 文件的修复

在应用中比较常见的缺陷是间隙、法向量错误、顶点错误、覆盖和分离错误。对于法向量错误的纠正比较简单，此处不详细讨论其修复算法，只给出其余 3 种缺陷详细的修复算法描述。面片退化缺陷比较少见，也没有给出修复算法。对于拓扑信息紊乱，很难在 STL 文件中进行修复。

对于 STL 文件缺陷修复的基本步骤为：

① 加载 STL 文件，分别得到点对象链表、边对象链表和面对象链表。

② 扫描边对象链表的标志项，检查标志项是否有等于-2 的情况，如果有，则发生三角形面片的法向量错误，进行错误纠正；如果没有，则进行下一步。

③ 扫描边对象链表的标志项，检查标志项是否有等于 1 的情况，如果没有，则 STL 文件正确，程序结束；如果有，则进行覆盖错误的修复。

④ 扫描边对象链表的标志项，检查标志项是否还有等于 1 的情况，如果没有，则结束；如果有，则进行孔洞错误的修复。

⑤ 进行顶点错误的修复。

⑥ 将点对象链表、边对象链表和面对象链表存入新的 STL 文件。

覆盖和分离错误修复的主要原理是在候选顶点中找出距离很近的点，然后把它们合并。其主要算法描述如下：

① 扫描边对象链表，将所有标志项为 1 的边在边对象链表中的序号放入一个缺陷链表中。

② 取出缺陷链表中的边号，得到所有边的顶点，比较各个顶点之间的距离，当两顶点之间的距离小于设定值 δ 时，则将两个顶点并为一个顶点。

③ 修改边对象的标志项，把要去除的边对象中的标志项置为 0，把有用的边对象中的标志项置为 2；同时修改相应的面对象中的边号。

④ 重复步骤②和③直到所有顶点之间的距离大于设定值 δ 为止。

间隙错误的修复、间隙的修补并不是一件容易的事，因为我们不知道设计者的最初设计意图。要完全符合设计者的设计意图，几乎是不可能的事情。如果采用手工修补，必须要有专业的技术人员，而且修补间隙十分麻烦和冗长，因此大多数研究人员赞同让计算机自行修补，即使丢失一些原有的设计意图。

对于间隙的修复算法，中国科学院沈阳自动化研究所采用了一种基于周围形状的空间多边形的三角剖分方法。对于如图 2-15 所示的间隙，其边界为有 n 个顶点的空间封闭折线，定义 V_k 为空间多边形的第 k 个顶点，F_k 为拥有边 $V_{k-1}V_k$ 的三角形面片，$\boldsymbol{n}_k$ 为三角形面片 F_k 的单位法向量，$\boldsymbol{r}_k$ 为由顶点 V_{k-1}、V_k、V_{k+1} 构成的三角形按照右手法则确定的单位法向量。间隙修复算法如下：

① 搜索边对象链表，查找所有标志项等于 1 的边号，分离出一个个封闭空间多边形，并将边号逆时针排列，存入一个动态数组 l_OneCloseArray 中，封闭多边形的顶点逆时针排列，存入动态数组 v_OneCloseArray 中。

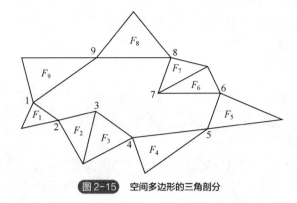

图 2-15　空间多边形的三角剖分

② 计算数组 v_OneCloseArray 的大小 n，如果 $n=3$，转入步骤④。

③ 对于封闭多边形的每一个顶点计算函数值 $F(V_k)$，将其值存入数组 FeatureData 中，并求出数组中的最大值在数组中的序号 k。

$F(V_k)$ 的计算方法为：

$$F(V_k)=(n_{k-1}+n_k)\frac{\overrightarrow{V_{k-1}V_k}}{\left\|V_{k-1}V_k\right\|}\times\frac{\overrightarrow{V_kV_{k+1}}}{\left\|V_kV_{k+1}\right\|} \tag{2-2}$$

④ 用顶点 V_{k-1}、V_k、V_{k+1} 构成新的三角形面片，从动态数组 v_OneCloseArray 中删除顶点 V_k，使 n 边形成 $n-1$ 边形，同时修改边对象链表和面对象链表。

⑤ 重复步骤②~④直到处理完毕。

顶点错误的修复算法：

① 搜索边对象链表，查找所有标志项等于 1 的边号，分离出具有顶点错误的一组边号，存入动态数组 1_VexfalArray 中，并且得到顶点号，存入动态数组 v_VexfalArray 中。

② 在动态数组 1_VexfalArray 中查找，如果有两条边的一个顶点重合，而向量方向相反，如图 2-16 所示线段 ca 和 ae，此时应连接 be，将三角形 abc 分成两个三角形 abe 和 bce。

经过 20 多年的发展，3D 打印技术不断地走向成熟，在打印精度与打印材料等方面都有较大提高，但仍存在一系列问题。因此，3D 打印技术依然拥有非常大的潜力。3D 打印整个制造过程中涉及大量的数字化模型文件的准备及处理，不同模型文件的类型对加工过程和加工效果均有很大的影响。

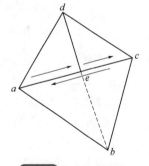

图 2-16　顶点错误的修复

3D 打印过程中的三维模型数据可通过正向设计和逆向工程两种方式获得。3D 打印过程中的数据文件格式主要分为两类：CAD 三维数据文件格式（STL、IGES、STEP、LEAF、LMI 等）和二维层片文件格式（SLC、CLI、HPGL 等）。出现最早的 STL 文件格式是应用最广泛的数据交换格式，但是 STL 文件格式也有自身的缺点：数据量极大；在数据的转换过程中有时会出现错误；有冗余现象；采用三角形面片的格式去逼近整个实体存在逼近误差，因此在实际应用中会有很多限制。针对 STL 文件格式存在的缺点，新型的数据文件格式如 AMF、3MF 等进行了相关的优化。3MF 数据文件格式可以描述一个模型的内在和外在信息，具有较好的互操作性和开放性，简单易懂，可用来解决其他广泛使用的文件格式固有的问题。

结合 3D 打印的发展现状，新型数据文件格式未来的发展方向必然是数据量小、精度高、安全性高。同时，应该建立一个统一的数据文件格式标准，实现数据共享，减少数据文件格式转换带来的数据丢失及错误等，以此提高产品的质量以及稳定性。

2.2　分层处理算法

增材制造技术能直接从三维 CAD 实体数据生成实体零件，分层处理算法是增材制造中的一个关键环节。在所有的增材制造工艺中，一个零件的 CAD 模型在 CAD 软件中生成之后，必须经过分层处理才能将数据输入增材制造设备中，图 2-17 所示为 CAD 模型到增材制造系统的数据传输过程。因此分层处理的效率、速度以及所得到的截面轮廓的精度对于增材制造来说是相当重要的。在分层处理之前，一般都要选择一个优化的分层方向，因为优化的分层方向对分层处理的结果有很重要的影响。增材制造技术中的分层处理算法按照使用的数据格式可分为基于 STL 模型的分层和 CAD 模型直接分层；按照分层方法，则可分为等厚度分层和自适应分层。

图 2-17　CAD 模型数据传输示意图

2.2.1　基于 STL 文件的分层算法

尽管 STL 文件有很多缺陷，但在众多的分层方法中，基于 STL 模型的分层算法还是研究的主流。因为 STL 文件是离散的三角形面片信息的集合，要实现高效切片，必须将离散的三角形面片信息组织成有序的形式。按照对三角形信息组织形式的不同，分层算法可分为三类。

（1）基于拓扑信息的分层处理算法

首先建立模型的拓扑信息，将 STL 模型的三角形面片用面表、边表和面表的平衡二叉树的形式或者用邻接表的形式表示。这种拓扑信息能够从已知的一个面片迅速查找到与其相邻的三个面片。这种分层算法的基本原理是：首先根据分层平面的 Z 值，找到一个相交的三角形面片，计算出交点，然后根据拓扑信息找到相邻的三角形面片，求出交点坐标，依次追踪下去，直到回到出发点，得到一条封闭的有向轮廓线。重复上述过程，直到所有与分层面相交的三角形面片都计算完毕。

这类算法能够高效地进行分层处理，可直接获得首尾相连的有向封闭轮廓，不必对截交线段重新排序；其缺点是占用内存较大，当 STL 文件有错误时，无法完成正常的切片。

（2）基于三角形面片位置信息的分层处理算法

这种算法首先将三角形面片按照 Z 值进行分类和排序，分层过程中，对某一类面片进行相交关系的判断时，当分层平面的高度小于某面片的 Z_{min} 时，则对排列在该面片后面的面片无须进行相交关系的判断。同理，当分层平面的高度大于某面片的 Z_{max} 时，则对排列在该面片前面的面片无须进行相交关系的判断。最后，将所得到的交线首尾相连生成截面轮廓线。还有一种算法是将与分层平面相交的三角形面片存储下来，作为下一层分层时的备选三角形面片，提高了面片搜索的效率。

这类算法的缺点是三角形面片的分类界限模糊,经常出现三角形面片与分层平面位置关系的无效判断。另外,在轮廓线的生成过程中,要对得到的若干离散线段进行排序。

(3)三角形面片没有组织形式

这种算法主要为了克服特别大 STL 文件需要占用大量内存的缺点。分层过程中,不将 STL 文件一次读入内存,而是只将与分层平面相交的三角形面片读入内存,求出交点后释放。然后读入邻接三角形面片,求出交点后释放,最后得到顺序连接的封闭的轮廓。

2.2.2 基于 CAD 模型的分层算法

与基于 STL 文件的分层相比,直接对原始 CAD 模型进行分层更容易获得高精度的模型,而 CAD 模型的直接分层算法可以从任意复杂的三维 CAD 模型中直接获得分层数据,并将其存储为增材制造系统能接收或兼容的格式文件,驱动增材制造系统工作,完成原型加工。CAD 模型分层的具体步骤为:

① 确定分层方向后,作出剖切基准线及剖分平面,确定相关尺寸,包括实体高度、分层厚度,并以程序自动计算出的层数作为剖切循环次数。

② 程序自动循环直至分层完毕。在分层过程中,每切一次都应该保存二维轮廓数据,以供后置的编程软件读取并生成扫描路径。

③ 传输到增材制造系统中,进行轮廓加工。

使用 CAD 模型进行直接分层具有如下优点:

① 减少增材制造的前处理时间;

② 无需 STL 格式文件的检查和纠错过程;

③ 降低模型文件的规模,对于远程制造时的数据传输非常重要;

④ 直接采用增材制造数控系统的曲线插补功能,提高制件的表面质量;

⑤ 提高制件的精度。

对 CAD 模型直接分层的做法也存在一些潜在的问题与缺点:

① 难以为模型自动添加支承,且需要复杂的 CAD 软件环境;

② 文件中只有单个层面的信息,没有体的概念;

③ 在获得直接分层文件后,就不能重新指定模型加工方向或旋转模型,因此要求设计者具备更专业的知识,在设计时就考虑好支承的添加位置,并明确最优的分层方向与厚度。

2.2.3 等厚分层算法

等厚分层算法在外壳、表层和内部填充处使用不同的分层厚度,因此需要单独获取。根据各部分区域的形成顺序,等层厚复合分层算法的整体流程为:首先选定一个较小的分层厚度进行整体分层获取外壳的外壁轮廓,接着利用多边形偏置的方式得到初始的外壳内壁,然后进行相应的布尔运算形成表层和单层内部填充,最后将单层内部填充合并成复合内部填充,并得到最终的外壳。其整体流程如图 2-18 所示。

等厚分层就是用等间距的平面对数据模型进行分割,并计算每一个分割平面与数据模型的交线，最终得到的封闭交线就是每一层截面的轮廓边界。对三维 CAD 模型来说，是等间距的分层平面与零件几何模型的交线；而对 STL 模型来说，是等间距的分层平面与若干小三角形平面之间的交线，形成的轮廓线则由交线的线段集表示，如图 2-19 所示。

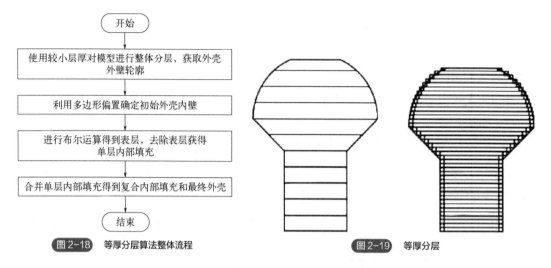

图 2-18　等厚分层算法整体流程

图 2-19　等厚分层

增材制造的叠加制造原理会不可避免地导致原型表面出现所谓的"阶梯效应"，这种阶梯效应会对制件的某些性能造成影响，主要体现在以下三个方面。

（1）对制件结构强度的影响

壳体制件的等厚分层会导致圆角处层与层之间的结合强度下降，但如果都采用最薄的厚度切片，则加工时间会成倍增加。

（2）对制件表面精度的影响

分层的厚度会导致制件出现阶梯状表面，影响制件表面的光滑度，使制件表面质量变差。

（3）阶梯效应导致的制件局部体积缺损

在成型方向上，使用的是一个个薄层长方体近似地逼近立方片体，由这些薄层长方体构成新模型的边缘曲线在替代原模型时必然会产生阶梯形状误差，即阶梯效应。图 2-20 所示是模型打印时阶梯效应的情况，所有长方块的部分为模型的打印实体。从图中可以看出，在进行增材制造时，打印轮廓与实际轮廓之间总是存在间隙，因此会产生打印误差。

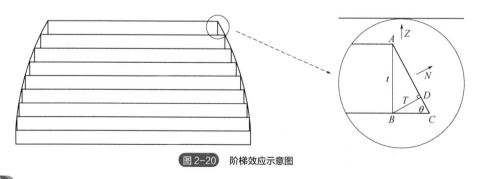

图 2-20　阶梯效应示意图

2.2.4　适应性分层算法

自适应分层是为了解决等厚分层算法存在的问题而出现的，它可以根据制件轮廓的表面形状自动改变分层厚度，以满足制件表面的精度要求。当制件表面倾斜较大时，选择较小的分层厚度以提高成型精度；反之，则选择较大的分层厚度以提高加工效率。

根据自适应分层的特点，其算法基本流程为：首先使用自适应分层算法对模型进行自适应切片获取一组层高序列，与由最大分层厚度得到的另一组层高序列组合在一起，形成初始的外壳层高序列；接着保持后一组层高序列不变，根据打印设备的限制，对新的外壳层高序列进行适当调节，使得初始外壳层高序列中的每一分层厚度不小于最小分层厚度，完成模型外壳的最终分层，并获取外壳的外壁轮廓；然后利用多边形偏置获得初始外壳的内壁轮廓；最后使用布尔运算确定上下表层、内部填充和最终的外壳，完成整个分层。

目前，自适应分层算法可归纳为两类：一类是基于相邻层面积变化的算法；另一类是基于分层高度处三维实体轮廓表面曲率的算法。

基于相邻层面积变化的自适应分层算法即根据相邻两个层片的面积变化情况来决定分层高度，当当前层片与前一层片面积比的绝对值大于一定值时，则改变分层厚度。

基于分层高度处三维实体轮廓表面曲率的算法即在确定某一层的分层高度时，首先计算系统允许的最大分层高度下的各相交三角形面片上生成的最大阶梯高度，当最大阶梯高度大于所要求的值时，则减小分层高度，直到所选取的分层高度使得所有相交三角形面片上生成的最大阶梯高度都小于一定值时，就将此高度的值作为这一层的分层高度。可见，这种算法需要进行多次的试切处理，会增加大量计算，影响处理速度。

2.2.5　基于模型毗邻拓扑信息的分层算法

该算法首先读取 STL 模型信息，并对所有三角形面片进行预处理，得到模型的毗邻拓扑信息。然后开始分层，先寻找首个与当前切平面相交的面片，进行求交点的运算，得到交线段。再根据之前建立的拓扑信息，得到与其相邻的面片地址，再选择该邻近面片进行求交点的运算，并不断往下追踪，最终得到与该切平面相交的所有交线段，然后根据它们的顺序连接成轮廓环。这种方法的优点是每个交点的计算只有一次，且提前获取了毗邻拓扑信息，在生成轮廓线时则无须再判断各个交线段的位置关系，效率可大大提高。但需提前建立整个模型的拓扑信息，该过程较为复杂，难度高，对内存的消耗大，且十分耗时。

2.2.6　分层方向的合理选择

在增材制造技术的成型过程中，只有那些与分层方向平行的零件表面才不会出现阶梯效应。因此，在选择分层方向时，应将一些极为重要的、精度要求高的成型表面放置在与分层切片方向平行的方向上，而将那些不重要的零件表面放置在与分层切片方向垂直的方向上。在图 2-21 中，倘若需要成型制件 A、B 表面的质量与尺寸精度大大提高，可将模型逆时针旋转至 A、B 表面为水平方向。这样加工出来的模型保证了 A、B 表面的质量与尺寸精度，但其他表面特征的精度就会相对下降。

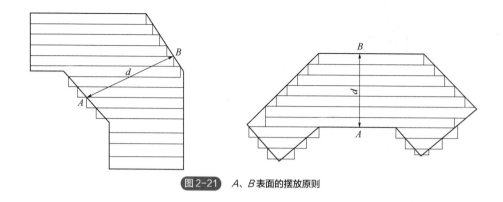

图 2-21   *A*、*B* 表面的摆放原则

2.3   扫描路径算法

增材制造技术是一种离散的分层制造技术，零件的三维模型分层处理之后得到的只是模型的截面轮廓，这个截面轮廓生成扫描路径的问题就是如何填充截面轮廓的问题。扫描路径不仅影响零件的精度和物理性能，而且对零件的加工时间以及加工成本有重要影响。

对二维轮廓扫描的目的是获得较好的表面精度，轮廓扫描路径是通过喷丝宽度、轮廓偏置补偿激光光斑等生成的。图 2-22 所示为经增材制造技术处理，零件三维模型分层处理后得到的某一二维截面轮廓。每层片截面轮廓的扫描路径包括填充扫描以及轮廓扫描，因此生成的轮廓扫描路径有可能会发生相交的现象。此时若不进行有效处理，就有可能生成错误的加工路径，或无法生成填充扫描路径，最终会严重影响零件整体外形的成型质量。

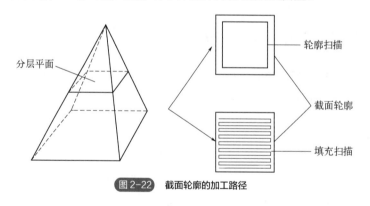

图 2-22   截面轮廓的加工路径

扫描路径规划是模型经过切片处理后得到的每层轮廓间进行填充扫描线的操作，所填充的扫描线最终为激光或者喷射源的行进路线。在一些成型过程中，物体在快速熔化和冷却的过程中个别区域会产生较大的温度梯度，扫描路径的不同会使其内部受热膨胀和冷却收缩时形成阻力和约束力相互作用，造成残余应力的产生。如果对加工过程中路径填充方式规划不恰当，会使温度场不均匀，从而直接影响最终成型零件的抗疲劳强度和抗腐蚀能力，也会使零件表面存在一定的翘曲、裂纹等变形。

2.3.1   平行扫描路径

平行扫描是增材制造最基本也是最常用的填充扫描路径。采用此种路径进行填充扫描时，所有的扫描线均平行，扫描线的方向可以是 X 向、Y 向或者 XY 双向，如图 2-23 所示。平行扫描类似于计算机图形学中的多边形填充算法，它用水平扫描线自上到下（或自下到上）扫描由多条首尾相连的线段构成的多边形，计算扫描线与多边形的相交区间，用区间的起点和终点控制扫描长度，从而得到一条扫描路径。

对单独一条扫描线的计算步骤为：

① 求交——计算扫描线与多边形各边的交点；

② 排序——将所有的交点按递增顺序进行排序；

③ 交点配对——将排序后的交点配对（如第一个与第二个配对，第三个与第四个配对，等等），每对交点代表扫描线与多边形的一个相交区间；

④ 扫描线生成——由已经配对的起点和终点得到区域内的一条扫描路径。

2.3.2　轮廓平行扫描路径

这种扫描方式是将切片后轮廓环的外环向内环方向缩小一定大小和内环向外环方向放大一定大小，多次重复该过程直到填满整个内外轮廓环间的区域。由于轮廓环偏置后需要进行一定的修复和优化等，所以该算法的复杂程度较高。如图 2-24 所示。

图 2-23　平行扫描路径

图 2-24　轮廓平行扫描路径

2.3.3　分形扫描路径

分形扫描是首先将切片平面分割成多个正方形单元，再用 Hilbert 曲线对切片后的轮廓进行填充的方法。Hilbert 曲线是一种可以连续填充任意正方形内的曲线，每个正方形单元只需填充一次，填充间距也会随单元变小而变小，从而可以密集地充满整个切片平面。如图 2-25 所示。

2.3.4　偏置扫描路径

偏置扫描沿平行于轮廓边界的方向进行，即沿每条边的等距线扫描，理论上偏置扫描较前几种扫描路径效果要好。首先，偏置扫描的扫描线会在扫描过程中不断改变方向，使得由于收缩而引起的内应力方向分散，减少翘曲的可能；其次，偏置扫描在某一方向上的扫描长度较短，因而在收缩率相同的条件下，扫描的收缩量较小；最后，偏置扫描的扫描头可以连续不断地走完一层的每个点，因此可以不需要开关，减少启停次数。如图 2-26 所示。

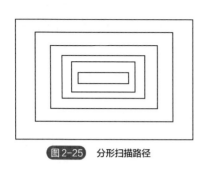

图2-25　分形扫描路径

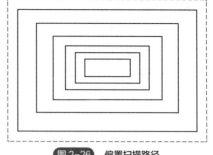

图2-26　偏置扫描路径

2.3.5　轮廓等距填充扫描路径

轮廓等距填充扫描线生成的基本思想是：外轮廓边界向内偏移一个扫描间距消除自交点及无效环，并处理与内环的交点，重新生成填充区域；重复这个过程，直到所有的填充区域均被填充，填充终止的条件是生成的轮廓等距填充线的走向与原来的走向相反。如图 2-27 所示。

2.3.6　环形扫描路径

将零件的模型切片分层，得到模型的层面轮廓，找到每个外环和其对应内环，分别构成一个独立轮廓组，并以此为基本单位进行后续的分区环形扫描路径规划。针对独立轮廓组直接生成环形路径存在局部扫描线过长的问题，提出了一种基于扫描线极限长度阈值内极值点搜索的分区算法，在扫描线极限长度阈值内寻找极值点，将独立轮廓组进行分区。如图 2-28 所示。

图2-27　轮廓等距填充扫描路径

图2-28　环形扫描路径

本章小结

快速成型技术的一般数据处理流程是：将通过 CAD 软件或逆向工程得到的三维模型以能够被快速成型分层软件所接受的数据格式保存，之后利用分层软件对模型进行 STL 文件处理、工艺处理、层片文件处理等操作，从而生成模型的各个层面扫描信息，最后以能够被快速成型设备所接收的数据格式，将其输出到相应的快速成型设备中。

快速成型技术中数据接口最常用的为 STL 格式，还有二维层片数据格式（如 SLC、CLI 和 HPGL 格式），三维层片数据格式（如 IGES、STEP 和 DXF 格式），新型数据格式（如 AMF 和

3MF 格式）等。

对数据模型的分层处理是快速成型数据处理中最为核心的部分，分层处理的效率、算法及缺陷分析直接关系到快速成型能否成功。数据处理技术中的分层算法按照使用的数据格式可分为基于 STL 模型的分层和 CAD 模型直接分层；按照分层方法可分为等厚度分层、自适应分层以及基于模型毗邻拓扑信息的分层算法。

三维模型经过分层处理后得到的只是模型的截面轮廓，在后续处理过程中，还需要根据这些截面轮廓信息生成扫描路径，包括平行扫描路径、分形扫描路径、偏置扫描路径和环形扫描路径。

练习题

1. 增材制造工艺在加工前需要对数据进行处理，数据处理主要包括哪些步骤？
2. 构造三维模型的方法有哪些？
3. STL 格式数字模型的缺陷主要有哪些？
4. STL 文件是什么类型模型的文件格式？它有哪些特点？
5. 分层方法有哪两大类？分析其优缺点。
6. 添加支承结构时应考虑哪些方面？
7. 在成型方案优化时，应综合考虑哪些因素？

参考文献

[1]　吴静雯. 基于三维打印工艺的多材料零件数字化处理研究[D]. 南京：南京师范大学，2016.
[2]　田宗军，顾冬冬，沈理达，等. 激光增材制造技术在航空航天领域的应用与发展[J]. 航空制造技术，2015，58(11): 38-42.
[3]　施建平，杨继全，王兴松. 多材料零件 3D 打印技术现状及趋势[J]. 机械设计与制造工程，2017，46(2): 11-17.
[4]　范鹏宇. 基于 AMF 的分层处理算法及其软件实现[D]. 哈尔滨：哈尔滨工程大学，2017.
[5]　王磊，卢秉恒. 我国增材制造技术与产业发展研究[J]. 中国工程科学，2022，24(04): 202-211.
[6]　Zhang Y, Yue K, Aleman J, et al. 3D bioprinting for tissue and organ fabrication[J]. Annals of Biomedical Engineering, 2017, 10(1): 1-16.
[7]　Alageel O, Abdallah M N, Alsheghri A, et al. Removable partial denture alloys processed by laser-sintering technique[J]. Journal of Biomedical Materials Research Part B: Applied Biomaterials, 2018, 106(3): 1174-1185.
[8]　Dannereder F, Pachschwöll P H, Aburaia M, et al. Development of a 3D-printed bionic hand with muscle and force control[C]//Proceedings of the Austrian Robotics Workshop 2018. 2018: 59-66.
[9]　Ge Q, Sakhaei A H, Lee H, et al. Multimaterial 4D printing with tailorable shape memory polymers[J]. Scientific Reports, 2016, 6(1): 1-11.

拓展阅读

美国 Lawrence Livermore 实验室的研究人员使用多材料 3D 打印技术打印出血管系统模型，可以帮助医疗人员在体外更加有效地复制人体生理机能，复杂的组织系统也被很好地再现出来。北京口腔医院依据获取的三维医学模型打印以人牙髓细胞与海藻酸钠共混物为材料的三维结构体，经验证人牙髓细胞在三维结构体中仍能生长增殖。杭州电子科技大学以人卵巢癌细胞、海藻酸钠等混合物3D打印体外卵巢癌三维结构体，准确地模拟了体内肿瘤生长机制，为肿瘤研究和抗癌药物筛选提供了新的技术可能。Zhang等[1]应用生物打印技术对几种具有代表性的组织器官进行了打印研究，包括血管、心脏、肝脏以及软骨等，如图1所示。

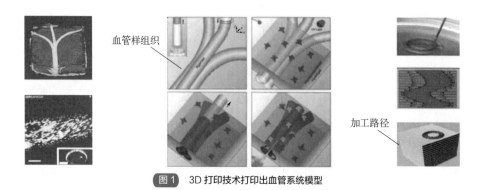

血管样组织

加工路径

图1 3D打印技术打印出血管系统模型

在辅助医疗诊断方面，随着数字化医疗技术的快速发展，医疗人员可以方便准确地获取生物体各组织的三维立体数据，应用多材料3D打印技术可快速构建出各病变组织的异质零件三维模型，依据该异质零件三维模型可更加精确地诊断患者病情，模拟手术，制定相关的手术方案。相关学者利用多材料3D打印技术提高了肝肿瘤手术切除的安全性，并极大提高了手术的效率，如图2所示。

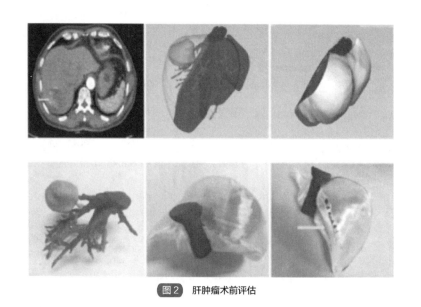

图2 肝肿瘤术前评估

MIT研究团队[2]使用微型光固化技术打印各种结构，包括线圈、鲜花和微型埃菲尔铁塔等，研究发现这些结构可以拉伸至其原有长度的3倍而不会断裂，但当它们被暴露在温度为40～180℃的环境下时，只需几秒就会恢复到最初的形状。如图3所示。

智能化装备将感知（传感器）、执行（驱动器）和信息处理（控制器）三者集于一体，兼具结构材料和功能材料的双重特性[3]。智能复合材料不仅具备一般复合材料在结构上的优点，还可以在性能上互相取长补短，产生协同效应，使复合材料的综合性能优于原组成材料的性能，而且还拥有智能化的物理、化学、生物学效应，能完成功能相互转化。图 4 所示的康复辅助外骨骼、可穿戴设备和智能蒙皮，在不久的将来都可以利用 3D 打印技术进行加工成型。

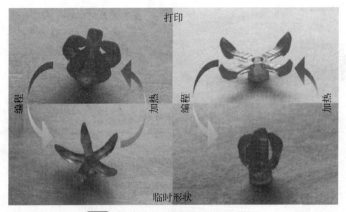

图 3　随温度变化的多材料 3D 打印零件

(a) 康复辅助外骨骼(生物医疗)　　(b) 可穿戴设备(消费电子)　　(c) 智能蒙皮(航空航天)

图 4　3D 打印的智能化装备

图 5 是由 NURBS 曲面构成的模型，图 5（a）是造型时实体曲面间产生的曲面裂缝，生成 STL 文件有 1 个狭长孔洞；图 5（b）中将两曲面的边界边控制点表示出来，移动控制点，使得两曲面的边界控制点重合，得到图 5（c）中修复后不存在几何缺陷的模型；图 5（d）是三角形面化后相应部分不存在狭长孔洞的 STL 文件，证明正确的 CAD 模型可以避免 STL 文件中的一些缺陷[4]。

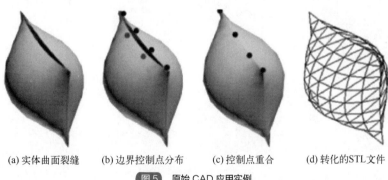

(a) 实体曲面裂缝　　(b) 边界控制点分布　　(c) 控制点重合　　(d) 转化的STL文件

图 5　原始 CAD 应用实例

图 6 表示存在缺陷的 STL 文件，它是由两个 NURBS 实体曲面构成的模型转化而来的，缺陷存在于曲面的边界处，证明大部分的文件缺陷存在于相邻曲面片边界。图 6（a）表示整体的三角形网格模型，该模型有 256 个三角形面片和 416 条边，传统的方法是对模型整体进行拓扑重建，然后进行检测和修复。

图 6（b）显示的是边界集合的结构模型，该集合模型有 116 个三角形面片和 234 条边，本书的方法是对该模型中边、面、点建立拓扑关系，并检测到如图 6（c）所示的边界孔洞缺陷；图 6（c）是缺陷的放大，主要缺陷是边界的孔洞；图 6（d）是应用本方法修复后得到的文件模型。

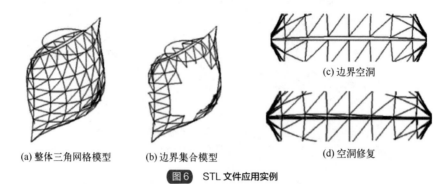

(a) 整体三角网格模型　　(b) 边界集合模型　　(c) 边界空洞　　(d) 空洞修复

图6　STL 文件应用实例

上述算法用 Visual C++和 OpenGL 程序实现。应用实例分析表明，该算法在划分后的边界区域内对模型进行处理，减小了对 STL 文件的检测范围，实现了对原始 CAD 实体模型曲面裂缝的修复以及在 STL 文件边界集合内对缺陷进行的修复。

参考文献

[1] Zhang Y, Yue K, Aleman J, et al. 3D bioprinting for tissue and organ fabrication[J]. Annals of Biomedical Engineering, 2017, 10(1): 1-16.

[2] Vaneker T, Rooij M, Xzeed D L P. A multi-material 3D printer using DLP technology[D]. Enschede, Netherlands University of Twente, 2015.

[3] 杨继全，施建平，翟飞琦，等. 基于 3D 打印的异质零件的应用[J]. 机械设计与制造工程，2022, 51(07): 1-8.

[4] 牛旭苗，方漪. 一种新的 STL 文件缺陷的修复方法[J]. 青岛大学学报(自然科学版)，2015, 28(03): 54-59.

光固化技术

思维导图

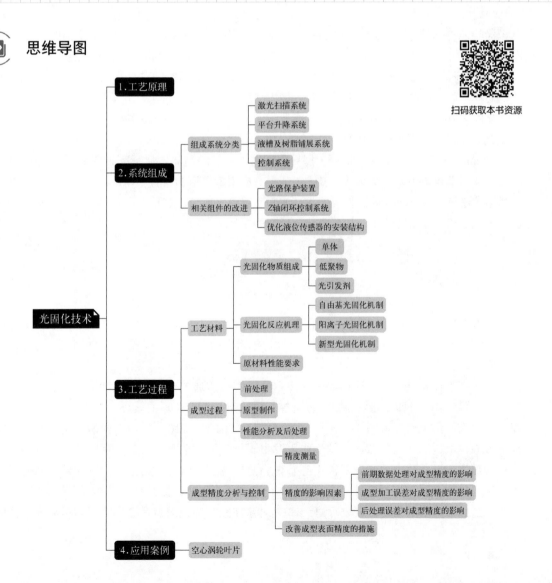

学习目标

（1）掌握光固化技术的工艺原理；
（2）明确光固化原料的组成以及各成分在固化过程中的作用；
（3）掌握光固化成型设备的组成，并了解光固化成型设备的改进方案；
（4）掌握光固化技术的具体操作步骤及各步骤之间的传递关系；
（5）熟悉制件成品的精度测量及影响因素，并了解设备精度的测量标准及精度改善措施。

 案例引入

来自英国曼彻斯特地区的 Mina Khan 在出生时就患有一种很罕见的先天疾病：心脏里的两个腔室之间存在一个孔，而且这个孔正好位于控制血液循环的两个心室之间，这一状况导致她感觉很疲劳，非常容易生病。

伦敦 St Thomas 医院的 Gerald Greil 医生使用光固化 SLA 3D 打印技术，通过 MRI 扫描得到断层信息，将数据整合后得到 3D 模型，模拟了包括缺陷在内的 Mina 的心脏。通过心脏模型，医生们仔细研究了心脏缺陷的位置和样子，在手术前形成清晰的操作思路。3D 打印的精准模型让他们得以正确地进行必要的手术准备，最大限度地提高成功率。

光固化成型技术，或称为立体光刻成型技术，英文名称为 stereo lithography apparatus，简称 SLA，是最早发展起来的增材制造技术。Charles W. Hull 于 1984 年获得美国专利，且美国 3D System 公司于 1988 年最早推出了型号为 SLA-250 的商品化增材制造成型设备，自此之后，SLA 成为目前世界上研究最深入、技术最成熟、应用最广泛的一种增材成型工艺方法。它以光敏树脂为原料，通过计算机控制紫外激光使其逐层凝固成型。这种方法能简洁、全自动地制造出表面质量和尺寸精度较高、几何形状较复杂的原型。

3.1 工艺原理

SLA 光固化成型是指在紫外线的照射下，化学作用和热作用作用于液态光聚合物，液态树脂原材料表面发生光致还原，从而发生固化反应，固化后形成一层所需的 3D 对象，这是一种快速成型方法。

首先利用计算机辅助设计和制造软件（CAD/CAM）通过预编程对预期形状进行绘制及分层处理，然后启动打印设备，利用计算机控制振镜系统使聚焦后的紫外激光束进行定位聚焦。在升降台表面附上一层液态光敏树脂，按零件分层后的扫描路径在液态光敏树脂表面进行扫描，液态光敏树脂在紫外激光束的作用下发生固化。第一个固化层完成后，升降台下降一个分层的厚度，已固化表面被新的液态光敏树脂薄层覆盖，并且利用刮刀对固化层表面的树脂进行刮平处理，通过控制紫外激光束的路径，新的液态光敏树脂在前一层表面进一步固化得到第二层，每一层的设计重复进行直到 3D 对象被完整堆积成型，打印完成。最后将工件取出，进行最后的整体固化或者直接进行表面处理，如喷砂、打磨等。工艺原理示意图如图 3-1 所示。

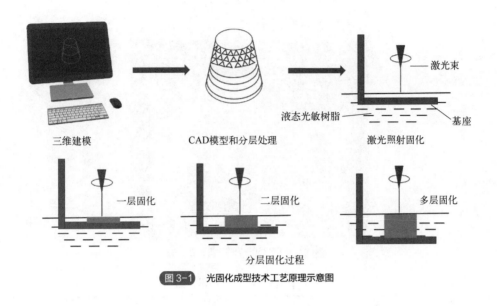

三维建模　　　　　CAD模型和分层处理　　　　激光照射固化

激光束

液态光敏树脂　　　　基座

一层固化　　　　　二层固化　　　　多层固化

分层固化过程

图 3-1　光固化成型技术工艺原理示意图

3.2　系统组成

20 世纪 70 年代末到 80 年代初，美国 3M 公司的 Alan J. Hebert、日本的小玉秀男、美国 UVP 公司的 Charles W. Hull 和日本的丸谷洋二，均提出了利用连续层的选区固化产生三维实体的新思想。3D Systems 公司于 1988 年首次推出 SLA-250 机型，又于 1997 年推出了 SLA250HR、SLA3500、SLA5000 三种机型，推动了光固化成型设备技术的进步。

从快速成型加工设备的研究发展来看，目前比较先进的 SLA 快速成型机主要用于精密工业产品的开发；另一种简单的 SLA 快速成型机主要用于简单实体零件的成型。目前，美国的 3D Systems 公司依旧是 SLA 设备生产厂商中的领导者，德国的 EOS 公司、Fockele&Schwarze 公司，法国的 Laser 3D 公司，日本的 SONY/D-MEC 公司、Teijin Seiki 公司、Denken Engieering 公司、Meiko 公司、Unipid 公司、CMET 公司，以色列的 Cubital 公司均进行 SLA 设备的生产及销售。2011 年，三名麻省理工学院的研究生成立了 Formlabs 公司，制造了可以实现工业级、专业级零件质量的 3D 打印机。通过不断创新，Formlabs 已成为全球专业的光固化(SLA)3D 打印机供应商。我国在技术研究和设备制造方面也取得了一定成就，如清华大学成功研制了多功能快速成型机，西安交通大学研制了 SPS350B 快速成型机；另外，华中科技大学在成型设备方面也取得了巨大突破，成功研制了 ZIPPY 快速成型系统。

陕西恒通智能机器有限公司是西安交通大学快速制造国家工程研究中心、教育部快速成型工程研究中心的产业化实体，目前国内市场较多采用该公司生产的 SPS 系列光固化成型设备，该设备性能处于国内领先水平。以 SPS350B 快速成型机为代表进行分析，其外形如图 3-2 所示，主要技术参数如表 3-1 所示。

图 3-2　SPS350B 光固化快速成型机

表 3-1　SPS350B 技术参数

项目	内容
设备体积	1560mm×990mm×1930mm
电源	AC:220V±5%，50Hz，单相，3kW
成型体积	350mm×350mm×350mm
加工层厚	0.05～0.2mm
成型精度	±0.1mm(L≤100mm)或±0.1%(L>100mm)
最大扫描速度	8m/s
激光光斑直径	≤0.15mm
最大成型速度	60g/h

3.2.1　组成系统分类

图 3-3 所示为光固化成型设备的各个子系统组成结构图，包括激光扫描系统、平台升降系统、液槽及树脂铺展系统、控制系统等。

（1）激光扫描系统

激光扫描硬件系统由扫描器、固体激光器、聚焦镜和反射镜等组成，通过固体激光器产生试验所需的激光束，激光束利用两个反射镜进行聚焦。激光扫描仪上的镜面提供光束平台，经过特殊处理的光束会在液态光敏树脂表面上聚焦，为固化成型提供激光能量，根据加载模型的分层数据按规定的路径逐层照射树脂使其固化成型。

根据运动方式，激光扫描系统可分为数控 X-Y 导轨式扫描系统和振镜式激光扫描系统。数控 X-Y 导轨式扫描系统是指二维运动工作台在计算机控制下实现运动，其优点为结构简单、成本低、定位精度高，缺点为扫描速度相对较慢。图 3-4 为数控 X-Y 导轨式扫描系统。

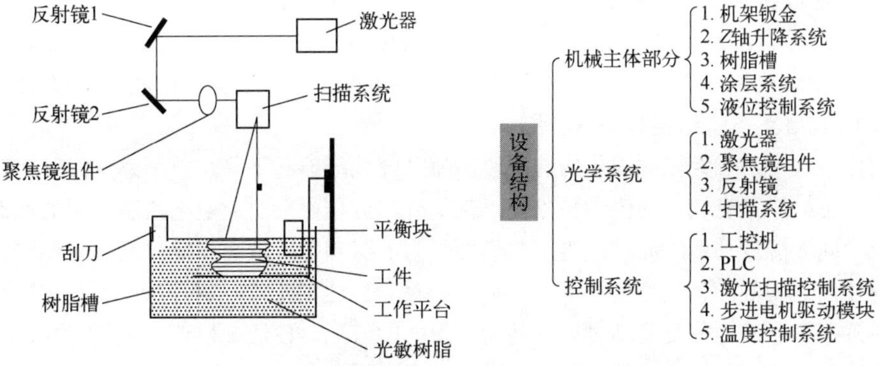

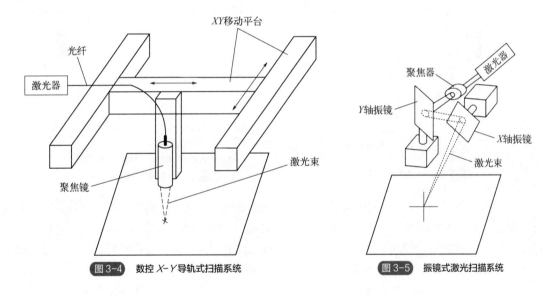

图 3-3　系统组成结构图

振镜式激光扫描系统常用于高精度大型快速成型系统。其优点为低惯量，速度快，动态特性好；缺点为结构复杂，对光路要求高，难以调整，价格较高。图 3-5 所示为振镜式激光扫描系统。

图 3-4　数控 X-Y 导轨式扫描系统　　　图 3-5　振镜式激光扫描系统

（2）平台升降系统

平台升降系统如图 3-6 所示。成型开始时，可升降工作台处于液面以下刚好一个截面厚度的高度。当激光扫描系统完成一层零件的扫描照射后，托板升降系统控制托板下降一层零件的厚度。托板升降系统主要由托板、控制电动机和丝杠组成。

（3）液槽及树脂铺展系统

液槽及树脂铺展系统主要由补偿块、液位传感器、刮板等组成；其中，移动刮板、指针件、基座、刮板支承、步进支座、电机、齿形带、同步齿形带轮支座等共同组成了铺展系统。

液态树脂是固化成型的原材料，在生产过程中，由于前期经过照射的液态树脂材料已固化成型，从而造成主液槽内的液态树脂不断减少，进而需要对其进行补充以保证成型顺利进行，并通过特殊的控制装置来保证树脂添加后主液槽内的树脂材料不溢出，避免影响制件精度。液槽里配置液位控制系统用于控制液位块的升降，检测系统对液面实际位置进行实时检测，然后传递信号给液位控制系统来调整液位块的位置，使液面高度始终保持一定。光敏树脂循环系统结构如图 3-7 所示。

在固化过程中，已经完成固化的前层树脂随升降系统一起下降，整个系统浸润在液态树脂中。由于液态树脂具有较大的张力和黏度，在下降的过程中会引起液态树脂液面的波动，液面需要很长时间才能自动消除波动；甚至在表面张力的影响下，液面不能自动恢复稳定，造成液面与已固化面之间的液体层厚度不均，从而影响后续固化的形成。树脂铺展系统（图 3-8）中的刮板装置在树脂液面往复运动时可自动清除表面的气泡，使液面快速稳定下来并将其抚平，以保证液面厚度的均匀性，使得被激光扫描的位置有树脂可供固化。

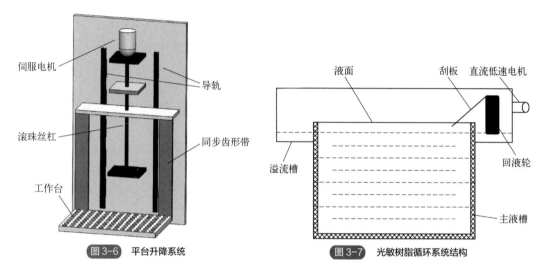

图 3-6　平台升降系统

图 3-7　光敏树脂循环系统结构

因为树脂材料的高黏性，在每层固化之后，液面很难在短时间内迅速流平，这将会影响实体的精度。采用刮板刮平后，所需数量的树脂便会十分均匀地涂敷在上一叠层上，这样经过激光固化后可以得到较好的精度，使产品表面更加光滑和平整。采用刮板结构进行辅助涂层的另一个重要的优点是可以解决残留体积的问题。最新推出的光固化成型系统多采用吸附式涂层机构，吸附式涂层机构在刮板静止时，液态树脂在表面张力作用下，吸附槽中充满树脂。当刮板进行涂刮运动时，吸附槽中的树脂会均匀涂覆到已固化的树脂表面。此外，涂覆机构中的前刃和后刃可以很好地消除树脂表面因工作台升降等产生的气泡。

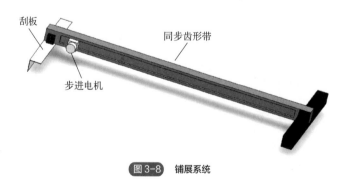

图 3-8　铺展系统

（4）控制系统

① 温度控制系统。为了保证最佳的固化效果，采用温度控制系统对树脂进行加热，使其保证最佳的固化成型温度（32℃）。温度控制系统主要由温度传感器、加热板等组成。

液态树脂的黏度和体积随温度的变化而发生变化，温度高时液态树脂的黏度低、体积大，温度低时液态树脂的黏度大、体积小，而液态树脂的黏度和体积直接影响固化成型的质量。在固化成型过程中，由于整个成型系统处于半封闭状态，与外界之间存在对流散热，而且液态树脂凝固成固态的固化过程存在固化吸热，整个系统热量交换不稳定，因此系统温度会在一定范围内波动。为了确保整个成型加工过程中系统温度在一定范围内，在固化设备中添加了由温度传感器、PID 温度控制器、继电器、红外线加热板等装置组成的温度控制硬件系统。当温度过高时，温控系统自动停止加热，温度过低时，温控系统自动加热，以保证整个加工过程中温度平衡。

② 机械控制系统。为了实现平台升降系统的自动升降，满足打印需求，需要设计合理的机械控制程序，根据不同产品的不同打印要求，机械系统实行不同的运动方式，以保证良好的打印加工效果。

③ 计算机控制系统。计算机控制系统主要由计算机、数据采集板卡、控制软件等组成。其通过实时采集激光扫描系统、平台升降系统、液槽及树脂铺展系统、温度控制系统的数据，对激光扫描路径进行规划。

在固化成型加工过程中，首先要保证激光发射功率的稳定性。因为激光系统是固化成型的主要能量来源，激光功率过高时会对样品表面造成灼烧；激光功率过低时会导致成型困难，最终影响成品质量。但是在较长的固化成型时间中，激光发射功率容易出现波动，此时需要采用计算机控制激光的发射功率，当激光功率波动较大时进行报警甚至自动停止工作。

3.2.2　相关组件的改进

由于长期的运行，制件精度和运行稳定性会出现偏差，通过设备部件的优化调控可以对该问题进行改进。

（1）光路保护装置

采用半密封结构将光路系统中重要的镜片保护起来，密封光路系统的长期功率损耗可控制在 13% 左右，降低了镜片污染造成的激光功率衰减；对真空吸附涂铺系统进行改进，在真空吸附涂铺系统中增加压差开关装置，稳定了刮刀内的负压，防止树脂过吸和涂铺不均匀现象的发生。

（2）Z 轴闭环控制系统

基于光栅尺的 Z 轴闭环控制系统，使用光栅尺测量并反馈工作台实际的位置，构成位置环，再通过合理的闭环补偿算法，提高了 Z 轴的精度。制件时的定位精度和重复定位精度分别达到 5.7μm 和 5.2μm，同时可消除工作台运行时产生的累积误差。

（3）优化液位传感器的安装结构

对液位传感器的安装结构进行优化，降低刮刀往复运行引起的液位波动，进而稳定树脂液位。在保证刚性强度的前提下减小工作台支架的体积，降低其下潜时排开的树脂量，起到稳定树脂液位的作用。降低树脂液位的波动不仅可提高模型的型面精度，同时也可减少调整液位的时间。

3.3 工艺过程

光固化设备工作时，先将液态光敏树脂装满液槽，树脂铺展系统首先在基台表面平铺一层液态光敏树脂；由激光及振镜系统发出的紫外激光束在控制系统的控制下按零件的各分层截面信息在光敏树脂表面进行逐点扫描，使被扫描区域的树脂薄层产生光聚合反应从而固化，形成零件的一个薄层。一层固化完毕后，工作台通过平台升降系统控制下移一个层厚的距离，在原固化好的树脂表面通过树脂铺展系统再平敷一层新的液态光敏树脂，并且采用刮板将黏度较大的树脂液面刮平，继续进行下一层的扫描加工，新固化层牢固地黏结在前一层上，如此重复直至整个零件制造完毕，得到一个三维实体。

3.3.1 工艺材料

（1）光固化物质组成

光固化反应体系通常包括单体、低聚物和引发剂三个主要组成部分。此外，还需要加入一些额外的添加剂，如阻聚剂、UV 稳定剂、消泡剂、光敏剂、天然色素等，其中，阻聚剂因为可以使液态光固化树脂在容器中存放较长时间而显得尤为重要。

① 单体。单体又称活性稀释剂，分子结构上含有活性官能团，在外界光能量的刺激下发生固化反应。低黏度的单体可以对低聚物和光引发剂等起到稀释和溶解的作用。

单体按官能度的多少可分为单官能单体、双官能单体、三官能单体及多官能单体，单官能单体固化生成线型聚合物，有利于提高胶层的柔韧性和附着力；单官能单体固化速度较慢，一般包括乙烯基单体和丙烯酸酯。双官能单体和多官能单体不仅起反应性稀释剂的作用，而且起交联剂的作用，它们对胶层的硬度、韧性和强度有重要影响；双官能单体和多官能单体固化速度快，如季戊四醇四丙烯酸酯、二季戊四醇六丙烯酸酯等。增加单体的官能度可加速固化过程，为适应生产具有良好性能的黏结剂，常使用单官能、双官能和多官能的混合物。

② 低聚物。低聚物和单体一样是含有活性官能团的光敏树脂，利用活性官能团参与光固化反应。由于低聚物的相对分子质量较低，所以黏度比单体大。低聚物是光固化配方的基体树脂，和单体一起在光固化树脂整个组分中所占比例大于90%。固化后产品的硬度、柔性、韧性、附着力、光学性能和耐老化性等通用性能主要由低聚物组分决定，因此，低聚物的合成与选择是光固化产品加工的重要选择环节。

低聚物中参与光固化反应的基团通常为各类不饱和双键以及环氧基等，如丙烯酰氧基、乙烯基、烯丙基等，据此进行低聚物的合成。自由基光固化用的低聚物主要是各类丙烯酸树脂、丙烯酸酯化的丙烯酸酯树脂以及乙烯基树脂等，最常用的为环氧丙烯酸树脂、聚氨酯丙烯酸树脂和聚酯丙烯酸树脂。低聚物主要有两大类，分别是丙烯酸酯类树脂和环氧类树脂。但是体系中仅有单体和低聚物时一般会非常稳定，难以进行光固化反应（电子束固化除外），因此光固化反应的进行还需要光引发剂对单体和低聚物进行引发诱导。常用低聚物的性能如表3-2所示。

表 3-2 常用低聚物的性能

低聚物	固化速度	拉伸强度	柔性	耐化学药品性	耐黄性
环氧丙烯酸树脂	快	高	不好	极好	中
聚氨酯丙烯酸树脂	可调节	可调节	好	好	可调节
聚酯丙烯酸树脂	可调节	中	可调节	好	不好
聚醚丙烯酸树脂	可调节	低	好	不好	好
乙烯基树脂	慢	高	不好	不好	不好

③ 光引发剂。光引发剂是一种对光敏感的化学物质，吸收光照射的辐射能，从而发生化学变化，产生具有引发聚合反应的活性体物质，进而引发单体和低聚物发生固化反应。光引发剂因所吸收的辐射能的类型不同，吸收 250～420nm 区间的紫外光发生化学变化的引发剂称为紫外光引发剂，吸收 400～700nm 区间的可见光发生化学变化的引发剂称为可见光引发剂。常见的引发剂活性种包括自由基活性种或者阳离子活性种，其中自由基活性种根据产生自由基的作用机理不同分为裂解型光引发剂和夺氢型光引发剂。光固化成型技术中主要使用的是紫外光固化，即采用紫外光引发剂。通常在避光条件下，液态光敏树脂体系非常稳定，可以在储存罐中稳定储存一年甚至更长，但是受到光照后就会快速发生固化反应，失去储存时效。由于液态光敏树脂体系的平均官能度通常大于 1，所以光照后发生固化反应，形成交联的高分子网络体系，原材料从液态光敏树脂变成固态的交联高分子网络。

在光固化体系中，通常需要引入光敏剂和增感剂促进引发剂产生自由基或阳离子等活性种，从而提高光引发效率。光敏剂通过吸收光能跃迁至激发态，再将能量转移给光引发剂，促使光引发剂由基态跃迁至激发态，光引发剂自身发生化学变化即产生活性种，从而引发聚合反应。同时，光敏剂将能量传递给光引发剂后回到初始非活性状态，未发生化学性质的改变。增感剂又称助引发剂，其作用机理与光敏剂不同，增感剂自身不吸收能量，也不发生聚合反应，而是在光引发过程中，协同配合光引发剂参与光化学反应，从而提高引发效率。

对光引发剂的种类进行选择时，应考虑以下因素：

- 光引发剂的吸收光谱与光源的发射光谱相一致；
- 光引发剂能产生较多的活性种并且活性种的反应活性较高；
- 在单体和低聚物中有良好的溶解性；
- 毒性低且无特殊气味；
- 不易挥发，热稳定性好，易于储存；
- 光固化后产品不易变黄且不能在老化时引起聚合物的降解；
- 易于合成，制备成本低。

（2）光固化反应机理

在光固化技术中，光固化反应的进行受到光源的波长和光强两个物理因素的影响，其中光源的波长决定了光固化反应能否发生以及反应机理；光强决定了反应的速度等，且最终会影响材料的性能。光源的波长与光引发剂的吸收波长一致时方可引发光固化反应。根据固化反应机理将其分为自由基光固化和阳离子光固化。

① 自由基光固化机制。

自由基光固化是指经过光照后由自由基光引发剂产生自由基，进而引发单体和低聚物发生双键聚合反应从而进行固化。常用的自由基光固化单体有丙烯酸酯类、乙烯基类、乙烯基醚类单体；官能度可以为1、2、3以及多官能度等，但是通常大于2。

自由基光固化的低聚物有聚氨酯丙烯酸酯、环氧丙烯酸酯、聚酯丙烯酸酯等。一般来讲，聚氨酯丙烯酸酯低聚物存在大量氨酯键，分子内部或分子之间存在大量的氢键，使树脂黏度较大，柔顺性和耐磨性好。环氧丙烯酸酯具有固化速度快、强度高的优点，但是脆性大、易泛黄。聚酯丙烯酸酯具有固化质量较好、树脂性能可调范围较大的优点。聚醛丙烯酸酯在分子链上存在大量的醛键，分子链的柔韧性好，不易泛黄，但是材料力学强度、硬度和耐化学腐蚀性较差。

自由基光引发剂的种类多，常用的有裂解型和夺氢型光引发剂。自由基光固化反应速度快，在传统 UV 行业应用多，技术成熟度高，单体、低聚物和引发剂的选择性高，且材料成本相对较低。

② 阳离子光固化机制。

阳离子光固化是指，经过光照后阳离子引发剂产生活性中心超强的质子酸，质子酸引发单体和低聚物的环氧或氧杂环丁烷发生开环固化反应。可用于阳离子光固化的单体有环氧类、氧杂环丁烷、乙烯基醚类单体。常用的低聚物主要是环氧树脂。引发剂主要有硫镉盐、碘镉盐和增感剂。

环氧或氧杂环丁烷开环固化具有体积收缩小，产品精度高、黏度低、强度高等优点。但是固化诱导期相对较长，反应速度慢，在传统光固化领域应用相对较少。与自由基光固化相比，阳离子光固化单体、低聚物、引发剂的可选择性少，材料成本较高。

③ 新型光固化机制。

自由基光固化机制和阳离子光固化机制在过去的发展中被大量使用，但是采用该机制生产的产品易于发生变形，局部存在翘曲等。因此，国内外的科研机构及生产企业致力于研发新型的光固化打印树脂材料。

a. 混杂型光固化树脂　根据光聚合机理，目前常用的自由基型和阳离子型树脂各有其优缺点，而混杂型光固化树脂可兼具两者的优点，在固化过程中形成互穿网络结构，得到性能更为优异、应用更加广泛的光固化树脂。

混杂型光固化树脂中自由基型光敏树脂组分比例大时，树脂黏度和收缩率较大，成型效果不佳；阳离子型光固化树脂组分比例大时，树脂固化活性较小，力学性能不佳。有科研人员对自由基型光敏树脂与阳离子型光敏树脂的合理组分配比进行了研究，对阳离子型光固化树脂组分比例对混杂性树脂体系的固化速度、黏度、体积收缩率、力学性能以及热稳定性能的影响规律进行了总结。新型混杂型光固化树脂在保证体系反应活性和产品力学性能的同时，黏度较低、流动性好、具有较小的收缩率，有利于提高产品零件的精度，已成为光固化成型光敏树脂的新选择。

b. 功能型光固化树脂　目前，根据应用场合的不同，越来越多打印的产品零件应用于电子器件上，需要其具有导电性、导磁性。但是光固化制造工艺所用的原材料缺乏合适的性能，使得该工艺无法直接成型具有相关功能的零件，阻碍了光固化技术的推广和应用。

基于此，相关科研单位对功能型光固化树脂进行了研发，利用填充材料制备出具有不同性能的光固化复合材料。如采用硅烷偶联剂 γ-甲基丙烯酰氧基丙基三甲氧基硅烷（KH570）对纳米二氧化钛（TiO_2）粉末进行表面处理，然后将其作为增强相添加到改性 3D 打印光固化环氧丙烯酸酯中，制备得到高强度的光固化产品零件。

（3）原材料性能要求

在光化学反应作用下，液态光固化树脂从液态经过固化反应转变成固态，因此对打印材料提出以下几点要求：

① 黏度低。在成型过程中，液态光固化树脂需要在升降台表面进行表层浸润、新层涂覆以及流动至平，所以降低黏度有利于减少液态光固化树脂的流动阻力，缩短涂层时间，提高成型效率。

② 光敏性好。光固化技术一般采用紫外激光作为诱导能量源，通常功率在几十到几百毫瓦范围内，同时激光扫描速度较快，作用于树脂的固化时间极短。因此，为了保证固化质量，液态光固化树脂应对该波段的激光有较强的吸收作用和较快的响应速度。

③ 收缩性小。成型过程中的收缩形变较大，不仅直接影响产品零件的尺寸精度，还会导致其部分位置翘曲、变形和开裂等，最终导致成型失败。

④ 耐溶剂性能强。在成型过程的后处理阶段，固化产品需浸润于液态树脂中，若产品耐溶剂性能差发生溶胀，则其会失去强度导致失效。为减小后处理清洗中溶剂对产品的影响，固化产物应具有良好的耐溶剂性能。

⑤ 力学性能高。精度与强度是快速成型最重要的两个指标，固化形成的零件需要具有优良的力学性能以用于制作其他功能器件。

⑥ 安全环保。在固化打印过程中需要工作人员的参与及对液体溶剂的处理，为了减小对操作人员和环境的危害，提高环境及生物相容性，液态光固化树脂的单体与低聚物应具有较低的毒性。

3.3.2 成型过程

光固化成型一般分为前处理、原型制作和后处理三个阶段。

（1）前处理

前处理阶段主要是对原型的 CAD 模型进行数据转换、确定样品摆放方位、标定施加支承的位置和切片分层信息，为原型的制作准备数据。

① CAD 模型三维实体造型。CAD 模型的三维造型可以在 UG、Pro/E、CATIA 等 CAD 软件上实现。通过三维建模得到数字化模型，将实体结构转换为数据结构，CAD 模型的三维实体造型是成型制作必需的原始数据源。

② 数据转换。数据转换是指将产品 CAD 模型转换成 STL 格式的数据文件。三维实体模型进行离散化处理，用大量的细小三角形或四边形对三维实体模型的表面进行分割，实现 CAD 与快速成型制造之间的数据交换，得到 STL 文件。通过离散逼近，细小三角形或四边形能够清晰地勾勒出制件的三维实体模型，离散尺寸越小，分割的表面越精密，越接近零件实体表面。最后在 CAD 三维设计软件中以 STL 数据格式进行输出。

③ 确定摆放方位。摆放方位的确定需要综合考虑后续支承的施加、制作时间和效率以及原型的表面质量等因素。从缩短原型制作时间和提高制作效率角度，应选择尺寸最小的

方向作为叠层方向；但有时为了提高原型制作质量以及提高某些关键尺寸和形状的精度，需要将较大的尺寸方向作为叠层方向摆放。从减少支承量、节省材料及方便后处理的角度考虑，样品应倾斜摆放。确定摆放方位后，后续的施加支承和切片处理等均在分层软件系统上实现。

④ 施加支承。施加支承是光固化成型制作前处理阶段的重要组成部分。在光固化成型过程中，由于未被激光束照射的材料为液态树脂，制件截面上的孤立轮廓和悬臂轮廓无法进行定位，因此必须在制作前对其施加支承。支承的施加方式分为两种，即手工施加和软件自动施加。软件自动施加的支承一般都要经过人工核查，进行必要的修改和删减。对于结构复杂的数据模型，支承需要精细施加。支承施加的好坏直接影响原型制作的成功率及加工质量。原型底部同样需要加入支承结构，从而保证成型完毕后完整地从工作台上拆卸。

支承在增材成型制造过程中与原型同时成型，支承结构除了确保原型的每个结构部分均可靠固定外，还有助于减少原型在制作过程中发生翘曲变形。为了便于在后续处理中去除支承并获得优良的表面质量，目前常用的支承类型为点支承，即支承与模型面之间为点接触。斜支承主要用于支承悬臂结构部分，同时约束悬臂的翘曲变形；直支承主要用于支承腿部结构；腹板主要用于大面积的内部支承；丨字壁板主要用于孤立结构部分的支承。

⑤ 切片分层。支承施加完毕后，根据系统设定的分层厚度，沿着高度方向进行切片，生成 SLC 格式的层片数据文件，将数据文件提供给光固化成型制作系统，进行原型制作。

（2）原型制作

光固化成型过程是在专用的光固化成型设备上进行的。在原型制作前，需要提前启动光固化成型设备系统，使原材料的温度达到预设温度，并且点燃激光器进行稳定。在加工之前，应检查工作台网板的零位与树脂液面的位置关系，以确保支承与工作台网板的稳固连接。设备运转正常后，启动控制软件，读入前处理生成的 SLC 格式的层片数据文件，在软件系统的控制下自动完成整个叠层的光固化过程，制作完毕后，系统自动停止。光固化成型设备在进行光固化叠层操作时界面可以显示激光能源的信息，如激光扫描速度、原型几何尺寸、总的叠层数、目前正在固化的叠层、工作台升降速度等。

（3）性能分析及后处理

光固化成型的后处理主要包括清洗产品、去除支承、后固化以及打磨等工作，具体内容如下：

① 叠层加工完成后，提升工作台，使其升出液面，在空气中停留 5～10min 后将滞留在原型表面的树脂晾干，并使原型内部包裹的多余的树脂排出。

② 对产品进行清洗，将产品和工作台网板一起倾斜放置，晾干后将其浸入丙酮、酒精等清洗液中，同时通过搅动去掉产品表面残留的气泡；如果网板与设备工作台固定连接，则可通过铲刀将产品从网板上取下再进行清洗。

③ 清洗完毕后，需要去除产品的支承结构，包括原型底部及中空部分的支承；在去除支承的过程中，应注意不要破坏产品表面和精细构件部分。

④ 支承去除后，再次进行清洗，然后将产品置于紫外线烘箱中进行整体后固化；对于有些性能要求不高的原型，可以不做后固化处理。

3.3.3　成型精度分析与控制

（1）精度测量

为了定量描述成型系统的精度、比较两台设备加工产品之间的精度区别以及不同树脂的成型特性及成型工艺改善后的效果，1990 年，北美光固化成型技术应用组织提出了一种标准测试件，用于检测增材制造整体精度，该标准测试件被称为 user-part。标准测试件的几何形状具有如下特性：

① 标准测试件 X、Y 轴方向上的尺寸需足够大，可以表征光固化设备的工作台边缘和中间所有部分的精度；

② 具有大、中、小三种尺寸数据；

③ 利用内、外两种尺寸衡量线性补偿是否合适；

④ Z 轴方向上的尺寸较小，应缩短测量时间；

⑤ 各尺寸数据易用综合测量仪测量得到；

⑥ 需能表示平面、圆角、方孔、平面区域和截面的厚度。

简单的制件难以体现上述的形状特征，也不能明显地表示系统误差，即不能作为公用的检测标准。user-part 制件虽然缺乏几何多样性，但应用该制件得到了相当多的基础数据，且这些数据已经成为研究和进一步开发的公用标准，具有宝贵的参考价值。图 3-9 是 user-part 制件的示意图。

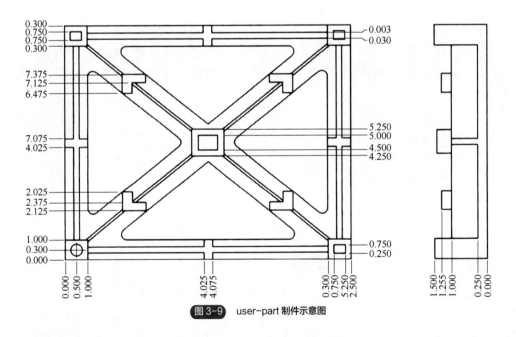

图 3-9　user-part 制件示意图

（2）精度的影响因素

在光固化快速成型过程中，产品的成型精度受到前期数据处理过程中形成的误差、成型加工过程中形成的误差以及后期处理过程中形成的误差的影响，三类误差如图 3-10 所示。

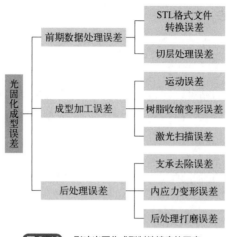

图 3-10 影响光固化成型制件精度的因素

① 前期数据处理误差对成型精度的影响。在成型前期数据处理中，主要是对实体模型进行相应离散化处理，在格式转换后对实体模型进行切片处理，它对成型精度的影响主要表现在 STL 格式文件的转换误差及切层处理误差。此部分内容在第 2 章做了详细介绍，此处不再赘述。

② 成型加工误差对成型精度的影响。

a. 运动误差。在成型过程中，加工设备中的工作台需要在 X、Y、Z 三个方向上运动。工作时步进电机驱动激光发射装置在工作区域内沿 X、Y 方向做往返运动，激光照射在液态树脂上从而固化成型。因此在电机的驱动下，激光发射装置存在运动直线度误差，该误差在宏观上会导致制件的形状和位置出现微小偏差，在微观上会导致粗糙度增大。除此之外，在运动过程中发射装置做非匀速直线运动，在惯性力的影响下，发射装置在加速、减速和转向时停留时间较长，因此在部分区域发射点多，能量密集，固化成型量较多，易出现固化不均现象，如图 3-11所示。

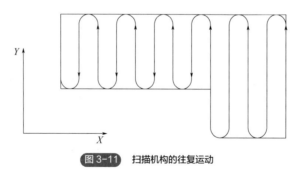

图 3-11 扫描机构的往复运动

在逐层堆积过程中，工作台在 Z 轴方向上按照分层切割的层厚进行上下运动，运动的距离与分层层厚之间的差距引起 Z 方向的运动误差。因此，工作台在 X、Y、Z 三个方向上的运动误差构成了设备误差的主要部分，成型系统本身激光束或扫描头的定位偏差也会引起误差，是影响成型件精度的原始误差。为了减少成型系统在设计制造过程中引入的本身误差，进而提高加工精度，在硬件方面应选用精密导轨、滚珠丝杠和伺服控制系统等，为实现高精度加工提供基础。

b. 树脂收缩变形误差。在成型过程中，成型材料由液态转化为固态，在转化过程中必然会出现收缩变形，成型材料的收缩变形会直接影响制件的精度。收缩变形程度受到材料分子间的共价键、范德华力等分子间作用力的影响，没有特定的规律，即具有不可控性。因此，在选择材料时，应选择收缩率小、不易变形的材料，避免因收缩变形造成层间力导致工件发生翘曲变形。

c. 激光扫描误差。激光是固化成型的能量来源，激光发射装置是光固化成型设备的主要组成部件。在前期设计分析中，将光斑视为一个没有大小的光点；但是在实际成型过程中，光斑具有一定的大小，因此在成型过程中通常采用光斑补偿的办法来弥补由光斑大小引起的成型误差。图 3-12 为是否考虑光斑补偿的原理对比图，图（a）不采用光斑补偿，在成型中成型工件的理论边界为光斑的中心，工件完成后成型尺寸与理论尺寸存在光斑直径的差距；图（b）对光斑直径进行补偿，工件完成后成型尺寸与理论尺寸一致，成型误差较小。

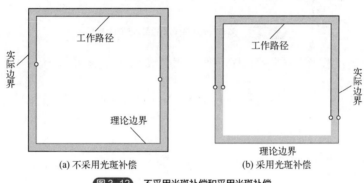

(a) 不采用光斑补偿　　　　(b) 采用光斑补偿

图 3-12　不采用光斑补偿和采用光斑补偿

除了光斑的大小，还需要考虑成型表面接收的激光能量的大小。在成型过程中激光功率、扫描速度和扫面间距是衡量液态树脂所接收到的能量的综合因素。当液态树脂接收的能量 E 大于材料的临界曝光量 E_c 时，材料才能发生固化。

激光照射能量衰减情况如图 3-13 所示。能量密度分布函数如下：

$$E(z)=E_0\exp(-z/D_p) \tag{3-1}$$

式中　E_0——激光照射能量密度，J/mm^2；

　　z——照射深度；

　$E(z)$——照射深度为 z 时的能量密度，J/mm^2；

　D_p——透射深度，是照射能量密度 E_0 的 1/e 的深度，mm。

由此可知，仅当 $E(z) \geqslant E_0$ 时，树脂才会被固化。

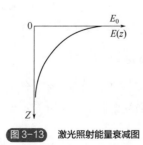

图 3-13　激光照射能量衰减图

采用 X-Y（平面）扫描方式对固化截面进行扫描，H 为分层厚度（mm），C_d 为最大固化深度（mm），L_w 为最大固化线宽（mm）。建立如图 3-14 坐标系用于分析激光能量分布。

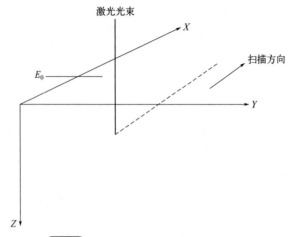

图 3-14 激光以线速度 V_s 垂直射入时的坐标系

设激光发射装置沿 X 方向进行扫描，则光敏树脂的曝光量分布函数如下式：

$$E(y,z) = \sqrt{\frac{2}{\pi}} \times \frac{P_t}{\omega_0 V_s} \exp\left(-2y^2/\omega_0^2\right) \exp\left(-z/D_p\right) \tag{3-2}$$

式中　　P_t——激光功率，mW；

　　　　V_s——扫描速度，mm/s；

　　　　ω_0——固化半径，mm。

对于激光光束，当 $y=0$，$z=0$ 时，光敏树脂液面存在最大曝光量，即

$$E_{max} = \sqrt{\frac{2}{\pi}} \times \frac{P_t}{\omega_0 V_s} \tag{3-3}$$

将最大曝光量代入分布函数可知

$$E(y,z) = E_{max} \exp\left(-2y^2/\omega_0^2\right) \exp\left(-z/D_p\right) \tag{3-4}$$

而此时的 C_y、C_z 为临界固化点。对式（3-1）取对数，可得

$$\frac{2y_c}{\omega_0^2} + \frac{E_c^2}{D_p} = \ln\left(E_{max}/E_c\right) \tag{3-5}$$

由式（3-5）可知，临界固化点的轮廓线呈二次抛物线形状。当 $y=0$ 时，可计算出最大固化深度为

$$C_d = D_p \ln\left(E_{max}/E_c\right) \tag{3-6}$$

当 $z=0$ 时，可计算出最大扫描线宽为

$$L_\omega = 2y_c = 2\omega_0\sqrt{C_d}/(2D_p) \tag{3-7}$$

综上所述分析可知，激光光束强度近似呈正态分布，如图 3-15 所示。

综上可得：

- 扫描固化深度由激光功率、扫描速度和扫描宽度决定；
- 分层厚度的选择设定依据扫描固化深度，分层厚度一定要小于扫描固化深度；

- 扫描间距和扫描速度设置要适量，搭配不合理的扫描间距和扫描速度容易出现应力集中或二次固化而导致变形。

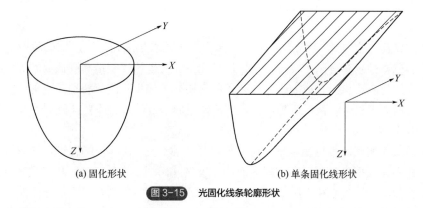

(a) 固化形状　　　　　　　　　(b) 单条固化线形状

图 3-15　光固化线条轮廓形状

③ 后处理误差对成型精度的影响。固化成型完成后得到的是毛坯制件，需要对其支承结构进行去除等后处理，再进行进一步的打磨等精加工，后处理工艺的好坏仍对制件的精度有影响。后处理中应注意以下几点：

a. 支承应设置在非重要表面且合理易拆。在成型过程中，支承和制件同步制备完成，即制件与支承结合在一起为整体结构，去除支承时会在制件表面形成去除痕迹，存在毛刺等。

b. 在后期加工处理中应消除工件内部残余应力，以提高工件质量。原材料吸收激光能量发生固化反应进行制件，制作完成后，制件在自然状态下也会受到内应力的影响从而发生形变。当形变量过大时，将会严重降低制件精度，从而影响工件的正常使用。

c. 在后期加工处理中应避免加工误差或错误操作。产品制作完成后，需要对制件进行打磨、上色、抛光和修补等处理以满足其使用要求，在处理过程中应减少加工误差或操作错误，避免制件精度降低或达不到公差要求。

④ 改善成型表面精度的措施。

a. 尽可能选择斜面倾角较大的方向作为成型方向，进行堆砌成型；将重要的工作表面作为堆砌成型的方向进行固化成型，可以提高表面精度。

b. 当直接固化成型的产品表面无法到达使用要求时，需要对工件表面进行抛光处理，抛光等处理会减小工件的原有尺寸，因此在固化成型前需要留有充足的后处理加工余量。

3.4　应用案例

空心涡轮叶片是航空发动机、大型舰艇发动机、重型燃气轮机等核心关键部件，被誉为"皇冠上的明珠"，其制造技术是我国"两机"重大专项核心技术之一，因技术难度大、发展起步晚、国外封锁严等，成为制约航空发动机和燃气轮机提升的技术瓶颈。西安交通大学机械制造系统工程国家重点实验室将 3D 打印技术和成熟的精密铸造技术融合，发明了航空发动机高温合金叶片型芯型壳一体化的快速精铸技术。该技术可显著提升复杂叶片的制造能力、大幅缩短叶片制造的工艺路线、大幅降低制造对叶片设计的限制，对我国航空发动机制造体系和研制体系能力的提升具有重大的革新意义。航空发动机空心涡轮叶片的快速精铸技术以

CAD 数字数据直接驱动，利用光固化 3D 技术成型制造高精度复杂内腔的树脂原型，采用凝胶注模方法将陶瓷浆料一次浇注成型，冷冻干燥处理后，烧失树脂原型和烧结陶瓷，经过强化处理后，制备出芯壳一体化陶瓷铸型，在此铸型中浇铸金属，经凝固、脱芯等工序，即可得到高温合金叶片。

高性能陶瓷在航空航天、核工程等领域的重大应用需求越来越广泛，与传统成型技术相比，陶瓷 3D 打印成型技术具有制备复杂结构、近净成型、无模快速制造和降低成本等优势。目前国内开展陶瓷增材制造材料、成型工艺、装备研究还处于起步阶段，特别是致密性好、强度高的陶瓷光固化成型（SLA）膏料研制，陶瓷实体件脱脂，烧结过程中防止开裂、变形等关键技术还存在诸多瓶颈难题。

西安交通大学鲍崇高教授团队采用聚多巴胺对熔融石英（SiO_2）陶瓷进行表面包覆改性，取代了传统光固化成型膏料制备所需的分散剂和吸光剂，制备了基于光固化成型（SLA）技术的 SiO_2/m-SiO_2 陶瓷膏料（图 3-16）。所制备的 SiO_2/m-SiO_2 陶瓷膏料具有优异的流变特性和更高的成型精度。采用光固化成型结合硅溶胶浸渍技术对 SiO_2/m-SiO_2 复合陶瓷进行浸渍处理，对 SiO_2/m-SiO_2 复合陶瓷的力学性能进行改善。结果表明，当浸渍次数为 3 时，SiO_2/m-SiO_2 复合陶瓷的力学性能得到较大提升，其中弯曲强度增幅约 20.4%，压缩强度增幅约 42.0%。

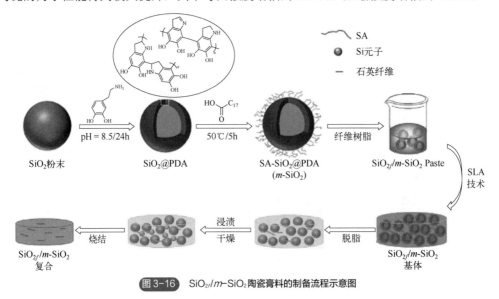

图 3-16 SiO_2/m-SiO_2 陶瓷膏料的制备流程示意图

本章小结

本章首先介绍了光固化成型技术的基本概念和工作原理，然后分别从设备、工艺和成型精度的角度进行了讲解。光固化成型系统主要包括激光扫描系统、平台升降系统、液槽及树脂铺展系统、控制系统，并介绍了光固化成型设备相关组件的改进方案。光固化成型技术工艺材料重点讲解了物质组成、光固化反应机理以及对原材料性能的要求。光固化成型技术工艺步骤为该章的重点内容，将制备工艺分为前处理、原型制作、性能分析及后处理三个阶段。进而介绍了成型精度的测量方法、精度的影响因素、表面精度的改善措施。本章最后介绍了光固化成型技术在工业上的应用实例（空心涡轮叶片、高性能陶瓷）。

练习题

1. 简述光固化成型技术的工艺原理。

2. 光固化成型设备由哪些部分组成？并对每部分的作用进行说明。

3. 光固化原料中单体有哪些类型？单体的作用什么？

4. 选择光引发剂的种类时，应考虑哪些因素？

5. 光固化反应机制分为哪几种？请阐述区别和关联。

6. 在光化学反应作用下，液态光敏树脂从液态经过固化反应转变成固态，打印材料应满足哪些条件？

7. 从缩短原型制作时间和提高制作效率角度，应选择_____作为叠层方向。

8. 影响成型精度的因素有哪些？

9. 在成型过程中通常采用_____办法来弥补由光斑大小引起的成型误差。

10. 标准测试件的几何形状特性有哪些？

参考文献

[1] 魏青松. 增材制造技术原理及应用[M]. 北京：科学出版社，2017.

[2] 朱光达，侯仪，赵宁，等. 光固化3D打印聚合物材料的研究进展[J]. 中国材料进展，2022，41(1)：68-80.

[3] 杨占尧，赵敬云. 增材制造与3D打印技术及应用[M]. 北京：清华大学出版社，2017.

[4] 聂俊，朱晓群. 光固化技术与应用[M]. 北京：化学工业出版社，2021.

[5] 袁泽飞，闫晓琦，李建波，等. 混杂型UV固化光敏树脂材料的性能研究[J]. 中国胶粘剂，2021，30(5)：6.

[6] 宁蕾，陈进. 纳米二氧化钛增韧补强3D打印光固化树脂[J]. 塑料工业，2021，49(6)：5.

[7] 刘赫，张轶珠，林海丹，等. 水性光固化树脂修复研究及电气修复领域应用展望[J]. 化工新型材料，2021(010)：49.

[8] 张洪. 阳离子及混杂光固化树脂体系研究与应用[D]. 广州：华南理工大学，2013.

[9] 金养智. 光固化材料性能及应用手册[M]. 2版. 北京：化学工业出版社，2020.

[10] 佘亚娟，郭奕文，吴巍，等. 光固化成型技术在汽车零部件设计中的应用研究[J]. 汽车实用技术，2020(13)：4.

[11] 邓旭秋，朱珊珊，杨峰. 基于全反射原理高精度光固化成型设备[J]. 科技创新与应用，2021，11(12)：40-42.

[12] 王伊卿，赵万华，施乐平，等. 光固化快速成型高分辨激光液位检测系统的开发[J]. 西安交通大学学报，2008，42(11)：4.

[13] 鲁中良，周江平，李涤尘，等. 基于光固化成型技术的复杂航空零件快速制造方法[J]. 航空制造技术，2015(1)：4.

[14] 段玉岗，王素琴，卢秉恒. 用于立体光造型法的光固化树脂的收缩性研究[J]. 西安交通大学学报，2000，34(3)：5.

[15] 王军杰. 光固化法快速成型中零件支撑及制作方向的研究[D]. 西安：西安交通大学，1997.

[16] 马雷，李涤尘，卢秉恒. 光固化快速成型中激光扫描方法的研究[J]. 中国机械工程，2003，014(007)：541-544.

[17] 顾小莉，王小元，桂凯旋，等. 光敏固化3D打印件二次固化装置设计[J]. 黄山学院学报，2022，24(3)：5.

[18] Gonalves F, Fonseca A C, Rosemeyre C, et al. Fabrication of 3D scaffolds based on fully biobased unsaturated polyester resins by microstereo-lithography[J]. Biomedical Materials, 2022(2):17.

扩展阅读

基于 SLA 3D 打印技术的可控孔隙度陶瓷过滤器的设计、制造及性能研究

陶瓷泡沫过滤器是金属铸造中常用的过滤材料。但这种过滤器存在抗冲击能力弱、技术参数不可控、生产周期长等缺点。开发了一种基于 SLA 3D 打印技术的陶瓷过滤器制造方法，该方法可以根据孔隙率和

孔密度的要求设计过滤器的结构。首先，通过力学仿真和拓扑优化，提出了在不同孔隙率和孔密度下具有良好力学性能的陶瓷过滤器模型。其次，利用 SLA 3D 打印技术制作了具有不同特性的陶瓷过滤器模型。结果表明，孔隙度可以在较宽的范围内实现，较高的孔隙度和孔密度可分别接近 90% 和 50PPI❶。对过滤器模型内柱的制备误差也可以进行修正，以精确控制过滤器的孔隙度误差。最后，SLA 印刷陶瓷过滤器的孔隙特性和压缩性能明显优于泡沫陶瓷过滤器。

1. 研究背景

随着社会的进步和科学技术的不断发展，对材料的纯度提出了越来越高的要求，因为百万分之几的夹杂物就能对材料的性能产生决定性的影响。利用陶瓷过滤器去除高温合金中的非金属夹杂物已成为许多实验的主题，已被证明是一种非常有效的方法，并已得到广泛应用，特别是陶瓷泡沫过滤器。然而，陶瓷泡沫过滤器仍然存在许多缺点，如孔隙度不可控、抗冲击性差、生产周期长。拓扑优化技术和增材制造可以用来解决目前泡沫过滤器的问题。多孔陶瓷材料与其他过滤材料相比，具有孔隙率高、耐高温、机械强度高等特点，在高温净化领域越来越受欢迎。增材制造技术在制造复杂多孔零件方面具有很大的优势。陶瓷有几种增材制造方法：选择性激光烧结（SLS）技术、立体光刻（SLA）技术、数字光处理（DLP）技术以及使用陶瓷片的层状固体制造（LOM）技术。其中，SLA 3D 打印技术的成型精度最高，有利于多孔陶瓷孔隙率的控制。SLA 3D 打印技术中使用的陶瓷浆料体系主要由预聚单体、光引发剂、陶瓷粉末和其他添加剂组成。拓扑优化技术是根据给定的载荷情况、约束条件和性能指标对给定区域内的材料分布进行优化的一种数学方法，是结构优化方法的一种。采用拓扑优化方法可以在保证陶瓷过滤器力学性能的同时，有效地控制过滤器的孔隙率。本研究将拓扑优化结构设计方法与 SLA 3D 打印技术相结合，提出了陶瓷过滤器的结构设计方法，并制备了不同孔密度和孔隙率的氧化铝陶瓷过滤器。本研究主要分为三个方面：①对陶瓷滤材的晶格结构进行设计，在孔隙率可控的前提下，尽可能提高晶格的力学性能；②利用 SLA 3D 打印技术快速制造不同规格的陶瓷过滤器；③将 SLA 3D 陶瓷过滤器的孔隙率和抗压强度与泡沫陶瓷过滤器进行比较，并进一步分析其性能改善的原因。

2. 材料与方法

将流体仿真技术、有限元静态仿真技术和拓扑优化技术相结合。将陶过滤波器分成若干层，然后对其中一层进行结构设计，最后将各层叠加得到最终模型。

流体动力学仿真分析模型如图 1 所示，简化模型的内部孔隙率应与陶瓷过滤器的目标孔隙率一致。流体模拟结果显示模型左表面压力约为 1.24MPa，右表面压力约为 0.31MPa，因此压降为 0.93MPa。

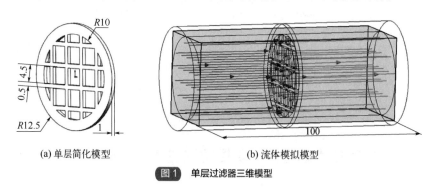

(a) 单层简化模型　　　　　　　(b) 流体模拟模型

图1　单层过滤器三维模型

---

❶ PPI，Pores Per Linear Inch 的简写，是孔隙密度的单位，代表单位英寸长度上的平均孔数。

　　然后利用 Abaqus 及其 Tosca 结构插件对六面体胞体进行拓扑优化，得到一定孔隙度下的结构最优晶格模型。边界条件设置为：两个平面垂直于 x 轴方向，在 y 轴和 z 轴方向上的位移等于零；两个平面垂直于 y 轴方向，在 x 轴和 z 轴方向上的位移等于零；两个平面垂直于 z 轴方向，在 x 轴和 y 轴方向上的位移等于零。将目标函数建立为最小应变能，即最大刚度；创建约束类型为体积，限制在初始体积的 10% 或 15%，对应 90% 和 85% 孔隙度。90% 孔隙度的最终优化结果如图 2 所示，其中第 29 次迭代为最终结果。当体积趋向于目标值 10% 时，应变能尽可能趋向于 0。这有利于过滤器的力学性能，因为应变能越小，模型的力学性能越好。

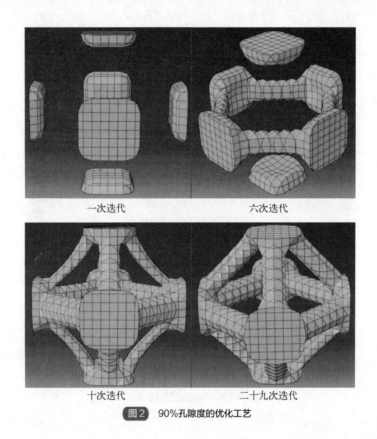

一次迭代　　　　　　　　　六次迭代

十次迭代　　　　　　　　　二十九次迭代

图2　90%孔隙度的优化工艺

　　在切片软件（Magics 19）中对晶格进行缩放和排列，以形成任何尺寸的陶瓷过滤器的初步模型。为了保证零件的可制造性，需要对零件模型进行进一步加工。首先，对单个晶格模型表面进行细化和光滑处理，并对处理后的模型进行数组和布尔运算得到陶瓷过滤器模型；然后对模型进行进一步修复，检查有无坏边，检查正确后导出最终陶瓷过滤器模型。10PPI 陶瓷过滤器模型如图 3 所示。利用陶瓷 3D 打印机（CeramkerR900, 3D CERAM, France）采用 SLA 3D 打印技术制备陶瓷过滤器。将陶瓷过滤器的 STL 模型文件导入 Magics 切片软件中，创建机器平台并对模型进行定位。然后将程序导入打印机，进一步设置打印层厚度、激光功率等参数，编译运行，直至打印完成。

3．结果分析

（1）不同孔密度陶瓷过滤器模型的可制造性研究

　　第一种是孔径密度在 10~20PPI 的过滤器。通过上一节的方法得到目标孔隙度为 90% 的晶格模型，可以直接观察到每 5mm 有两个孔，因此孔密度等于 10PPI。通过对 10PPI 的晶格模型进行等尺寸缩放，可以得到空穴密度分别为 15PPI 和 20PPI 的晶格模型。然后对不同孔密度的晶格模型进行排列、合并，并进行布尔运算，得到不同尺寸的陶瓷过滤器。最后得到孔径密度在 30~50PPI 的过滤器。由于孔密度高，低孔密度的目标孔隙度和阵列方法已不能满足需求，目标孔隙度需要进一步提高。为了实现模型的可制造性，需要改变阵列方法。当目标孔隙度增大时，模型中孔的尺寸越大，模型越容易制造，因此对于高孔密度模型，应尽可能增大孔隙度。然而，当孔隙度增加到一定程度时，模型的结构可能会发生变化，模型中孔洞的尺寸会变小，因此需要找到孔隙度的最优值。通过等缩放得到孔密度分别为 30PPI、40PPI 和 50PPI 的陶瓷过滤器模型，如图 4 所示。

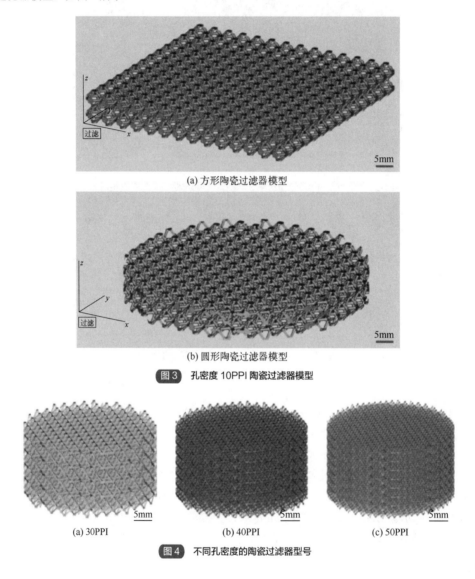

(a) 方形陶瓷过滤器模型

(b) 圆形陶瓷过滤器模型

图3 孔密度 10PPI 陶瓷过滤器模型

(a) 30PPI　　　(b) 40PPI　　　(c) 50PPI

图4 不同孔密度的陶瓷过滤器型号

（2）孔隙率性能分析

孔隙率是评价陶瓷过滤器性能的重要指标。孔隙率越大过滤器的过滤性能越强，所以孔隙率的控制对提高滤芯的过滤性能有着非常重要的作用。低孔过滤器的孔隙率可控制在 80%~90%，高孔率过滤器的孔隙率可控制在 76%~90%。首先，对于孔密度在 10~20PPI 的陶瓷过滤器，目标孔隙率为 90%，孔隙率的误差随孔密度的增加而增大。同样，对于孔密度在30～50PPI的陶瓷过滤器，设定的目标孔隙率为95%，随着孔密度的增加，孔隙率误差也会增加。

气孔率误差的主要来源是印刷误差。从陶瓷滤格模型可以看出，在打印过程中，该模型大部分打印在倾斜的柱子上。归根到底，造成孔隙度误差的主要是倾斜矿柱的尺寸误差。而且随着孔密度的增加，倾斜矿柱的数量也会增加，因此误差也会越来越大。如图5所示，产生倾斜支板尺寸误差的原因有两个，首先是激光固化层的厚度，为保证层与层之间的紧密连接，实际固化厚度 D 通常大于模型切片层厚度 d。二是激光散射现象，造成实际固化层轮廓大于模型理论轮廓，存在距离 S。结合上述两个误差因素，零件的每一固化层都会产生一个误差区域 A，使得实际尺寸（C_a）大于理论模型尺寸（C_t），如图6所示。

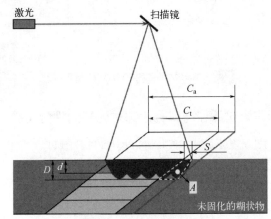

图5　尺寸误差机理分析图

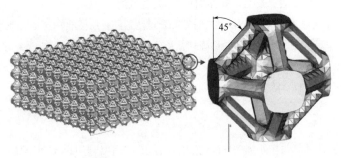

图6　SLA 3D打印陶瓷过滤器模型图

综上所述，对于低孔密度陶瓷过滤器，可以通过进一步增加各自的目标孔隙率来补偿误差，或者通过降低浆料的固体含量来增加收缩率以补偿孔隙率误差。对于高孔密度陶瓷过滤器，可以通过降低浆料的固体含量和增加收缩率来补偿孔隙率误差，或者通过进一步优化印刷工艺来减小孔隙率误差。

（3）抗压强度分析

在高温合金铸造过程中，陶瓷过滤器通常要承受金属溶液带来的压力，因此需要具有一定的耐压性。通过SLA 3D打印制备不同孔密度的陶瓷过滤器进行耐压测试，测试结果如图7所示。从试验结果可以看出，无论是低孔密度（10～20PPI）的过滤器［图7（a）］，还是高孔密度（30～50PPI）的过滤器［图7（b）］，抗压强度都随着孔密度的增加而增加，这是由于孔隙率随着孔密度的增加而降低。孔密度为10PPI和30PPI的陶瓷过滤器孔隙率相对较高,因此抗压强度相对较低,在0.9～1.0MPa;孔密度为20PPI和50PPI

的陶瓷过滤器孔隙率相对较低，因此抗压强度相对较高，分别高于2MPa和3MPa。

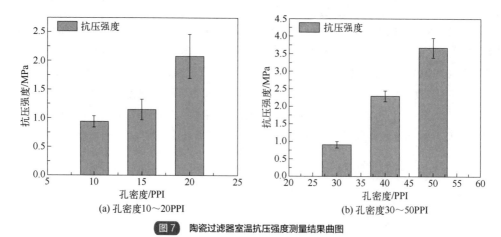

图7 陶瓷过滤器室温抗压强度测量结果曲图

（4）SLA 3D 打印陶瓷过滤器与陶瓷泡沫过滤器的性能比较

① 孔隙度性能对比。对孔密度分别为10PPI、20PPI、40PPI和50PPI的氧化铝陶瓷泡沫过滤器与SLA 3D 打印陶瓷过滤器的孔隙率进行比较。当孔密度为10PPI、20PPI、40PPI时，两种滤光片的孔隙率均在80%以上；当孔密度为50PPI时，陶瓷泡沫过滤器的孔隙率相对较高。然而，SLA 3D 打印陶瓷过滤器的孔隙率是可控的，孔隙率可以进一步提高。

② 室温下抗压强度对比。SLA 3D 打印陶瓷过滤器的抗压强度均在0.9MPa以上，而泡沫陶瓷过滤器的抗压强度基本在0.3MPa左右。显然，SLA 3D 打印陶瓷过滤器的抗压强度远远高于陶瓷泡沫过滤器，这充分证明了拓扑优化模型的优越性。SLA 3D 打印陶瓷过滤器的抗压性能好主要是因为模型结构更合理。SLA 3D 打印陶瓷过滤器是由拓扑优化的晶格阵列获得的，因此力学性能取决于晶格模型。陶瓷泡沫过滤器的内部结构不规则，泡沫过滤器柱呈不同角度倾斜，不能较好地分解压力。因此，SLA 3D 打印陶瓷过滤器的耐压性能将优于陶瓷泡沫过滤器。

4．结论

① 将SLA 3D 打印技术与拓扑优化技术相结合，提出了一种新型陶瓷过滤器结构设计与制造方法。该方法具有孔隙度可控、孔尺寸分布均匀、生产周期短等优点。

② 分别设计孔径密度为10PPI、15PPI、20PPI、30PPI、40PPI、50PPI的陶瓷过滤器模型，并进行打印和烧结，验证模型的可制造性。

③ 测量了不同孔密度的陶瓷过滤器的孔隙率，发现随着孔密度的增加，打印误差增大。模型内倾斜矿柱数量越多，孔隙度误差越大。滤光片的内柱打印误差稳定维持在200～300μm，说明滤光片的孔隙率是可控的。低孔密度过滤器孔隙度可控制在80%～90%，高孔密度过滤器孔隙度可控制在76%～90%。

④ 测定了不同孔密度陶瓷过滤器的室温抗压强度，发现随着孔密度的增大，陶瓷过滤器的抗压性能越好，抗压强度在0.9MPa以上，优于陶瓷泡沫过滤器，揭示了SLA 3D 打印过滤器的结构优势。

参考文献

[1] Gzab C, Bzab C, Xwab C , et al. Design, manufacturing and properties of controllable porosity of ceramic filters based on SLA 3D printing technology[J]. Ceramics International, 2022.

第 4 章

熔融沉积成型技术

思维导图

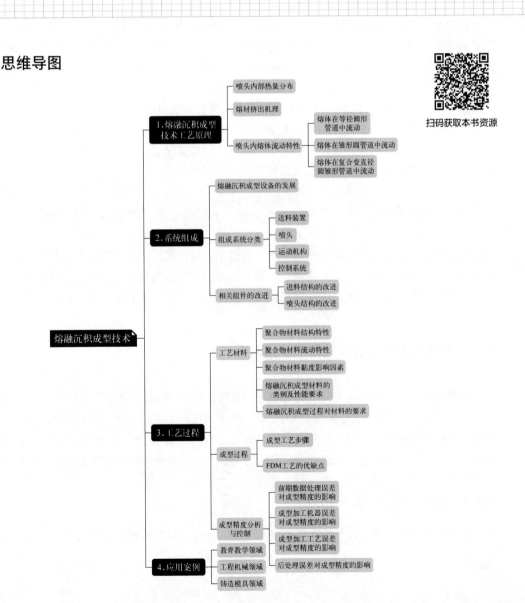

学习目标

（1）掌握熔融沉积成型技术的工艺原理；
（2）掌握聚合物材料的结构特性、流动特性及各因素对黏度的影响规律；
（3）掌握熔融沉积成型设备的组成，并了解熔融沉积成型设备的改进方案；
（4）掌握熔融沉积成型技术的具体操作步骤及各步骤之间的传递关系；
（5）熟悉制件成品的精度测量及影响因素，并了解设备精度的测量标准及精度改善措施。

 案例引入

对于很多人来说，耳机是一种必不可少的日常用品。它不仅可以用来听音乐和打电话，还能用于拍摄照片或录制视频。罗技耳机在最开始生产时，因为没有足够的耐久度，罗技的产品原型无法进行功能测试。

针对蓝牙耳机的麦克风杆变形会使麦克风旋转超过行程限位器，从而造成麦克风杆旋转360°后导致焊点松动的问题，罗技公司将 FDM 技术 3D 打印机引入产品研发过程中。罗技品牌工程师将行程限位器修改成楔形，并打印 ABS 材质的功能原型代替昂贵的原型来做重复压力测试与设计改良，直到功能部件达到几乎最完美状态，相比之前强度增强了 273%，并且与很多SLA 3D 打印部件相比，FDM 3D 打印原型的强度和寿命都提高了。

罗技在耳机产品生产过程中引入 FDM 3D 打印机，大大缩短了产品设计周期，并且制造模型快速又廉价，可以同时为设计团队、市场团队、制造团队提供服务。因此，不仅得到了直接的经济回报，还提高了产品品质和用户满意度。

熔融沉积成型技术，英文为 fused deposition modeling，简写为 FDM，是一种将各种热熔性的丝状材料（蜡、ABS 和尼龙等）加热熔化成型的方法，是 3D 打印技术的一种。设备内待用的热熔性材料的温度始终稍高于固化温度，而成型温度稍低于固化温度。热熔性材料受挤压从喷头喷出后，立即与前一个层面熔结在一起。一个层面沉积完成后，工作台按预定的增量下降一个层间的厚度，再继续进行熔喷沉积工作，直至整个实体零件打印完成。

4.1 熔融沉积成型技术工艺原理

FDM 工艺原理如图 4-1 所示。计算机根据零件各截面的轮廓确定分层信息后，送丝机构将丝状材料从材料丝盘不间断地送到喷头中，在喷头中加热到熔融态，熔化的热塑料丝通过喷头被挤出，并覆盖在已完成的零件上，在空气中冷却固化。每完成一层成型，工作台就会降低一层的高度，喷头进行下一层的扫描喷出，反复堆积到最后一层，从底层到顶层堆积直到完成实体模型和零件。

4.1.1 喷头内部热量分布

熔融态丝料的流量、压力降和熔度受到喷头内温度条件的影响，且温度变化同时会引起喷头内物料发生膨胀或收缩。因此，需要对喷头内的温度控制装置进行设计，使其在保证熔体的挤出产量和质量的前提下减少能量消耗。

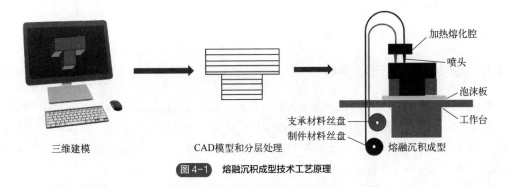

三维建模　　　　　　　CAD模型和分层处理　　　　　　　　熔融沉积成型

图 4-1　熔融沉积成型技术工艺原理

假设喷头和机体之间忽略由热传导引起的热量交换，为了使整个喷头内热量平衡，则要求考虑温度大致恒定时应供给或移走的热量，因此要对热量分布进行计算分析，如图 4-2 所示。

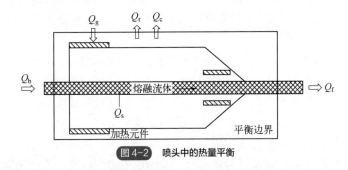

图 4-2　喷头中的热量平衡

喷头系统中的热量来源于熔体自身引入的热量 Q_b 和加热系统供给的热流 Q_g，热量流出包括熔体喷出带走的热量 Q_f、热对流带走的热量 Q_c、喷头中单位时间内损耗的能量 Q_s 以及热辐射带走的热量 Q_r。基于此，建立喷头内部的热量平衡方程：

$$(Q_b + Q_g) - (Q_f + Q_c + Q_r + Q_s) = \partial / \partial (mC_pT) \tag{4-1}$$

式中　m——熔体的质量流量；

　　　C_p——熔体的比热容；

　　　T——熔体温度。

4.1.2　熔材挤出机理

在进行 FDM 工艺之前，材料首先要经过挤出机成型制成直径约为 2mm 的单丝。实心丝材原材料被缠绕在供料辊上，辊子在电机的驱动下开始旋转，丝材依靠辊子和丝材之间的摩擦力向喷头内输送。同时供料辊与喷头之间设有一由低摩擦材料制成的导向套，以便丝材能顺利、准确地由供料辊送到喷头的内腔。丝材被喷头加热器熔化，在加料段，喷头温度低于单丝的软化点，单丝不发生软化，因此单丝与加热腔之间的间隙保持不变。加料段中，刚被加热的单丝保持固体时的物性，已经熔融的单丝呈流体特性，包裹在固体单丝外面。在机筒的加热作用下，已熔融的单丝将热量传递给固体单丝，熔融单丝的温度不随时间变化且近似看作处处相等。随着单丝表面温度升高，单丝直径逐渐变细直到完全熔融，将此区域称为熔化段。完全被熔融物料充满的区域称为熔融段。在这个过程中，单丝本身既是原料，又起到活塞的作用，从而把熔融态的材料从喷头中挤出。

4.1.3 喷头内熔体流动特性

在熔融沉积成型时，单丝聚合物处于黏流塑化状态，流动性好且变形能力强，易于熔体的输送和最终的成型。熔融单丝在喷头内通过螺杆被挤出，丝料在螺杆内分三段分布：螺杆的尾部是未熔融的固体丝料；头部被已熔融的待挤出的丝料充满；固体与熔体的共存段位于螺杆的中间段，此区段内进行物料的熔融。

在熔融过程中，由于热传导和摩擦的共同作用，与机筒壁接触的成型丝料或颗粒首先发生熔融并形成一层致密的熔膜。随着熔融过程的进行，熔膜厚度不断增加。当其厚度大于机筒与螺杆之间的距离时，过厚的熔膜将会被不断旋转的螺杆棱刮落，并且由于熔体积存，螺杆棱前侧还会出现旋涡状的熔池，熔池即为物料的液体区域。温度低的固体粒子被堆积在螺杆棱推进面的后侧，熔膜形成的熔池和温度低的未塑化粒子之间是处于过渡段的固体粒子，称为固体床。

熔融沉积成型设备中喷头的结构如图4-3所示，喷头主要由等径的圆形管和呈过渡变化的锥形圆管组成。根据流体力学中流体流动局部阻力计算公式可知熔融丝材在锥形圆管中的流动阻力较小，并且降低了局部紊流发生的概率。聚合物流体在圆管道中的流动特点为流道边界静止不动且不发生变形；熔融流体在压力的推动作用下受到剪切力，呈稳态流动特征且服从幂律定律。为了简化分析，对理想情况提出以下假定：流体是不可压缩的；流动是充分发展的稳定流动；忽略末端效应的影响；流动边界不滑移；不考虑重力的影响；流体在圆管中的流动呈对称性；流动过程是等温过程；在流体流动的垂直方向无压力分布。

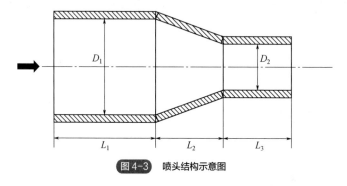

图4-3 喷头结构示意图

基于以上假定，对理想情况下熔体在不同直径管道内的流动特性进行分析。

（1）熔体在等径圆形管道中流动

① 剪切力分布。

圆形管道的尺寸如图4-4所示，图中，R 为圆形管道内径，L 为流体流动长度（待分析流场长度）。设 ΔP 为压力差，τ_r 为半径方向上流体所受到的剪切应力。由于流体呈稳态流动，所以

流体所受的推动力与剪切阻力相等，即

$$\pi r^2 \Delta P = 2\pi r L \tau \tag{4-2}$$

整理得到

$$\tau_{\mathrm{r}} = \frac{r\Delta P}{2L} \tag{4-3}$$

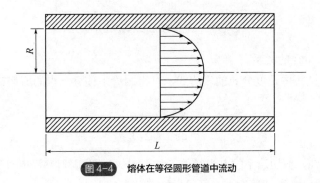

图 4-4　熔体在等径圆形管道中流动

从式（4-3）可以看出，剪切应力与半径之间是线性关系，并且不受流体种类的影响。圆管中心（$r=0$）处，流速最大，流动阻力最小；圆管壁面（$r=R$）处，流速为 0，流动阻力最大，最大剪切应力值为 $\tau_{\mathrm{r}} = \tau_{\mathrm{w}} = \dfrac{R\Delta P}{2L}$。

② 速度分布。

假设流体呈稳态流动特征且服从幂律定律，即 $\tau = K\dot{\gamma}^n$（$\dot{\gamma} > 0$），其中 $\dot{\gamma}$ 为剪切速率，根据其定义可知

$$\dot{\gamma} = -\frac{\mathrm{d}v_{\mathrm{r}}}{\mathrm{d}r} > 0 \tag{4-4}$$

对其进行积分，可知 $\int_r^R -\mathrm{d}v = \int_r^R \dot{\gamma}\mathrm{d}r$，得到

$$v_{\mathrm{r}} = \int_r^R \dot{\gamma}\mathrm{d}r \tag{4-5}$$

将剪切应力的表达式代入幂律定律表达式，可得

$$\dot{\gamma} = \left(\frac{r\Delta P}{2LK}\right)^{\frac{1}{n}} \tag{4-6}$$

最后将式（4-6）代入式（4-5）进行积分，可得

$$v_{\mathrm{r}} = \frac{n}{n+1}\left(\frac{\Delta P}{2LK}\right)^{\frac{1}{n}}\left(R^{\frac{1}{n}+1} - r^{\frac{1}{n}+1}\right) \tag{4-7}$$

流速分布如图 4-5 所示，由此可知，圆管内最大流速为

$$v_{\mathrm{rmax}} = \frac{n}{n+1}\left(\frac{\Delta P}{2LK}\right)^{\frac{1}{n}}R^{\frac{1}{n}+1} \tag{4-8}$$

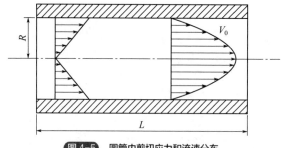

图 4-5 圆管内剪切应力和流速分布

③ 剪切速率与半径的关系。

已知式（4-7）圆管中速度分布的表达式，可得圆管中任意一点的剪切速率：

$$\dot{\gamma}_r = -\frac{\mathrm{d}v_r}{\mathrm{d}r} = \left(\frac{\Delta P}{2LK}\right)^{\frac{1}{n}} r^{\frac{1}{n}} \tag{4-9}$$

由式（4-9）可知，剪切速率随着半径的增加而增大，即圆管管壁处剪切速率最大，圆管中心线处的剪切速率为 0，剪切速率与半径呈抛物线分布的形态。

④ 体积流量。

在圆管中取一环形微元，则在半径为 r 处，环形微元的面积为 $2\pi r\mathrm{d}r$，结合式（4-7）圆管内不同位置的速度分布公式，可得通过环形微元的流量为

$$\mathrm{d}Q = 2\pi rv_r\mathrm{d}r \tag{4-10}$$

通过积分，可以得到通过整个圆管截面的流量：

$$Q = \int_r^R 2\pi rv_r\mathrm{d}r = \int_r^R 2\pi r\frac{n}{n+1}\left(\frac{\Delta P}{2LK}\right)^{\frac{1}{n}}\left(R^{\frac{1}{n}+1} - r^{\frac{1}{n}+1}\right)\mathrm{d}r = \frac{n\pi R^3}{3n+1}\left(\frac{R\Delta P}{2KL}\right)^{\frac{1}{n}} \tag{4-11}$$

显然，$\Delta P \propto \dfrac{LQ^n}{R^{3n+1}}$，对于牛顿流体，$n=1$ 的情况，可得

$$Q = \frac{\pi R^3}{3+1}\left(\frac{R\Delta P}{2KL}\right) \tag{4-12}$$

（2）熔体在锥形圆管道中流动

锥形圆管可以看作截面直径随长度方向发生线性变化的圆管，将入口端面的直径计为 D_1，将出口端面的直径计为 D_2，且任一位置的直径可用下式表示：

$$D = D_1 + \left(D_2 - D_1\right)\left(T_2 / L_2\right) \tag{4-13}$$

对于熔融沉积成型设备喷头结构的锥形段，出入口端面直径的差值小于管道的长度，即圆形管道的锥角很小，可将过渡区域内任何截面处的流动近似于等直径普通圆形管道内的流动。因此，可将圆管内流动特性带入锥形圆管道中。设距离入口端面不远处的圆锥截面直径为 D，则此处的压力梯度与距离 D 成正比。于是，对于稳定流动而言，体积流率与轴向坐标无关，并由式（4-14）可得到锥管中的总压差的计算公式，即

$$P_1 - P_2 = \frac{P_{zl}LD_1}{-3n\left(D_1 - D_2\right)}\left[\left(\frac{D_2}{D_1}\right)^{-3n} - 1\right] \tag{4-14}$$

（3）熔体在复合变直径圆锥形管道中流动

熔融沉积成型设备的喷头结构由圆管和锥形管共同组成，形成了复合变直径圆锥形管道，流体流动在两个类型的分区域均满足上面推导的前提条件，因此，根据上述压差计算公式，可到复合变直径圆锥形管道总压力差的表达式为

$$\Delta P = \Delta P_1 + \Delta P_2 + \Delta P_3 = \frac{Q^n K_P}{D_1^{3n+1}}\left[L_1 + \frac{g(k_d)}{3n}L_2 + K_D^{3n+1}L_3\right] \tag{4-15}$$

4.2　系统组成

熔融沉积成型技术是继光固化成型和叠层实体成型工艺后的另一种应用比较广泛的增材成型工艺方法，该工艺方法以美国 Stratasys 公司开发的 FDM 制造系统应用最为广泛。该公司自 1993 年开发第一台 FDM1650 机型后，先后推出 FDM2000、FDM3000、FDM8000，并于 1998 年推出引人注目的 FDM Quantum 机型。FDM Quantum 机型的最大造型体积达到 600mm×500mm×600mm。此外，该公司推出的 Dimension 系列小型 FDM 3D 打印设备得到市场的广泛认可，仅 2005 年的销量就突破了 1000 台。

由于 FDM 成型过程无需激光，所用的丝材可以采用卷轴输送，成型过程中不生成废料，热熔喷头尺寸也相对较小，因此该工艺设备广泛适用于办公环境。国内对于 FDM 技术的研究最早在清华大学、西安交通大学、华中科技大学等几所高校进行，其中清华大学下属的企业于 2000 年推出了基于 FDM 技术的商用 3D 打印机。近年来也涌现出多家将 3D 打印机技术商业化的企业，诸多公司都相继推出各式各样的基于 FDM 成型方法的小型桌面级 3D 打印机，其尺寸可小至 500mm 下，质量轻至十几千克，个别 3D 打印机售价降至 5000 元人民币以下。目前，我国的 FDM 设备制造商主要包括北京三维视界、沈阳富士通、西安汉德威、深圳众智、广州雷鸣等公司。这些公司除生产传统的桌面型 FDM 设备外，还在不断创新和探索各类应用场景，例如生产建筑模型、医疗器械、工业零部件等。此外，一些互联网企业也开始涉足 FDM 设备领域。例如，阿里巴旗下的菜鸟网络就推出了自己的 3D 打印平台，可提供更快捷、便利的 FDM 打印服务。表 4-1 为常用商用 FDM 设备参数。

表 4-1　常用商用 FDM 设备参数

设备名称	外观	定位精度/mm	成型耗材	设备特点
北京弘瑞 Z500		X、Y轴：0.01 Z轴：0.0025	PLA，ABS，HIPS，PVA，PE，PP 等	全封闭成型室，恒温，静音
北京太尔 时代-up		X、Y轴：0.01 Z轴：0.0025	PLA，ABS	智能支承技术，支承自动生成，打印平台校准，自动调平、设置喷头高度

设备名称	外观	定位精度/mm	成型耗材	设备特点
深圳极光尔沃 A-8		0.05～0.3	PLA，ABS	超大的打印尺寸，打印过程中打印速度随时可调，喷头和热床温度可调
Stratasys		0.254 或 0.330	ABSplus,可选择多种颜色	超大的打印尺寸
Makerbot Replicator		定位精度：0.1 X、Y 轴：0.01 Z 轴：0.006	ABS，PLA，PVA	单双喷头可选，全封闭机身结构，四向开启设计，全金属不锈钢钣金一体成型机框，专用打印喷头及快速更换式喷头组件，可支持U盘、SD卡打印，定制版 3D 打印软件及驱动程序
3D Systems Cube pro		定位精度：0.2 X、Y 轴：0.01 Z 轴：0.01	ABS，PLA，水溶性自然色PLA，尼龙	包含单头、双头、三头三种型号，最高支持两种材料+三色打印，并且拥有桌面级打印机最大的打印尺寸，可以通过 ios、Android、Windows 版 cubify 应用程序进行移动打印

4.2.1　组成系统分类

熔融沉积成型设备的硬件组成可分为三个部分，即送料装置、喷头和运动机构。其中，送料装置的任务是由加热器将热熔丝状材料加热至熔点成熔融态，然后利用送料辊送入喷头。喷头的作用是将热塑性材料挤出并喷射到工作平台上。工作平台是完成整个成型过程的承载工具，在运动系统的带动下实现三维运动，熔融聚合物在平台上凝固，实现层层叠加打印直至完成。还有一些附加工具如导轨等，协同配合加工过程。所有的硬件系统均与控制系统相连，控制系统从软件信息系统处得到加工工艺参数及加工路径，控制硬件系统的工作，最终完成整个加工工程，满足制造要求。

（1）送料装置

在熔融沉积成型过程中，常用的成型材料一般分为丝料或粒料两种形态，不同的原料形态需要选择不同的进料装置。

① 丝料的进料方式。

当原料为丝料时，通常由挤出轮提供驱动力，挤出轮通过两个或多个电机驱动，将丝料送入加热装置进行熔化。图 4-6（a）为美国 Stratasys 公司开发的进料装置，在驱动电机的作用下，丝料依靠挤出轮压力作用产生的摩擦力向前运动，通过调节挤出轮的转动速度可以实现丝料的定量送丝。但是这种进料装置的挤压轮间距是固定的，若丝料直径大于挤压轮间距，则会产生较大的夹紧驱动力，丝料可能在挤压力的作用下发生破坏；若丝料直径小于挤压轮间距，则会导致夹紧驱动力较小，丝料所受摩擦力较小，丝料可能会发生滑丝，不能按照要求进料。这种挤压方式的送料结构简单、运行稳定，但该装置在重负载情况下容易产生相对滑动，压紧方式对挤压轮的转轴存在较大径向载荷，因此常用于低速轻载情况。基于此，清华大学开发了弹簧挤压摩擦轮送料装置，如图4-6（b）所示。该装置采用可调直流电机来驱动摩擦轮，通过压力弹簧将丝料压紧在两个摩擦轮之间。两摩擦轮是间距可调的活动结构，通过螺母调节夹紧力，避免了因为驱动力过大而损坏丝料的情况。但是受到摩擦轮与丝料之间接触面积的影响，该装置产生的摩擦驱动力有限，进料速度往往具有上限。

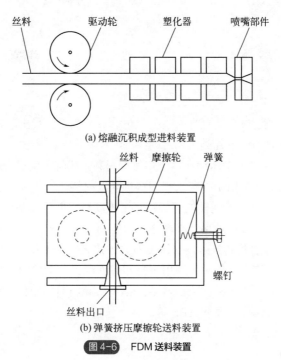

(a) 熔融沉积成型进料装置

(b) 弹簧挤压摩擦轮送料装置

图 4-6　FDM 送料装置

② 粒料的进料方式。

与丝料不同，粒料作为熔融沉积成型工艺的原料有较宽的选择范围。制造长丝时，对原材料进行加热会降低材料特性，加热越多降解越明显，需要添加添加剂以减少这种降解，最终导致材料特性发生很大变化。粒料更接近用于注塑成型的塑料的化学和物理特性，零件的最终成本也明显降低，送料装置也不需要丝盘防潮防湿、丝盘转运（发送和回收）、送丝管道、送丝机构等一系列装置。但粒料使进料装置变得复杂，并且由于其塑化的难度较大，需要对料仓、模头、输送器及其他部件进行改造和优化，以便更好地掌控原料粒度、湿度等参数，确保成型精度和质量。

加料系统结构如图 4-7 所示。整个机构由料位传感器、电磁铁、推杆和料斗等主要部件组成，料斗中的粒料通过推杆凹槽的往复运动，穿过连接料筒完成粒料的加料过程。

动态跟踪颗粒加料系统控制送料速度，整体结构如图 4-8 所示。在活化器作用下，料斗的粒料从静止状态转变为有微小振幅的振跳状态而活化，此时粒料容易产生径向位移，柱塞推杆很容易将处于活化状态的粒料推送到指定的位置。在推料过程中，粒料相互堆叠可能造成"架桥"现象，使后续粒料不能进入，此时需要破拱针插入物料内部疏通。活塞和螺杆的组合，可以进一步提高物料从喷头挤出的速度，提升成型效率。

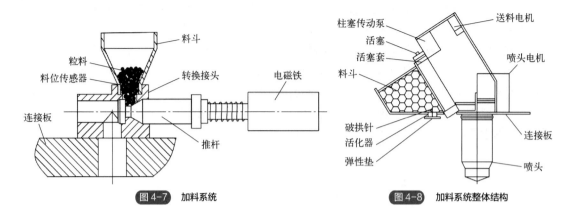

图 4-7　加料系统　　　　　　　　　图 4-8　加料系统整体结构

（2）喷头

熔融状态的聚合物通过进料装置进入喷头，再通过喷头挤压喷出沉积到平台表面。根据结构形式，喷头结构可以分为以下几类：

① 螺杆式喷头。使用螺杆来压缩和推送熔融的材料，从而实现塑化。因为具有良好的精度和稳定性，该类型的喷头通常用于打印工程塑料等高温材料。

② 螺旋装置式喷头。使用可逆转的螺旋装置来推动材料并将其塑化。该类型的喷头适用于打印软或黏性材料，例如橡胶和玻璃纤维增强材料等。

③ 压缩式喷头。通过将材料推入内部压缩室并加热来实现塑化，然后通过窄的喷头将材料压出并涂敷在工作面上。该类型的喷头适用于打印黏性或无法直接加热的材料。

④ 电阻加热式喷头。使用电阻线加热喷头，从而实现材料的塑化。该类型的喷头适用于打印需要快速加热的材料，例如尼龙和 ABS 等。

（3）运动机构

上述进料和喷头装置在工作过程中均需要完成扫描和喷头的升降动作，运动精度决定了设备的成型精度，常用的运动机构包括 XYZ 型、Prusai3 型和三角洲（并联臂）型。

XYZ 型是指三轴传动互相独立，三个轴分别由三个步进电机独立控制或者两个电机传动同步作用。XYZ 结构清晰简单，独立控制的三轴使机器稳定性、打印精度和打印速度能维持在比较高的水平。深圳极光尔沃 A-8 采用 XYZ 结构，采用伺服电机通过精密滚珠丝杠带动 X、Y 轴，沿直线导轨做精密运动；采用步进电机通过精密滚珠丝杠带动 Z 轴，将旋转运动转换为直线运动，如图 4-9 所示。

Prusai3 型主要是龙门结构，控制工作台沿 X/Z 轴和 Y 轴移动。由于龙门结构重量大，沿 Y 轴方向具有较大的惯性，可能会导致 Y 轴电机发热严重。这种结构价格较低，适用于入门级学习。

三角洲型又称并联臂结构，通过一系列互相连接的平行四边形来控制目标在 X、Y、Z 轴上的运动。Rostock-Kossel FDM 的传动机构采用 Delta 三角洲直线并联臂结构，通过步进电机带动滑块，6 个臂杆每两个一组构成平行机构安装在滑块，通过 3 个并联臂与直线光杆连接，如图 4-10 所示。在同样的成本下，采用并联臂三轴联动的结构，传动效率更高，速度更快，更适用于打印尺寸更大的 3D 打印机。

图 4-9 深圳极光尔沃 A-8 FDM 设备　　图 4-10 Rostock-Kossel FDM 设备

（4）控制系统

控制系统主要对硬件组成进行控制，包括数据读取、运动控制和温度控制。数据读取是指控制系统读取存储设备中的打印文件信息，然后将信息向硬件传递。运动控制是指通过多个步进电机控制硬件组成的前进路径和速度，主要包括电机驱动单元和限位开关单元，分别控制 X、Y、Z 三个轴向运动、挤出运动及挤出限位，在打印过程中减少电机过冲和失步等现象，从而控制成型件精度。

温度控制是指控制喷头的加热装置和平台的温度，在保持黏性的基础上使熔融聚合物具有良好的流动性。温度控制模块主要包括温度控制单元和温度检测单元，控制器通过调节加热元件以保证成型过程中喷头和平台的温度恒定；通过测温元件完成实时温度检测，测温元件可以将温度变化情况转换成电信号变化，并通过测温电路传输到控制器，从而实现温度的闭环控制。

控制系统先读取打印模型文件并设置打印参数，进而启动喷头和平台加热电路进行预热，同时通过温度传感器进行温度监测控制。预热完成后，控制系统根据模型信息中的 G 代码文件，控制 X、Y、Z 三个轴向和挤出系统的步进电机完成打印工作，打印完成后，系统会对各个模块进行复位操作。

4.2.2　相关组件的改进

（1）进料结构的改进

丝料利用挤压轮的径向挤压力提供的摩擦力进料，增加挤压轮的数目或丝料与挤压轮的接触面积可以提高摩擦驱动力，从而提高进料速度。

图 4-11 为一款多辊进料的喷头结构。该喷头采用多辊共同摩擦驱动的进料方式，通过主驱动电机带动三个主动辊和三个从动辊，以多辊协同作业的方式，增加丝料送入喷头的稳定性和

精度。在弹簧的推力作用下，由压板将从动辊压向主动辊，增大了转动辊与丝料的摩擦作用，使丝料被带入塑化装置。多挤压轮配合的方式有效解决了摩擦轮驱动力不足的问题，同时也提高了进料系统的稳定性。但由于其结构更为复杂，考虑喷头质量和辊轮耦合控制的复杂性，整个装置的制造成本也随之增加。

（2）喷头结构的改进

喷头是熔料通过的最后通道，是熔融沉积成型十分重要的零部件之一。喷头的结构控制材料的流动性和挤出速度，因此，喷头设计如结构形式、喷头孔径大小及制造精度等都将影响熔料的挤出压力，直接影响熔融材料的流动性和挤出速度。通过喷头控制原料挤出量，可以使打印的部件具有所需的准确性和细节。

① 新型螺杆挤出式喷头结构。

新型螺杆挤出式喷头结构如图 4-12 所示。为满足喷头的物料换向、恒温控制及挤出成型，该结构采用了一种新的喷头设计方法，即通过压降型结构提高热塑性高聚合物流体的流动性；利用换向弯头实现物料由水平运动方向向垂直方向的过渡，同时保证拐角处不易产生滞留区；通过控制喷头口径和螺杆转速控制热熔体的流量和制品的成型精度；通过温感装置控制成型温度。成型时喷头内部流畅，喷头处热塑性高聚合物物料的流速分布稳定，喷头出口压力能够得到保证，能够使物料顺利挤出，使成型部件质量达到要求。

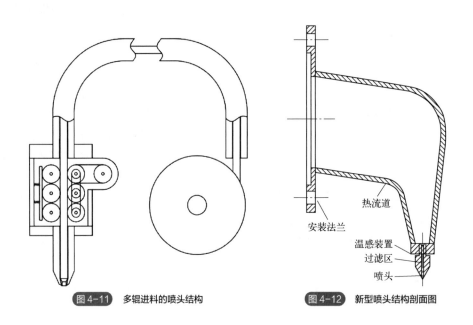

热流道

安装法兰

温感装置
过滤区
喷头

图 4-11 多辊进料的喷头结构　　　**图 4-12** 新型喷头结构剖面图

② 双喷头结构。

熔融沉积成型工艺在原型制作时需要同时制作支承，为了节省材料成本和提高沉积效率，新型 FDM 设备采用了双喷头，一个喷头用于沉积模型材料，另一个喷头用于沉积支承材料。一般来说，模型材料丝精细而且成本较高，沉积的效率也较低；而支承材料丝较粗且成本较低，沉积的效率也较高。双喷头的优点除了沉积过程中具有较高的沉积效率和降低模型制作成本以外，还可以灵活地选择具有特殊性能的支承材料，以便于后处理过程中支承材料的去除，如水溶材料、低于模型材料熔点的热熔材料等。

4.3　工艺过程

4.3.1　工艺材料

　　FDM 材料属于热塑性材料，在加热时能发生流动变形，冷却后可以保持一定形状。大多数线型聚合物均表现出热塑性，很容易进行挤出、注射或吹塑等成型加工。在一定温度范围内，线型或支链型聚合物具有能反复加热软化和冷却硬化的性能。FDM 材料通过一定的组分配比在熔点附近获得流动性，从而减少成型过程中产生的内应力，避免成型产品发生畸变和翘曲。

（1）聚合物材料结构特性

　　聚合物是指由原子或原子团主要以共价键方式结合而成的分子量在 10000 以上的化合物，其定义表述为：由千百个原子以共价键结合形成相对分子质量特别大、具有重复结构单元的化合物。聚合物一般可分为三级结构，一级结构为单链分子中原子的排列结构，包括原子种数及排列方式；二级结构为单条分子链的空间结构；三级结构为分子链之间相互的空间结构，包括分子链的扭曲、折叠等空间结构。

　　非晶态高聚物在不同温度下会呈现三种不同的物理状态，随着温度的升高，依次经历玻璃态、高弹态和黏流态。不同的状态具有不同的力学性能，这对高分子材料的成型加工和使用范围都有很大影响。如图 4-13 所示，非晶相高聚物的形变-温度曲线存在两个转变温度，即玻璃态转变温度（T_g）和高弹态-黏流态转变温度（T_f）。

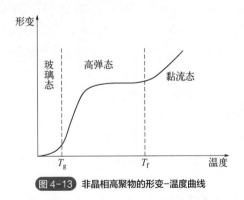

图 4-13　非晶相高聚物的形变-温度曲线

　　① 玻璃态。
　　玻璃态转变指的是无定型物质在玻璃态和高弹态之间的转变。对于聚合物而言，玻璃态转变是非晶聚合物玻璃态和高弹态之间的转变。玻璃态转变温度（T_g）不是一个固定的温度值，而是随测试方法和条件不同而变化的。它和聚合物链段的柔性有很大的关系，一般链段越柔，玻璃态转变温度越低；链段刚性越大，玻璃态转变温度越高。当温度 $T<T_g$ 时，聚合物处于玻璃态，高聚物是刚硬的固体。此时微观上分子运动能量低，部分链段运动被冻结，仅有主链内

的键长和键角可以发生微小的改变。由于弹性模量高，宏观上聚合物在外力作用下只能发生微小变形，且在撤销外力后，形变瞬间恢复。因此处于玻璃态的聚合物适用于车、铣、削、刨等机械加工。若温度低到一定程度，很小的外力即可使大分子链发生断裂，相应的温度为脆化温度，材料使用的下限温度即为脆化温度，低于脆化温度时，材料受力容易发生断裂破坏，从而失效。

② 高弹态。

随着温度的升高，聚合物从玻璃态转变为高弹态，即温度处于 $T_g \sim T_f$ 之间时，聚合物处于高弹态。在温度的作用下，部分被冻结的链段被激活，但是高分子整个分子的运动仍不可能，但链段可以通过主链中的单键的内旋转而不断改变构象，甚至可使部分链段滑移。因此，形变是由链段取向引起大分子构象舒展形成的，形变值大，内应力小。弹性模量比普通弹性材料小3个数量级，且随绝对温度升高而升高。在撤销外力后，可恢复的弹性变形量高达 100%~1000%，但变形的恢复不是瞬时完成的。

处于高弹态的聚合物的变形与时间有关，长链分子的运动需要克服分子间的作用力和内摩擦力，高弹形变就是靠分子链段运动实现的。整个分子链从一种平衡状态过渡到与外力相适应的平衡状态，可能需要几分钟、几小时甚至几年，所以其变形量与时间相关。在成型加工中为求得符合形状、尺寸要求的制品，往往将制品迅速冷却到玻璃态温度以下。

③ 黏流态。

当温度高于聚合物的黏流温度 T_f 时，表现为高黏性熔体（液体），分子热运动能进一步激化链状分子间的相对滑移运动。在外力的作用下，大分子链作曲向舒展运动，而且使链与链之间发生相对滑动，聚合物像液体一样黏性流动，形变不可逆，称为黏性流动，也常称为塑性形变。若此时降温，则能保留黏流态聚合物的流动形态。呈黏流态的聚合物熔体在 T_f 以上稍高的温度范围内，常用来进行压延成型和某些挤出、吹塑成型。

另外，实现聚合物材料的熔融挤压堆积成型，必须考虑材料的可挤压性。一方面，聚合物挤出喷头的过程应完全处于黏流态，温度应控制在 T_f 以上；另一方面，料丝本身在挤压过程中起着活塞推进的作用，要求料丝在加热腔的引导段应具有足够的抗弯强度，温度应控制在玻璃态转变温度 T_g 附近。因此在液化管引导段有时应考虑采取强制散热措施，以避免因轴向热传导引起太大的温升。

（2）聚合物材料流动特性

绝大多数聚合物的成型加工都是在熔融或溶液状态下的流变过程中完成的，需要研究加工条件变化与材料流动性质及产品物理性质之间的关系、材料流动性质与分子结构及组分结构之间的关系。

① 黏度。熔融态的原材料在喷头内被挤出，在工作平台表面凝固成型，因此熔融态原材料的流动特性影响了其成型精度。黏度是最重要的流变参数，用于表示流体在流动时分子间产生内摩擦的性质，聚合物流体的黏度则是表征聚合物分子流层之间内摩擦大小的物理量。黏度小时，流动阻力小，材料可以被顺利挤出；阻力大时，流动性差，需要更大的进丝压力才能被挤出。而且原材料流动性差会增加喷头在同一位置的启停响应时间，对成型件精度造成影响。

② 熔融温度。打印丝材的熔融温度决定了系统的加热温度，系统的加热温度刚好在凝固点

之上，通常比凝固点高 1℃左右。较低的熔融温度有利于提高喷头和整个机械系统的寿命，并且材料挤出前后的温差小，在冷却过程中热应力小，有利于提高原型的精度。

③ 收缩变形性。工作过程中，需要喷头内部保持一定的压力，从而将材料顺利挤出，原材料在挤压过程中会发生不同方向的收缩膨胀变形。材料收缩率随压力变化的敏感程度会影响成型精度。若变形太大，则挤出材料的截面与喷头截面尺寸相差过大，沿预设的加工路径进行加工会出现不能完全覆盖待加工表面的现象。同时，FDM 成型材料的收缩率对温度不能过于敏感，否则会产生零件翘曲、开裂。

（3）聚合物材料黏度影响因素

影响加工性能的另一个重要因素是聚合物的流变性质。在大多数聚合物的加工过程中，聚合物都要产生流动和形变。聚合物的流变性质主要体现在熔体黏度的变化，所以聚合物的黏度及其变化特性是聚合物加工过程中极为重要的参数。影响聚合物流变性质的主要因素有温度、压力、剪切速率或剪切力以及聚合物的结构。

① 温度。

温度是分子热运动程度的反映，温度升高时，聚合物内部的自由体积变大，分子链能在更大的空间内进行扩展活动，导致分子间的相互作用力减弱，表现为黏度下降，聚合物的流动性增强。但是黏度随温度的变化规律与聚合物的分子量和种类有关系，熔融沉积成型技术中所用的材料为高聚物，高聚物的黏度随温度的升高呈指数形式降低。因此，在成型过程中，可通过调节温度来改变熔融成型材料的黏度。

温度与黏度的关系可用阿伦尼乌斯方程表示：

$$\ln \eta = \ln A + \frac{E_R}{RT} \tag{4-16}$$

式中　η——表观黏度；

　　　A——剪切黏度；

　　　E_R——活化能；

　　　T——热力学温度；

　　　R——气体常数。

从上式可以看出，表观黏度的对数（$\ln\eta$）与温度的倒数（$\frac{1}{T}$）之间呈线性关系；直线的斜率（$\frac{E_R}{R}$）可以用来表征不同聚合物材料表观黏度对温度的敏感性，斜率越大，活化能越高，表观黏度对温度变化越敏感。一般，分子链刚性越大或分子间作用力越大，流动活化能越高，聚合物黏度对温度越敏感。实际加工中，一般推荐聚合物的加工温度为 T_f（或 T_m）以上 30K 左右，因此，用上述公式说明黏度与温度的依赖关系还是适用的。

② 压力。

压力对黏度的影响与聚合物材料的膨胀收缩性能直接相关。聚合物是由长分子链的大分子相互连接构成的网络结构，在外部压力的作用下，相邻大分子之间克服范德华力而相互接近，大分子间的距离缩小引起宏观体积收缩，分子链的可活动范围缩小，相邻分子链之间接触点增加从而连接力增强，宏观表现为黏度增加。对于大多数的聚合物材料，当受到 10MPa 压力作用时，聚合物的体积收缩率一般不超过 1%，但随着压力的增加，体积收缩加剧。例如尼龙材料，当压力增加到 70MPa 时，体积收缩达 5.1%。从以上分析可以看出，增加压力和降低温度均会增加聚合物材料的黏度。考虑到在熔融挤压堆积成型过程中，以料丝本身起活塞推进作用所能达到的挤压力不可能太高，所以对熔体黏度与压力的依赖关系只作参考，而侧重考察温度对黏度的影响。

③ 剪切速度。

选用普适流动曲线对聚合物的黏性流动行为进行描述（图 4-14），分析剪切速度对黏度的影响规律。根据剪切速度的大小，将聚合物的流动曲线分为三个区域，并利用链缠结观点解释聚合物流体黏度随剪切速率的流动曲线变化规律。

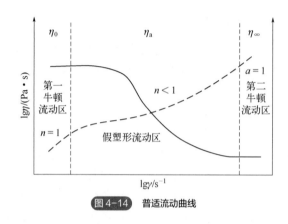

图 4-14　普适流动曲线

在低剪切速率下，剪切力与剪切速率呈正相关关系，黏度不随剪切速率的变化而变化，称为第一牛顿流动区，该区域的黏度即为零剪切黏度 η_0。当聚合物分子量超过某一临界值后，分子链间可能因相互缠结或范德华力相互作用形成链间物理交联点。在分子运动的作用下，物理交联点处于不断解体和重构的动态平衡中。在低剪切速率区，交联网络被剪切破坏后可以及时进行重组，整个体系的接触点密度不变，从而黏度保持不变。

随着剪切速率的增大，缠结点破坏速度大于重组速度，黏度开始下降，熔体出现假塑性，流体进入假塑性流动区，该区的黏度为表观黏度 η_a。随着剪切速率的增加，η_a 降低。聚合物熔体加工成型时所用的剪切速率，通常处于该剪切速率范围内。

随着剪切速率的进一步增大，流体内部交联网络被破坏并且来不及进行重组，此时流体黏度降低到最小值且不再变化，流体进入第二牛顿流动区。高剪切速率区的黏度为极限剪切黏度 η_∞，一般实验条件不容易达到这个区域，因为在快到达该区域时，交联网络结构完全被破坏，聚合物链在剪切力方向高度排列，则黏度可能再次升高，因而导致膨胀性区的出现，形成不稳定流动。

对于熔融沉积成型技术，在加工条件下，通常大多数聚合物熔体都表现为非牛顿型流动，其黏度随剪切速率的变化而变化。在第一牛顿流动区，聚合物熔体的黏度为 103Pa•s、109Pa•s。随着剪切速率的增加，大多数聚合物熔体的黏度下降，但是降低的快慢不同，即不同种类的聚合物对剪切速率的敏感性不同。在熔融沉积成型过程中，通过调整剪切速率调控对剪切速率敏感的聚合物的黏度，而对剪切速率不敏感的聚合物则采用温度进行调控。聚合物熔体的流变行为对加工性能的影响主要体现在聚合物熔体在加热腔中的输送阶段。当聚合物熔体的黏度过大时，聚合物熔体在加热腔的挤出过程中会造成喷头阻塞，从而引起成型失败。当聚合物熔体的黏度太小时，聚合物熔体经过喷头喷出后呈"流滴"形态，喷射距离过短不能到达堆积面，从而引起成型失败。综上所述，聚合物材料的热学特性和流变特性主要影响成型效果，可通过调整加热腔内部加热温度、送丝机构的送丝速度使其达到最优的匹配效果。

（4）熔融沉积成型材料的类别及性能要求

熔融沉积成型过程用到的材料主要分为两类，即成型材料和支承材料。目前常用的单一成型材料主要有 ABS、石蜡、尼龙、聚碳酸酯和聚苯砜等，一般改性后的热塑性材料均可用于 FDM 的成型过程。除了单一成型材料，FDM 技术还可以采用堆积复合材料成型工艺，在低熔点的蜡或塑料熔融丝中加入高熔点的金属粉末、陶瓷粉末、玻璃纤维、碳纤维等制成多相成型材料，但是多相材料成型目前仍处于实验室阶段，尚无投入企业实际生产的商品化设备。

支承材料主要用于制备产品的局部支承零件，在打印完成后再去除，根据去除方式分为两类，即剥离性支承，需要手动剥离零件表面的支承；水溶性支承，它可以分解于碱性水溶液。

（5）熔融沉积成型过程对材料的要求

① FDM 增材制造对成型材料的要求：
- 材料的黏度低，流动性好，阻力就小，有助于材料顺利挤出。
- 材料的熔融温度低。低的熔融温度对 FDM 工艺的好处是多方面的。熔融温度低可以使材料在较低温度下挤出，有利于提高喷头和整个机械系统的寿命。可以减少材料在挤出前后的温差，减少热应力，从而提高原型的精度。
- 黏结性要好。FDM 成型是分层制造的，层与层之间是连接最薄弱的地方，如果黏结性过低，会因热应力造成层与层之间的开裂。
- 材料的收缩率对温度不能太敏感。材料的收缩率如果对温度太敏感会引起零件尺寸超差，甚至翘曲、开裂。

② FDM 增材制造对支承材料的要求：
- 能承受一定的高温。由于支承材料与成型材料在支承面上接触，所以支承材料必须能够承受成型材料的高温，在此温度下不产生分解与熔化。
- 与成型料不浸润。加工完毕后支承材料必须去除，所以支承材料与成型材料的亲和性不能太好，这样便于后处理。
- 具有水溶性或酸溶性。为了便于后处理，支承材料最好能溶解在某种液体中。由于现在的成型材料一般用 ABS 工程塑料，该材料一般能溶解在有机溶剂中，所以支承材料最好能具有水溶性或酸溶性。FDM 工艺的一大优点是可以成型任意复杂度的零件，经常用于成型具有很复杂的内腔、孔等的零件，为了便于后处理，最好支承材料在某种液体里可以溶解，这种液体不能产生污染或有难闻气味。FDM 使用的成型材料一般是 ABS 工程塑料，该材料一般可溶解在有机溶剂中，所以不能使用有机溶剂。目前已开发出水溶性支承材料。
- 具有较低的熔融温度。具有较低的熔融温度可以使材料在较低的温度挤出，提高喷头的使用寿命。
- 流动性要好。对支承材料的成型精度要求不高，为了提高机器的扫描速度，要求支承材料具有很好的流动性。

4.3.2　成型过程

（1）成型工艺步骤

应用 FDM 实现增材制造的工艺过程一般分以下几个部分：

① 建立三维模型。数据模型的建立是增材制造的第一步，设计人员根据所需的产品要求，通过 CAD 进行计算机辅助设计，适用于增材制造的专业 CAD 软件有很多，例如 Pro/E、SolidWorks、AutoCAD、UG 及 CATIA 等软件均可以实现 CAD 三模模型的建立；也可以通过三维扫描进行逆向设计来获得三维模型。图 4-15 所示为 CAD 三维模型。

② STL 格式转换。将 CAD 模型转换为 STL 格

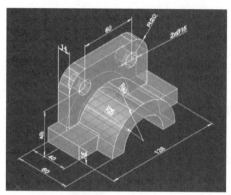

图 4-15　CAD 三维模型

式是增材制造的一个关键步骤，某些产品上存在不规则的曲线，STL 文件采用三角形（多边形）来呈现物体的表面结构，用一系列相连的小平面来逼近模型的表面，用于约束产品的物理尺寸、水密性、曲面闭合以及多边形数量，STL 文件中应该包含零件的尺寸、颜色、材料以及其他有用的特征信息。大部分的 CAD 设计软件中都能实现 STL 数据的输出。

③ 数据处理。STL 文件创建完成后将导入切片程序转化为 G 代码。G 代码是一种数控编程语言，在计算机辅助制造（CAM）中用于自动化机床控制（包括 CNC 机床和 3D 打印机）。切片程序还可以允许设计师设定成型参数，如支承、层厚以及成型方向，切片时每层的厚度对成型件质量及成型时间有着重大影响。分层完成后会自动生成辅助支承和原型堆积基准面，并将生成的数据存储在 STL 文件中。

④ 设备准备。所有增材制造的设备都有一些必要的加工参数的设置，某些增材制造设备是专门为几种材料设计的，使用过程中仅需要改变几个打印参数即可，参数选择会在一定程度上影响零件的质量。

⑤ 加工处理。切片完成后，系统根据切片时设定的每层厚度确定各层的高度 Z 位置，按照切片形成的二维平面图进行打印加工，每打印完一层，成型平面相对于成型喷头下降一层，随后继续执行下一层打印，打印过程以此类推。在这个过程中，需要选择合适的技术参数，例如温度、速度、填充密度等，确保层与层之间粘接良好，就能保证逐层叠加打印成型。在加工过程中系统未检测到错误，零件即可顺利地加工完成。

⑥ 后处理。在后处理过程中，FDM 零件可以直接移除。许多 3D 打印材料可以用砂纸打磨，或者其他技术如喷砂、高压气体清洁、抛光以及喷漆来满足最终使用效果。目前我国自主研发的 FDM 工艺还无法实现，模型的后处理仍然是一个复杂的过程。

（2）FDM 工艺的优缺点

FDM 作为增材制造技术的一种，具有许多增材制造的优点，例如设计上的自由度、成本较低、高材料效率等。相较于其他的增材制造工艺，FDM 工艺制造出来的零件的每个片层都是由

材料丝熔堆积而成，通过层层二维平面的打印粘连累积，形成 CAD 设计出的实体模型。与其他增材制造工艺相比，FDM 的优点如下：

① 成本低。FDM 技术用液化器代替了激光器，设备费用低；原材料的利用效率高且没有毒气或化学物质污染，使得成本大大降低。

② 采用水溶性支承材料，使得去除支架结构简单易行，可快速构建复杂的内腔、中空零件以及一次成型的装配结构件。

③ 原材料以材料卷的形式提供，易于搬运和快速更换。

④ 可选用多种材料，如各种色彩的工程塑料 ABS、PC、PPS 及医用 ABS 等。

⑤ 原材料在成型过程中无化学变化，制件的翘曲变形小，打印出来的模型强度、韧性都很高，可以用于条件苛刻的功能性测试。

⑥ 原理相对简单，无需激光器等贵重元器件，更容易操作与维护。对使用环境几乎没有任何限制，可以放置在办公室或者家庭里使用。

FDM 技术已被广泛应用于家电、通信、电子、汽车、医学、建筑、玩具等领域的产品开发与设计过程，如产品外观的评估、方案的选择、装配的检查、功能的测试、用户看样订货、塑料件开模前校验设计、小批量产品的制造等。但 FDM 工艺也存在一定的缺点：

① 喷头采用机械式结构，打印速度比较慢，打印过程中需要对整个截面进行扫描涂覆，成型时间较长，特别是在打印大尺寸模型或进行批量打印时。喷头在使用过程中容易发生堵塞，不便于维护。

② 尺寸精度较差，表面相对粗糙，有较清晰的台阶效应，最高精度为 0.127mm，不适用于尺寸精度要求较高的装配件打印。

③ 需要设计、制作支承结构，浪费材料。

④ 在打印结构形态复杂的模型时，支承结构很难去除。

⑤ 由于制件的特殊性，是通过逐层叠加成型，所以制件在切片垂直方向上的强度较低。

4.3.3　成型精度分析与控制

FDM 工艺是涉及 CAD/CAM、数据编程、材料编制、材料制备、工艺参数设置与后处理等环节的集成制造过程。每一个环节都会引起误差，误差的产生严重影响 FDM 成型件的精度及其力学性能，阻碍了其在功能元件制造过程中的应用与推广。FDM 工艺成型误差的产生主要分为前期数据处理误差、成型加工设备误差、成型加工工艺误差及后处理误差四种。

（1）前期数据处理误差对成型精度的影响

在成型前期数据处理中，主要是对实体模型进行相应离散化处理，在格式转化后对实体模型进行切片处理，它对成型精度的影响主要表现在 STL 格式文件的转换误差及切层处理误差。此部分内容在第 2 章做了详细介绍，此处不再赘述。

（2）成型加工机器误差对成型精度的影响

① 扫描方式。FDM 成型方法中的扫描方式有很多种，如回转扫描、偏置扫描、螺旋扫描等。通常情况下可以采用复合扫描方式，即模型的外部轮廓用偏置扫描，模型的内部区域采用

回旋扫描，这样既可以提高表面精度，又可以简化整个扫描过程，也提高了扫描效率。

普通打印机只能实现 X、Y 两个方向移动不同，3D 打印机除了 X、Y 以外还增加了 Z 轴的纵向移动，任何移动都是部件之间相互摩擦受力，始终会存有细微的偏差。例如 XY 平面误差、打印机框架结构及所用材料的刚度，会对其稳定性有着很大影响。对于专业用户，选择更重的打印负荷与更多的金属材料，将有助于提高打印机的稳定性与耐久度。

② 送丝机构松动造成丝材滑丝。在 FDM 快速成型系统中由控制信号使送丝机构工作，通过电机驱动驱动轮，缠绕在丝盘上的丝材被牵引到两个驱动轮之间被夹住，依靠两个驱动轮旋转时产生的摩擦力将丝材送往喷头内，通常的送丝结构对辊的间距是固定的，经过一定时间的使用，固定件容易产生松动，对辊的间距产生变化，存在不方便换丝和产生滑丝现象的缺陷。

③ 喷头直径。STL 格式的三维模型通过分层切片处理后，层片文件的轮廓线宽度为零。然而，在实际加工过程中，挤出丝是有一定宽度的，喷头沿层片文件的理想轮廓线运动形成的实体会多出一个喷头半径的宽度。理论上，可以在工艺控制软件中通过理想轮廓线的补偿而形成实际加工轮廓线来消除此种误差。但补偿值一旦设定就不会变化，而挤出丝截面宽度会随着挤出速度、填充速度等因素的变化而变化，故喷头直径决定了挤出丝材的宽度，从而影响成品的精细程度。另外，喷头的开关控制采用机械式转阀，存在速度响应的问题，会在成型件上积聚成节瘤，或者形成空缺，都会导致成型件的误差。

④ 喷头阻塞。基于 FDM 技术的快速成型系统，通常导丝管由金属材料制成，导丝管一端连接加热部件和喷头，由于金属是热的良导体，导致导丝管的进丝端温度过高，致使熔丝在丝管内软化，造成送丝机构在喷头内产生的压强不足，导致堵塞而无法继续传送丝材。

⑤ 开启和关闭延时。也叫作丝材堆积的启停效应，主要是以丝材堆积截面的变化体现出来，这种堆积截面的不一致，容易造成丝材堆积平面的不平整，出现空洞、拉丝等质量缺陷。最常见的"拉丝"现象，会严重影响到打印件的外表面，处理起来非常麻烦。解决填充层层内丝材堆积面的平整性，需要出丝速度能够实时地耦合跟踪扫描速度，针对扫描速度的变化作出相应的调整，以使丝材堆积平稳可靠，提高丝材的堆积质量。

（3）成型加工工艺误差对成型精度的影响

① 材料性能。FDM 材料的性能将直接影响模型的成型过程及成型精度，其在加工过程中要经过固体—熔体—固体两次相变过程，在第二次相变过程中冷却收缩，会导致应力集中材料变形，继而影响材料的成型精度。

② 喷头温度和成型室温度。喷头温度影响材料的丝材流量、挤出丝宽度、黏结性能及堆积性能等。温度过低，丝材黏度就会加大，挤出丝速度变慢，会导致喷头堵塞，同时丝束的层与层之间黏结强度也会降低，可能导致层与层之间的剥离；温度过高，材料趋于液态，黏性系数变小，流动性变强，会导致挤出速度过快无法形成精确控制的丝束，在加工制作时可能会出现前一层的材料尚未冷却，后一层就铺覆在前一层的上面，使得前一层材料出现坍塌现象。因此，喷头温度的设定非常重要，要根据每种丝束的性质在一定的范围内进行恰当的选择，保证挤出的丝束成正常的熔融流动状态。

③ 挤出速度与填充速度。挤出速度是指喷头内熔融状态的丝束从喷头挤出时的速度，在填充速度合理匹配的情况下，挤出速度越大，挤出丝的截面宽度越大，当挤出速度达到一定值，挤出的丝束黏附在喷头外圆锥面，形成"挤出胀大"现象，出现这种情况就不能进行正常加工

且影响美观。当填充速度比挤出速度快时，材料则会因填充不足而出现断丝的现象，难以成型；反之，填充速度比挤出速度慢，熔丝易堆积在喷头上而使成型面材料分布不均匀，表面出现疙瘩，影响打印质量。因此，填充速度与挤出速度应在一个合理的范围内。

④ 分层厚度。分层厚度是指在每层切片时截面的厚度。由于每层有一定的厚度，会在成型后的实体表面产生明显的肉眼可见的台阶纹，直接影响成型件的尺寸误差与表面粗糙度。通常情况下，分层厚度越大，模型表面产生的台阶高度也就越大，表面质量会越差，但加工效率会提高；反之，加工效率会变低。对 FDM 技术而言，这属于原理性误差，无法完全消除台阶纹，但可以通过设置较小的分层厚度改善。此外，为了提高成型精度，加工完成后，会进行相应的打磨抛光处理。

（4）后处理误差对成型精度的影响

当熔融成型制件从设备上取下后，可能会出现制件的部分尺寸和外形还不够精准的情况，表面粗糙或者还有因为分层制造形成的阶梯状台阶，也有可能是某些对象的颜色不正确；有些制件的强度、导电性、耐磨性、耐热性等指标未达到设计标准。要想满足设计要求，制件都需要经过一定的后处理工序，如支承物的去除、抛光、拼接、表面平滑化、电镀、拼接、精加工等处理，才能满足产品的最终需求。上述这些常见的后处理工序可能会对制件的精度和性能造成一定的影响，此处与第 3 章后处理误差原因大体相同。

① 在剥离废料的过程中，很可能会划伤成型制件的表面，支承材料难以去除并容易留下痕迹，从而影响成型制件的表面精度。

② 制件在成型完成后，由于周围温度、湿度等环境的变化，会导致成型制件发生小范围的变形；这是由于制件在成型过程中积累了残余应力，所以为降低后续变形，应在制件的成型过程中尽可能减小残余应力。

③ 修补、打磨、抛光也会影响成型制件的尺寸准确性及形状精度。

4.4 应用案例

由于具有打印机结构简单、操作方便、成型速度快、材料种类丰富且成本低等诸多优点，FDM 增材制造技术已经越来越多地应用于各个领域，是目前应用领域广、成熟度高、应用价值大和前景广阔的 3D 打印技术。

在教育教学领域，增材制造用于制备教学所需的各种教具，如生物学研究人员应用 FDM 打印人工神经导管，用于深入了解人体构造。新疆大学段营等采用熔融沉积式 3D 打印机进行人工神经导管的制备，通过对成型的人工神经导管管壁的缝隙、壁厚、线宽及表面质量等外观形貌进行分析，研究了送丝速率、芯轴转动速率、喷头移动速度的配比关系对人工神经导管成型精度的影响，得到了优化的工艺参数设定区间，加工出的人工神经导管壁厚小，表面质量好。

在工程机械领域，螺旋伞齿轮是工程机械减速器中主要的传动元件，质量要求高，加工难度大，其设计制造水平直接影响整机的质量和工作性能。传统的伞齿轮加工过程复杂，需要的设备多，成本高，周期长，而且一套全新伞齿轮减速器的工艺定型要经过反复设计、制造和验证，耗费大量的人力、物力和财力，极大地制约了新产品的研发进度。为此，徐工集团江苏徐州工程机械研究院应用 FDM 技术，使伞齿轮的整个生产过程数字化，实现伞齿轮快速成型制造。所制造的伞齿轮模型精度高，速度快，成本低，力学性能好；可以随时修改优化模型，随时制造；能够直接装配并进行功能验证，有效提高了新产品开发的成功率，缩短了研发周期，降低了研发成本。

在铸造模具领域，传统木模存在易变形、无法回收、资源浪费，金属模存在成本高等问题，急需新的技术加以缓解。FDM 打印技术相对于传统的模具制造技术具有较好优势，模具生产周期缩短，制造成本降低，模具设计更加柔性化和富有创造性，并且实现了真正意义上的按需生产。透平缸是蒸汽轮机上的关键部件，其包含若干孔及曲面。采用木模造型时，由于铸件曲面结构复杂，断面差异大、最小壁厚较薄，内部的复杂结构全部由木模拼接形成，需要分成至少 50 个木模。因此，容易出现尺寸不合等缺陷，导致铸件废品率通常在 10%～30%。而采用 FDM 打印一次成型，不仅减少了木模拼接时间，同时也减少了尺寸不合发生的概率。

本章小结

本章首先介绍了熔融沉积成型技术的工艺原理，包括喷头内部热量分布、熔材在喷嘴内的挤出机理以及喷头内熔体流动特性。然后分别从设备系统、工艺和成型精度的角度进行了讲解。熔融沉积成型系统主要包括送料装置、喷头、运动机构和控制系统，并介绍了熔融沉积成型系统相关组件的改进方案。熔融沉积成型技术工艺材料重点讲解了聚合物材料结构特性、流动特性、黏度影响因素、材料类别及性能以及对原材料性能的要求。熔融沉积成型技术工艺过程包括三维模型的建立、STL 格式文件转换、数据处理、设备准备、加工处理、后处理。进而介绍了成型精度的分析与控制。本章节最后介绍了熔融沉积成型技术在工业上的应用实例（人工神经导管、螺旋伞齿轮、透平缸）。

 练习题

1. 简述熔融沉积成型技术的工艺原理。

2. 熔融沉积成型设备硬件部分由哪些组成？每部分的功能是什么？对最新的结构改进方法进行调研分析。

3. 进料喷头可以分为_____，_____，_____，_____。

4. 简述 XYZ 型运动机构的工作原理。

5. 聚合物存在哪三种结构形态？在熔融沉积成型技术中如何对其加工温度进行确定？

6. 聚合物材料黏度影响因素有哪些？

7. FDM 增材制造对成型材料的要求是什么？

8. 简述后处理工艺中，FDM 工艺与 SLA 工艺的不同之处。

9. FDM 工艺有哪些优点？哪些缺点？

10. 造成 FDM 产品精度问题的工艺误差包括哪几个方面？

参考文献

[1] 魏青松. 增材制造技术原理及应用[M]. 北京：科学出版社，2017.

[2]　杨占尧, 赵敬云. 增材制造与 3D 打印技术及应用[M]. 北京: 清华大学出版社, 2017.

[3]　徐巍. 快速成型技术之熔融沉积成型技术实践教程[M]. 上海: 上海交通大学出版社, 2015.

[4]　马爱洁, 杨晶晶, 陈卫星. 聚合物流变学基础[M]. 北京: 化学工业出版社, 2018.

[5]　刘洋子健, 夏春蕾, 张均, 等. 熔融沉积成型 3D 打印技术应用进展及展望[J]. 工程塑料应用, 2017, 45(3): 4.

[6]　马睿. 熔融沉积成型技术在模具行业的创新应用[J]. 工业技术创新, 2017, 4(4): 3.

[7]　何冰, 赵海超, 蹤雪梅. 熔融沉积成型技术在工程机械关键零部件研发中的应用[J]. 工程机械, 2014(12): 4.

[8]　宋桂阳, 甘新基, 王志豪. 基于热力学分析的 FDM 3D 彩色打印喷头结构优化[J]. 吉林化工学院学报, 2020, 37(3): 5.

[9]　陈雪芳, 张义平. 控制 FDM 成型制件误差的方法研究[J]. 现代制造工程, 2011(11): 4.

[10]　张霞, 张艳伟, 姚鹏飞. FDM 成型系统中模型摆放方向的优化方法[J]. 微处理机, 2016, 37(1): 3.

[11]　段营, 乌日开西·艾依提, 艾合买提江·玉素甫. 工艺参数对人工神经导管 3D 打印成型精度影响[J]. 机械设计与制造, 2023(1): 4.

[12]　Gurchetan S, Ranvijay K, Rupinder S, et al. Rheological, mechanical, thermal, tribological and morphological properties of PLA-PEKK-HAp-CS composite[J]. Journal of Central South University, 2021, 28(6): 1615-1626.

[13]　刘文文, 姚山, 杨科. 颗粒料 FDM 打印机成型性能实验研究[J]. 塑料工业, 2021.

[14]　王永周, 刘健, 南思豪, 等. 熔融沉积成型筒形件的尺寸收缩特征研究[J]. 制造技术与机床, 2022(007): 91-95.

[15]　陈福德. 浅谈熔融沉积成型 3D 打印及设计注意问题[J]. 装备制造技术, 2022(004): 46-48.

[16]　王勇刚, 高文杰, 吴学呈, 等. 基于喷头切换系统的多色 3D 打印机设计[J]. 实验技术与管理, 2022, 39(12): 6.

[17]　Ozsoy K, Aksoy B, Bayrakci H C. Optimization of thermal modeling using machine learning techniques in fused deposition modeling 3-D printing[J]. Journal of Testing and Evaluation: A Multidisciplinary Forum for Applied Sciences and Engineering, 2022(1): 50.

拓展阅读

仿生双曲面点阵结构材料承载、吸收能量研究

仿生学是一门新兴的学科, 主要用于研究自然, 并模仿潜在模型或系统来解决复杂的人类问题。在轻量化设计中, 例如晶格结构, 由于其高比强度、高刚度和冲击吸收能力等, 已经进行了广泛的研究。斯图加特大学计算设计研究所（ICD）和建筑结构与结构设计研究所（ITKE）的研究人员通过对潜水钟形水蜘蛛水下筑巢过程的研究, 分析、提取其潜在的行为模式和设计规律, 并将其转化为轻质晶格结构和手性超材料。这项工作作为一种新兴的建筑材料建立了一个系统的设计过程, 在相同的参数化框架下实现了手性和非手性。

来自西北工业大学、法国国家科研中心 Roberval 力学实验室、南京航空航天大学和郑州大学的研究者为探索点阵结构在承载和吸收能量方面的作用, 合作提出了一种基于甲虫翅鞘的仿生双曲面点阵设计方法, 所设计的双曲晶格结构可以在大范围内调控点阵材料的力学承载性能。对于手性双曲晶格, 由于对角支板的大旋转, 可以观察到明显的阻尼效应和吸能性能的改善, 具有优异的缓冲和吸能效果。

所谓的"双曲单位细胞"的设计灵感最终来自飞行甲虫前翼壳的双层形态, 旨在复制双曲几何特征, 如图 1（a）～（c）所示, 对具有双曲面结构的点阵单胞进行设计。为了便于后续的周期性单元图案, 在两端使用正多边形框架而不是圆形, 因此, 表征单元格的参数为多边形支架的边数 n 和两个顶点序列号的增量 inc。图 1（d）中 5 种类型的双曲细胞分别采用等边三角形、正方形、六边形、八边形和十二边形作为支架。图 1（e）给出了不同的晶格拓扑结构, 仅选取框架支柱的顶点和中点作为关键点。除了表征侧支杆连接关系的边数 n 和 inc 外, 正多边形的边长 a、两个支架褶之间的高度差 h、框架和侧支杆的直径 R_f 和 R_l 都是不改变单元格拓扑结构的尺寸参数 [图 1（f）]。由于新设计的微结构都具有相同的几何特征, 因此它们被称为"双曲细胞"材料。

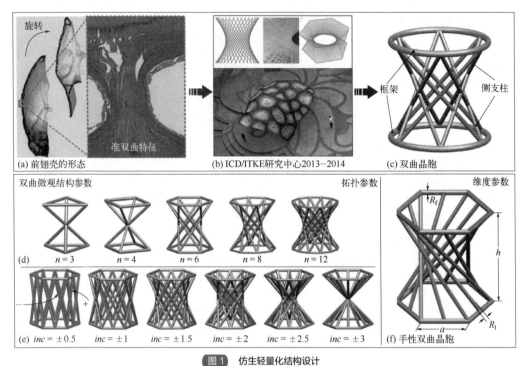

图 1 仿生轻量化结构设计

（a）通过鞘翅内部小梁的显微部分；（b）设计灵感来源于斯图加特大学计算设计与施工研究所和建筑结构与结构设计研究所的一个研究（ICD/ITKE，根据纤维系统的生物学原理）；（c）双曲晶格的理性设计；（d）、（e）不同双曲晶格拓扑示意图，基于不同多边形和支承连接；（f）手性双曲单胞的单元格

晶格常数 a，高度 h，R_f 和 R_l 表示框架和横向支柱的直径

基于欧拉平面镶嵌（euclidean plane tiling）理论，对点阵结构的弹性常数进行等效计算，并根据杨氏模量进行归一化处理。可以看出，相对抗压刚度主要受侧支板倾角和镶嵌策略的影响。针对正镶嵌和半正镶嵌两类不同镶嵌策略的点阵材料等效杨氏模量空间分布如图 2 所示。

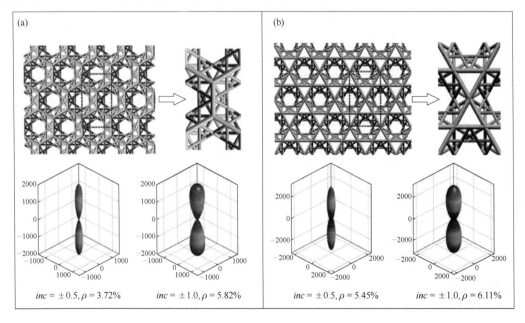

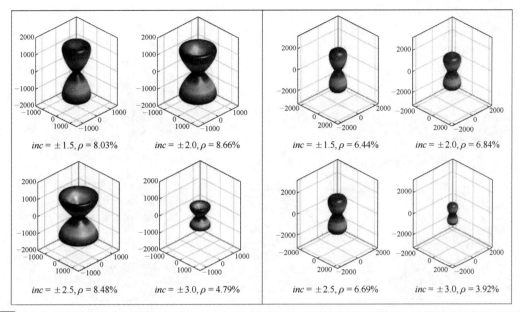

图2 （a）规则 6^3 平铺和（b）规则 3.6^2 平铺策略，由六边形单元堆叠的双曲点阵材料的杨氏模量表面的代表性周期单位和空间分布

研究人员还研究了在保持相同体积分数的情况下，双曲型材料在各种加载情况下包括压缩、拉伸和剪切的性能表现。从图3可以看出，双曲面点阵结构的轴向承载性能远远优于同质量下 BCC 点阵和 3D kagome 点阵。接下来对双曲面点阵材料的压-扭特性进行了研究，如图4所示。通过有限元仿真可知，轴向单位应变下手性双曲面点阵单胞的旋转高达 2.65°。针对周期性阵列的手性旋转单胞具有的旋转抑制现象，研究人员提出了缩小中间层框架的尺寸的双层点阵单胞构型，实现双层单胞在轴向载荷下的较大旋转变形。

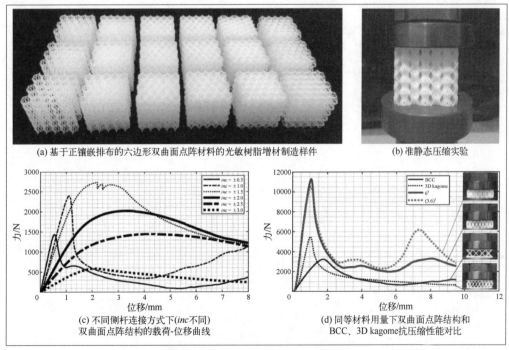

(a) 基于正镶嵌排布的六边形双曲面点阵材料的光敏树脂增材制造样件

(b) 准静态压缩实验

(c) 不同侧杆连接方式下(inc不同) 双曲面点阵结构的载荷-位移曲线

(d) 同等材料用量下双曲面点阵结构和 BCC、3D kagome抗压缩性能对比

图3 双曲面点阵结构抗压缩性能实验分析

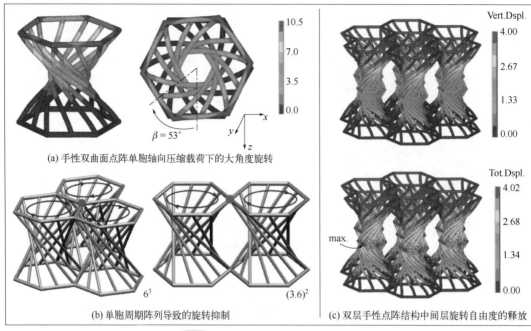

(a) 手性双曲面点阵单胞轴向压缩载荷下的大角度旋转

(b) 单胞周期阵列导致的旋转抑制

(c) 双层手性点阵结构中间层旋转自由度的释放

图4 手性双曲面点阵结构的压-扭特性

总之,这项工作中提出采用欧几里得平面平铺技术设计双曲胞状材料,全面增加了晶格设计的多样性。并且与已有的 BCC 和 3D 截半六边形镶嵌相比,双曲单元具有较好的力学可调性,在单向压缩条件下具有较好的承载能力。双曲手性单元的扭曲效应会引起晶格结构在压缩条件下发生较大的旋转变形,有利于缓冲板或能量吸收器件的设计。

参考文献

[1] Meng L, Shi J, Yang C , et al. An emerging class of hyperbolic lattice exhibiting tunable elastic properties and impact absorption through chiral twisting[J]. Extreme Mechanics Letters, 2020, 40.

[2] https://blog.csdn.net/weixin_31678781/article/details/112610215.

[3] https://www.163.com/dy/article/I21KU2RD0532907I.html.

第 5 章

激光选区烧结技术

扫码获取本书资源

思维导图

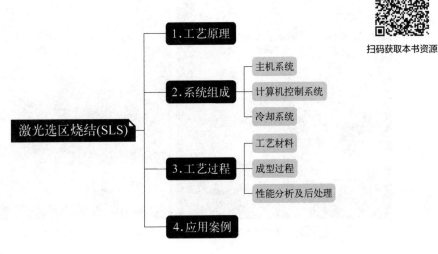

学习目标

（1）了解激光选区烧结 3D 打印机结构和系统组成；

（2）掌握激光选区烧结成型的成型过程和特点；

（3）理解并掌握激光选区烧结成型过程中的质量问题及其解决方法；

（4）了解激光选区烧结的后处理方法；

（5）了解激光选区烧结的典型应用。

案例引入

3D 打印技术采用分层制造并叠加的原理，理论上可成型任意复杂结构，因此可将传统的面向制造工艺的零部件设计变为面向性能的全新设计，这一转变被称为当今制造业的一场革命。

激光选区烧结（selective laser sintering，SLS）技术属于 3D 打印技术的一种，它借助于计算机辅助设计与制造，采用分层制造叠加原理，通过激光烧结将粉末材料直接成型为三维实体零件，不受成型零件形状复杂程度的限制，不需任何工装模具。SLS 技术具有成型件复杂度高、制造周期短、成本低、成型材料广泛、材料利用率高等优点，因此成为最具发展前景的 3D 打印技术之一，现已广泛用于航空、航天、医疗、机械等领域。图 5-1 所示是用 SLS 打印的液压阀体覆膜砂型（芯）和用该砂型浇铸的液压阀体铸件。

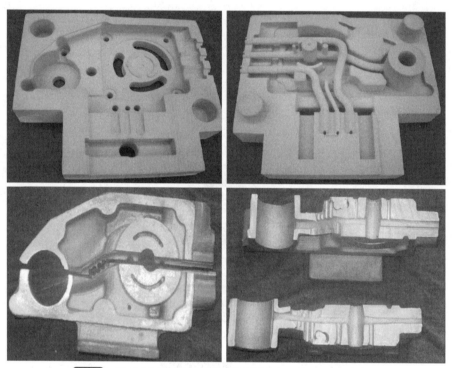

图 5-1 用 SLS 打印的液压阀体覆膜砂型（芯）以及浇铸的液压阀体铸件

5.1 工艺原理

5.1.1 概述

激光选区烧结技术采用 CO_2 激光器对粉末材料（塑料粉、陶瓷与黏结剂的混合粉、金属与黏结剂的混合粉等）进行选择性烧结，是一种由离散点一层层堆积成三维实体的工艺方法，其工艺原理如图 5-2 所示，主要由两个过程组成。

① 信息过程——离散处理。在计算机上建模的 CAD 三维立体造型零件，或通过逆向工程得到的三维实体图形文件，将其转换成 STL 文件格式。再用离散（切片）软件从 STL 文件离

散出一系列给定厚度的有序片层，或者直接从 CAD 文件进行切片。这些离散的片层按次序累积起来仍是所设计的零件实体形状。然后，将上述的离散（切片）数据传递到成型机中，成型机中的扫描器在计算机信息的控制下逐层进行扫描烧结。

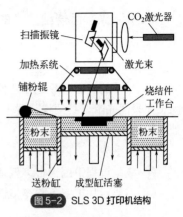

图 5-2　SLS 3D 打印机结构

② 物理过程——叠加成型。成型系统的主体结构是在一个封闭的成型室中安装两个缸体活塞机构，一个用于供粉，另一个用于成型。成型过程开始前，用红外线板将粉末材料加热至恰好低于烧结点的某一温度。成型开始时，供粉缸内活塞上移一给定量，铺粉辊筒将粉料均匀地铺在成型缸加工表面上，激光束在计算机的控制下以给定的速度和能量对第一层信息进行扫描。激光束扫过之处粉末被烧结固化为给定厚度的片层，未烧结的粉末用来作为支承，这样零件的第一层便制作出来。这时，成型缸活塞下移一给定量，供料缸活塞上移，铺粉辊筒再次铺粉，激光束再按第二层信息进行扫描，所形成的第二片层同时也被烧结固化在第一层上，如此逐层叠加，一个三维实体零件就制作出来了。这种工艺与立体印刷成型（SLA）基本相同，只是将 SLA 的液态树脂换成在激光照射下可以烧结的粉末材料，并由一个温度控制单元优化的辊子铺平材料以保证粉末的流动性，同时控制工作腔热量使粉末牢固黏结。

SLS 成型工艺分为直接烧结成型和间接烧结成型两种。

① 直接烧结成型：用激光束烧结塑料粉或蜡粉，直接得到塑料件或蜡件。

② 间接烧结成型：所用材料为复合粉材，例如与黏结剂混合的金属或陶瓷粉末。复合粉材含有低温易熔组分或黏结剂，可采用低功率激光在较低的温度下使其熔化，得到生坯，此后，将生坯置于加热炉内进行后处理，烧除易熔组分或黏结剂后，将剩余的高熔点及化学性能稳定的粉材再在高温炉中烧结成金属件或陶瓷件。为降低成型件的孔隙率，还可对经后处理的成型件渗入其他金属（如渗铜等），获得金属或陶瓷-金属复合成型件。

5.1.2　工艺特点

（1）激光选区烧结技术的优点

① 成型材料广泛。SLS 工艺涵盖了高分子及其复合材料如尼龙（PA）、尼龙/玻璃微珠等，各种金属、陶瓷基复合粉末（含有低熔点黏结剂）以及覆膜砂（含有酚醛树脂）等。

② 应用范围广。成型材料的多样性，决定了 SLS 技术可以使用各种不同性质的粉末材料来成型满足不同用途的复杂零件。SLS 不仅可以制备各种模型和具有实际用途的塑料功能件，还可以通过与铸造技术相结合迅速获得金属零件，而不必开模具和翻模，而且可以用间接法制造结构复杂的陶瓷零件。

③ 材料利用率高。在 SLS 过程中，未被激光扫描到的粉末材料还处于松散状态，可以重复使用，具有较高的材料利用率。

④ 无需支承结构。SLS 成型过程中，未烧结的粉末可对空腔和悬臂结构起支承作用，不必像光固化成型（stereo lithography apparatus，SLA）和熔融沉积成型（fused deposition modeling，FDM）等 3D 打印工艺需再另外设计支承结构。

（2）激光选区烧结技术的缺点

① 在加工前，这种工艺仍须对整个截面进行扫描和烧结，加上要花近 2h 的时间将粉末加热到熔点以下，当零件构建之后，还要用 5～10h 冷却，然后才能将零件从粉末缸中取出，成型时间较长。

② 零件的表面一般是多孔性的，在烧结陶瓷、金属与黏结剂的混合粉并得到原型零件后，为了使表面光滑，必须将其置于加热炉中，烧掉其中的黏结剂，并在孔隙中渗入填充物，其后处理较为复杂。

③ 原型表面粗糙多孔，而且受限于粉末颗粒大小和激光光斑。

④ 成型过程中由于毒害气体和粉尘的产生，会污染环境。

⑤ 需要对加工室不断充惰性气体以确保烧结过程的安全性，加工的成本高。

5.2 系统组成

激光选区烧结系统由三部分组成：主机系统、计算机控制系统、冷却系统，如图 5-3 所示。

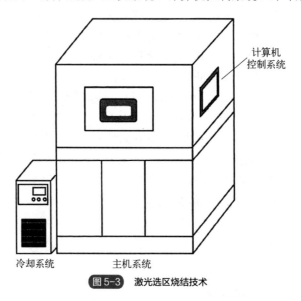

计算机控制系统

冷却系统　主机系统

图 5-3　激光选区烧结技术

5.2.1 主机系统

主机系统主要由成型工作缸、废料桶、铺粉辊装置、送料工作缸、激光器、振镜式动态聚焦扫描系统、加热装置、机身与机壳等组成。

① 成型工作缸。在缸中完成零件加工，工作缸每次下降的距离即为层厚。零件加工完后，缸升起，以便取出制件和为下一次加工做准备。工作缸的升降由电动机通过滚珠丝杠驱动。

② 废料桶。回收铺粉时溢出的粉末材料。

③ 铺粉辊装置。包括铺粉辊及其驱动系统，其作用是把粉末材料均匀地铺平在工作缸上。

④ 送料工作缸。提供烧结所需的粉末材料。

⑤ 激光器。提供烧结粉末材料所需的能源。目前用于固态粉末烧结的激光器主要有两种，即 CO_2 激光器和 Nd:YAG 激光器。CO_2 激光器的波长为 $10.6\mu m$，Nd:YAG 激光器的波长为

1.06μm。一般金属和陶瓷粉末的烧结选用 Nd:YAG 激光器,而塑料粉末的烧结采用 CO_2 激光器。

⑥ 振镜式动态聚焦扫描系统。由 *XY* 扫描头和动态聚焦模块组成。*XY* 扫描头上的两个镜子在伺服电机的控制下,把激光束反射到工作面预定的 *X*、*Y* 坐标点上。动态聚焦模块通过伺服电机调节 *Z* 方向的焦距,使反射到 *X*、*Y* 任意坐标点上的激光束始终聚焦在同一平面上。动态聚焦扫描系统和激光器的控制始终是同步的。

⑦ 加热装置。加热装置给送料装置和工作缸中的粉末提供预加热,以减少激光能量的消耗和零件烧结过程中的翘曲变形。

⑧ 机身与机壳。机身和机壳给整个快速成型系统提供机械支承和所需的工作环境。

5.2.2 计算机控制系统

计算机控制系统主要由计算机、应用软件、传感检测单元和驱动单元组成。

(1)计算机

计算机一般采用上位机和下位机两级控制,其中上位主控机一般采用配置高、运行速度快的微机,称为主机。下位执行机构采用相对配置低的微机,称为子机。主机、子机以特定的通信协议进行双向通信,构成并联的双层系统。整个控制系统设计带有分布式控制系统的特征。为提高数据传输速度和可靠性,依靠双向通信规则,主机向子机传输数据采用写外设方式。通过并行控制的总体结构和多处理器主从式交互通信的控制方式,实现多重复杂控制任务的高效并行协调运动。

主机完成 CAD 数据处理和总体控制任务,主要功能包括:

① 从 CAD 模型生成符合快速成型工艺特点的数控代码信息;

② 将获得的数控代码信息传给子机;

③ 对成型情况进行监控并接收运动参数的反馈,必要时通过子机对快速成型设备的运动状态进行干涉;

④ 实现人机交互,提供真实感的原型三维 CAD 模型显示和运动轨迹实时显示;

⑤ 提供可选加工参数询问,满足不同材料和加工工艺的要求。

子机进行成型运动控制,即机电一体运动控制。它按照预定的顺序与主机相互触发,接收控制命令和运动参数等数控代码,对运动状态进行控制。

(2)应用软件

应用软件主要包括以下模块处理部分。

① 切片模块:有基于 STL 文件和基于直接切片文件两种模块。

② 数据处理:具有 STL 文件识别及重新编码、容错及数据过滤切片、STL 文件可视化、原型制作实时动态仿真等功能。

③ 工艺规划:具有多种材料烧结工艺模块(包括烧结参数、扫描方式和成型方向等)。

④ 安全监控:设备和烧结过程故障自诊断,故障自动停机保护。

(3)传感检测单元

传感检测单元包括温度、氧气浓度和工作缸升降位移传感器。温度传感器用来检测工作腔和送料筒粉末的预热温度（预热温度可分别自动调节），以便进行实时控制。氧气浓度传感器用来检测工作腔中的氧气浓度，以便控制在预定的范围内，防止零件加工过程中的氧化。

（4）驱动单元

驱动单元主要控制各种电动机完成铺粉辊的平移和自转、工作缸的上、下升降和振镜式动态聚焦扫描系统 X、Y、Z 轴的驱动。

5.2.3　冷却系统

由可调恒温水冷却器及外管路组成，用于冷却激光器，以提高激光能量的稳定性。

激光选区烧结系统是一个复杂的光机电一体化系统，其运动控制系统、温控系统以及扫描系统必须协调运行，整个系统才能稳定有效地运行。

在激光选区烧结加工过程中，粉末通过选择性烧结而形成平面图形，而后通过层与层之间的烧结形成一个三维实体。为了防止零件翘曲变形，提高烧结效率，粉末在被烧结之前需要预热，根据零件形状的不同和所处的预热阶段，需采取不同的温度控制策略。预热温度场的控制是激光选区烧结系统的研究难点之一，预热温度场需要尽可能地均匀。预热过程的效果将直接影响成型时间、成型件的性能以及制件精度，预热效果很差甚至可能导致烧结过程完全不能进行。可见温度控制是 SLS 系统的重要组成部分，选择适当的算法，把温度控制在预定的范围内具有极其重要的意义。

同时，激光选区烧结系统的核心是激光系统和振镜式激光扫描系统，它们是决定整个系统精度的主要因素。扫描系统的扫描方式与成型制件的内应力密切相关，合适的扫描方式可以减少制件的收缩量及翘曲变形，显著提高成型制件的精度。激光功率与扫描速度之间的匹配决定了输入能量的大小。激光选区烧结的每种材料都有其相应的扫描工艺参数，通过工艺参数优化，可以有效地提高成型精度。

采用激光选区烧结系统加工零件，当零件较大时，系统需要很长时间的连续运行，任何一次干扰或者故障都可能导致最终零件制作失败。如一次错误的铺粉动作可能会导致整个零件断层，造成材料和时间的巨大浪费。整个系统的长时间稳定运行是尤为重要的。同时，系统中采用了激光器及大功率加热器件，系统的安全性也很重要。系统的故障监测、实时诊断以及一定程度的系统纠错是整个系统高效稳定运行的保障。

5.3　工艺过程

5.3.1　工艺材料

激光选区烧结所选用的材料对成型件的性能等起着决定性的作用。目前激光选区烧结技术的材料主要分为金属基粉末、陶瓷基粉末、覆膜砂和高分子基粉末四大类。

对于金属粉末，SLS 成型分为间接法和直接法两种成型工艺。间接法是将金属粉末与高分子材料均匀混合或者将高分子材料均匀包覆在金属颗粒表面，通过高分子的熔融将金属烧结在一起。直接法所用的材料又可分为单一金属粉末、多组分金属粉末和预合金粉末，直接熔化金属使其达到黏结。

SLS 工艺常用的陶瓷材料有 Al_2O_3、SiC、TiC、Si_3N_4、ZrO_2 和磷酸三钙陶瓷（tricalcium phosphate，TCP），通过黏结剂的熔化完成陶瓷粉末的烧结。目前陶瓷相粉料的制备方法主要分为 3 种，分别是直接将陶瓷粉料与黏结剂混合、将黏结剂包覆在陶瓷粉料表面以及将陶瓷粉料进行表面改性后再与黏结剂混合。

SLS 工艺所用覆膜砂是采用热塑性或热固性树脂（如酚醛树脂包覆石英砂、锆砂或宝珠砂）等方法制得的。当激光烧结时，砂粒表面黏结剂熔化凝固硬化后在砂粒之间形成以黏结剂为介质的连接桥，连接桥将分散的砂粒连接成型。该方法制得的砂型（芯）尺寸精度高（CT6—8级），表面质量好（表面粗糙度达到 $3.2\sim6.3\mu m$），水平接近金属型铸造。

已用于 SLS 的高分子材料主要是非结晶性和结晶性热塑性高分子及其复合材料。其中非结晶性高分子包括聚碳酸酯（PC）、聚苯乙烯（PS）、高抗冲聚乙烯（HIPS）等。非结晶性高分子在烧结过程中因黏度较高，造成成型速率低，使成型件呈现低致密性、低强度和多孔隙的特点。非结晶性高分子成型件的力学性能不高，但其在成型过程中不会发生体积收缩现象，能保持较高的尺寸精度，因而常被用于精密铸造。结晶性高分子有尼龙（PA）、聚丙烯（PP）、高密度聚乙烯（HDPE）、聚醚醚酮（PEEK）等。结晶性高分子在 SLS 成型过程中因黏度低而具有较高的成型速率，且成型件呈现高致密性和高强度等特点。

5.3.2 成型过程

三维模型是实现 SLS 成型的前提和基础，而模型无论是正向设计构建，还是逆向设计重建，均需要结合 SLS 成型的具体要求和约束进行相应的预处理，才能满足 SLS 成型的需求。因此三维模型数据预处理是 SLS 成型技术核心之一，是高精度、高效率 SLS 成型实现的数据基础和前提。三维模型数据预处理主要包括三维模型的创建、修复、摆放位置、切片和曝光参数的设置等。

（1）三维建模

三维模型的建立是 SLS 成型 3D 打印实现的第一步，也是后续数据预处理的基础。建模时应根据需要的 3D 模型表现方式选择合适的三维建模工具。常见的机械工程类三维建模软件有 Pro/E、UG、SolidWorks、CATIA 等，工业设计类三维建模软件有 3DSMax、Maya、Rhino 等，医学影像类三维建模软件有 Minics 等，逆向设计重建工具 Geomagic Studio 等。利用以上三维建模软件建立三维数字模型，保存为 STL 格式备用。

（2）模型预处理

模型数据预处理是建模后决定能否成功打印的必要环节，可采用 Magics 软件进行模型的预处理，Magics 是专业处理 STL 格式的软件，具有功能强大、易用、高效等优点，可以实现模型修复、零件摆放、碰撞检测、光滑处理等。

① 将生成的 STL 文件导入 Magics 软件。
- 模型的导入与修复。在实际打印过程中，为了节约成本，可同时打印多个不同形状的

模型，因此，需要将多个模型导入 Magics 软件中。步骤是：每导入一个模型并进行检查，其路径为：Fix→Fix Wizard→Update。如果发现模型表面有红色或黄色区域，就表示需要进行修复，修复路径为：Fix→Fix Wizard→Update→Automatic Fixing→Follow Adjuice，能够方便快速地修复有瑕疵的 STL 文件。

● 模型的摆放与碰撞分析。修复后的模型在摆放时应遵守的原则是：零件底面距水平面 6mm 以上、零件与边界相距约 10mm、零件与零件之间相距约 5mm、零件小面向下布置（打印的缸体底部温度较高，缩水率大，零件易发生收缩，影响精度）、精密零件应放在缸的 2/3 处、功能件尽量横着放置、圆柱类零件竖直放置以得到较高精度的直径等。为了进一步提高材料的利用率，尽量在最小的空间内摆放更多的零件。当所有的模型摆放完毕后，执行碰撞检测命令：Analyze&Report→Collision Detection。若一次不能通过检测，反复调整出错模型的相对位置并重新进行碰撞分析，直至全部通过。

② 模型的切片（RP-TOOLS）。

切片是将 3D 模型离散成二维平面信息的关键步骤，切片算法在整个切片中起着至关重要的作用，直接影响模型成型的精度和速度。RP-TOOLS 是切片软件，设置层厚为 0.12mm，利用该软件可以将摆放好位置的 STL 文件直接切片处理，生成后缀名为 SLI 的文件。

③ 切片模型导入打印软件 PSW。

PSW 软件是对切片后的模型赋予属性及对 EOS 设备打印设置的软件。将切片软件生成的 SLI 格式的文件导入 PSW 中，可对每个打印模型的曝光参数进行设置。将所有的长方体模型（设计为实体）曝光参数设置为 EOS_Box，即长方体上下表面为镂空状，内部是空的，此种设置可以打印包含件。

在正式打印之前，还需要在 PSW 软件中对 EOS 设备进行设置，如激光光斑补偿设置、缩水率补偿设置、打印温度设置、刮刀及工作台设置、加热设置、漏粉量设置、氮气保护设置、工作状态显示等。

（3）激光烧结制造

三维模型导入之后就可进行激光热烧结分层制造零件。SLS 成型过程如图 5-4 所示。首先将工作台内通入一定量的惰性气体，如氮气或氩气，以防止金属材料在成型过程中被氧化。在工作时，供粉缸活塞上升，铺粉辊在工作平面上均匀地铺上一层粉末，然后激光束在计算机控制下按照截面轮廓对实心部分所在位置的粉末进行烧结，使粉末熔化继而形成一层固体轮廓。一层粉末烧结完成后，工作平台下降一截面层的高度，铺粉辊在工作平面上再均匀地铺上一层新的粉末材料，计算机再根据模型该层的切片结果控制激光对该层截面进行选择性扫描，将粉末材料烧结成一层新的实体。这样逐层叠加，最终形成三维制件。

（4）成型后处理

激光烧结成型三维制件之后进行清粉、打磨等处理。待制件完全冷却后，取出制件并收集多余的粉末。未经烧结的粉末能承托正在烧结的工件，当烧结工序完成后，取出零件，未经烧结的粉末基本可自动脱掉，并可重复利用。因此，SLS 工艺不需要建造支承，事后也不必清除支承。此外，烧结得到的零件可进行进一步打磨，以降低其表面粗糙度。

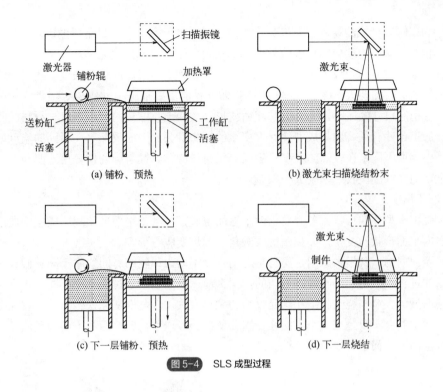

图 5-4　SLS 成型过程

5.3.3　SLS 性能分析及后处理

(1) 性能分析

烧结件的质量评价问题涉及成型件的使用要求，如果要求成型件是一个多孔体，那么成型件中的孔洞数量和孔洞的大小、分布等就是该成型件的质量指标之一。但是对于一般制造业中的成型件，力学性能和尺寸形状精度是成型件的两大重要质量指标。在实际成型过程中，总是由加工条件和材料确定零件的加工精度和力学性能，直观地评价一个加工件的性能和精度总是所有制造工程师喜欢的内容。

① 尺寸精度。

在 SLS 过程中，成型件的尺寸和形状误差主要由三大部分组成。

- CAD 模型误差。这主要是用 CAD 模型表达设计零件的模型时存在的误差。CAD 模型根据所使用软件的不同，表达实体的数学模型的方法也不同，例如 STL 软件只用平面表示空间实体，而 Power Shape 软件则用二次曲面表示空间实体等。这些表示方法实际上只能是对空间实体的一种逼近，而不能完全真实地表达变化多样的空间实体和空间曲面。而且在制造过程中，还经常遇到两种软件产生的 CAD 模型之间的转换，转换的误差也是显而易见的。这两部分就组成了计算机集成制造过程中的 CAD 模型误差。
- 设备误差。设备误差主要是指制造设备的运动部件的误差和设备工作部分的变形等原因引起的误差。对于振镜扫描系统，由于在大角度扫描时，光束与成型平面不垂直，将会使光斑成为一个椭圆，从而使成型边界向外扩大，引起平面误差。
- 工艺误差。工艺误差是指在实际加工零件的过程中，由于材料的一些特性、一些加工方法的特殊性、工艺流程处理的特殊性、各种加工参数的作用，以及工艺条件的波动和限制等造成的误差。工艺误差对 SLS 成型件的精度具有最重要的影响，其影响因素也最复杂，主要包括成型收缩引起的误差、切片引起的误差等。

收缩是塑料材料的一种本质属性，不同材料的收缩率不同，但总的来说，塑料的收缩比金属和无机材料的收缩要大一些。收缩是 3D 打印误差的重要来源，也是 SLS 成型误差的重要来源，它不仅引起尺寸的减小，还会引起翘曲变形。实际上收缩量的大小不仅与材料的收缩性能有关，与加工条件有关，还与成型件温度变化的历史有关。平面收缩率在不同的温度段、不同的方向上也有所不同，在较高的温度段由高分子材料的黏弹性引起的蠕变松弛明显，所以，收缩率较小，但在低温段收缩率要大一些。

② 形状精度。

SLS 烧结成型件的形状误差主要由两个方面组成，一个是平面形状翘曲成空间曲面，另一个是平面内平面形状的变化，如尖角变成圆角、圆形变成方形等。

关于翘曲问题，其根本原因是层与层之间收缩不均匀和收缩时间次序不同。假设在激光扫描粉末层的过程中，每层的收缩是均匀的，那么前、后层的收缩时间次序不同一定会引起成型翘曲。翘曲量的大小与烧结收缩和结晶收缩的大小有关，还与蠕变和松弛有关，收缩率大，翘曲就大。烧结时并不只是在一个方向存在翘曲变形，即一维翘曲，两个方向的翘曲变形就形成一个二维翘曲变形问题，如图 5-5 所示。

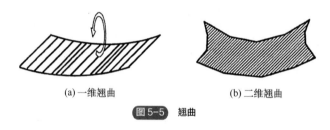

(a) 一维翘曲　　　　　(b) 二维翘曲

图 5-5　翘曲

可以看到，收缩对加工精度有重要的影响，所以在加工过程中，必须严格控制收缩的大小。在工艺上控制收缩的方法有：采用收缩率小的材料；采用复合填料；控制烧结程度；控制冷却速度；提高加工速度。

圆形变方形问题的主要原因是扫描系统的激光开关延迟时间不当，如果延迟时间过长，则会存在如图 5-6 所示的问题。所以在确定烧结工艺时，激光开关延迟时间也是一个重要的参数。只有确定了合适的激光开关延迟时间，才能避免烧结时出现这类问题，才能使所烧结的圆形保持精确的形状。

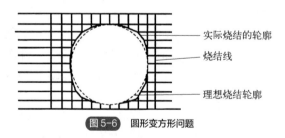

实际烧结的轮廓
烧结线
理想烧结轮廓

图 5-6　圆形变方形问题

③ 次级烧结。

在烧结过程中，由于已烧结部分的温度较高，因而热量由烧结体的上表面以热辐射和热对流的方式散失到其上方环境中［见图 5-7（a）中 Q_{sg}］，而埋在粉末中的侧表面及底面的热量大部分通过热传导的方式传向其周围的松散粉末 [见图 5-7（a）中 Q_{ss}]，使得这些粉末温度升高，当其温度达到结块温度（非晶态高分子为玻璃态转变温度，半晶态高分子为熔融温度）时，粉末颗粒间就会发生黏结、结块，从而在烧结件表面黏结一层非理想烧结层，这种现象称为次级烧结，非理想烧结层称为次级烧结层，如图 5-7（b）所示。因此，SLS 烧结件通常需要后处理，将多余的次级烧结层清除。如果次级烧结层的致密度较小，通过刷子及高压空气处理基本上就能将其去掉，不会影响烧结件的精度；而当次级烧结层致密度及厚度较大时，就很难用上述后处理方法将其清除，从而造成烧结件轮廓不清晰，尺寸变大。尤其在一些细小部位如狭缝、小孔等处，次级烧结更加严重，使得这些细小部位很难分辨出来，严重影响了烧结件的精度，使 SLS 技术在制造某些结构精细复杂的零件时受到限制。

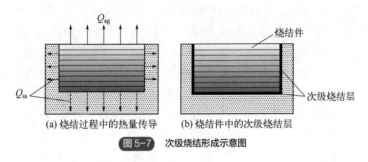

图 5-7 次级烧结形成示意图

(a) 烧结过程中的热量传导　　(b) 烧结件中的次级烧结层

由以上分析可知，次级烧结层是由于已烧结部分向其周围的松散粉末传热，使其达到结块温度而形成的，主要表现在烧结件轮廓模糊、尺寸变大，烧结件尺寸呈现正偏差。而激光烧结成型会产生体积收缩，在尺寸上表现为负偏差。在其他误差（如设备误差、模型误差等）一定的情况下，烧结件的尺寸精度实际上是由成型收缩产生的负偏差和次级烧结产生的正偏差共同作用的结果。

由于次级烧结在 SLS 成型过程中是不可避免的，因而只能通过优化烧结工艺参数、对材料进行改性等方法降低其对烧结件精度的影响。

- 提高预热温度可以降低翘曲变形，但会增大次级烧结程度，尤其当预热温度接近粉末材料的结块温度时，次级烧结程度迅速增大，严重影响烧结件的尺寸精度。因此，在选择预热温度时，应该同时考虑翘曲变形和次级烧结对精度的双重影响，在二者间追求一个平衡点是非常重要的。
- 提高激光能量密度可以增大烧结件的致密度，提高烧结件性能，但当激光能量密度较高时，次级烧结程度迅速增大，对烧结件的尺寸精度产生严重影响。因此，通过提高激光能量密度来提升烧结件性能时，应考虑次级烧结对精度的影响。
- 添加无机高熔点填料可以减小某一温度下可熔融或软化烧结粉末的比例，从而减小松散粉末的结块程度，使次级烧结程度降低。
- 晶态聚合物由于存在熔融潜热，次级烧结程度明显低于非晶态聚合物。

（2）后处理

激光选区烧结后得到的形坯，强度和密度都还很低，力学性能差，还不能够直接应用。必须对形坯件进行后处理，提高其强度和密度，使形坯件变成高强度的结构件或功能件。后处理一般包含三个阶段：清粉处理、脱脂降解、高温烧结。

① 清粉处理。

成型坯进行后处理的第一个阶段就是清粉处理。当激光烧结完成后，使工作台上升，左右送粉缸下降，这样便于清粉，未烧结的粉末可以直接落入送粉缸，回收利用。清粉处理主要有如下三种方法：

- 对于简单形状的形坯件，可以直接用刷子刷去表面未烧结的粉末。
- 对于一般复杂形状的，没有深孔、内空或弯曲孔洞的形坯件，可采用压缩机等吹风设备清除未烧结粉末，清粉速度快、质量高。
- 对于具有深孔、内空或弯曲孔洞的形坯件，可以采用吸尘器等设备吸去深孔、内空或弯曲孔洞中未烧结的粉末。比如随形冷却流道模具的粉末清理大多采用这样的方法。设备功率越大，清粉越快，花费时间越短。

烧结成型的形坯件都比较复杂，为提高清粉的效率和质量，一般同时采用以上刷、吹和吸三种方法。清粉后的零件形坯强度比较低，特别是凸起、尖角处很容易断裂，如果不立即进行后续处理或需要储存和搬运，应对形坯件进行热处理，即将清粉后的形坯件放入加热箱中升温到黏结剂的软化点左右，保温 1～2h 来提高形坯件的强度。由于环氧树脂 E06 是热塑性的聚合物，这时形坯件中的环氧树脂 E06 发生软化作用，然后冷却后将变硬；另外，环氧树脂 E06 发生液相烧结，使黏结剂与碳化硅之间的作用加强。这样使得形坯件的强度提高，不容易脆裂，便于储存和运输。对于薄壁、悬臂结构应降低加热温度或加支承材料，以确保其不变形或断裂。

② 脱脂降解。

脱脂降解的目的是除去形坯件中的环氧树脂黏结剂，为高温烧结和浸渗做准备。激光选区烧结成型的碳化硅零件中黏结剂的质量分数一般为 2%～10%，体积分数为 5%～30%。如何有效、快速地从成型坯中除去黏结剂，同时保证其形状和尺寸精度，成为激光选区烧结陶瓷件后处理的关键问题。目前，黏结剂的降解方法主要有热脱脂、溶剂脱脂、虹吸脱脂、催化脱脂、综合脱脂等，而激光选区烧结原型件的致密度低，脱脂后粉末几乎还处于松装状态，强度特别低，机械咬合力特别小，因此只适合用热脱脂方法，热脱脂后还须经过一定的高温预烧达到一定的强度。

③ 高温烧结。

经过脱脂处理和预烧的 SLS 成型的碳化硅零件强度很低，需要高温烧结来提高其强度。常常需要加入低熔点的助烧剂，如 Al_2O_3 或金属物质。高温烧结常常与脱脂工艺结合在一起，以保证成型件的形状，即脱脂后接着进行高温烧结。对于利用 SLS 制造的形坯件，一般应用固相烧结才能维持好其形状。烧结过程为：烧结颈开始长大，而后经历连通孔洞闭合、孔洞圆化、孔洞收缩和致密化、孔洞粗化、晶粒长大一系列过程后，成为多孔体，此时烧结体已经具有一定的强度和密度。

5.4 应用案例

SLS 技术涉及计算机辅助设计（CAD）、计算机辅助制造（CAM）、计算机数字控制（CNC）、激光技术和材料科学等先进技术，是一类多学科交叉的科学技术。该技术具有成型材料（包括金属、陶瓷、高聚物等）广泛、无浪费、安全、低成本等优点，可以快速制造出复杂原型件和功能件，制造过程中无须支承，因此一直在 3D 打印领域占有重要地位。经过近 20 年的发展，SLS 技术已从单纯为方便造型设计而制造高分子材料原型发展到以获得实用功能零件为目的的塑料/金属/陶瓷零件的成型制造，应用领域不断拓宽。另外，得益于成型材料和相应工艺的优化以及图形算法的不断改进，其制造周期明显缩短，原型件的精度和强度都有所提高。目前，SLS 技术主要应用于以下几个方面：

① 新产品的快速研制和开发；

② 模具的快速制造；

③ 间接法制造陶瓷、金属零件；

④ 直接或间接制造塑料功能零件；

⑤ 医疗卫生方面的临床辅助诊断；

⑥ 微型机械的研究开发；

⑦ 艺术品的制造。

5.4.1 激光选区烧结在铸造中的应用

利用 SLS 整体成型复杂的覆膜砂型（芯），在高性能复杂薄壁铸件精密制造方面具有巨大的应用价值和广阔前景。

图 5-8 所示为华中科技大学科研团队所要制造的材质为 HT200 的液压阀铸件。该阀体的内腔流道形状弯扭变化很大，不仅沿水平方向弯扭，还沿空间任意方向弯扭；同一流道出现多个不等直径或不等截面形状的结构，且有的流道过分细而长；各流道出口中心线不在外部形状的同一平面上。这些问题均会给该阀体的铸造工艺带来很大的困难，传统的砂型铸造和消失模铸造均难以胜任。覆膜砂型（芯）SLS 成型方法已在生产中得到了一定的应用，由于覆膜砂的溃散性好，特别适用于制作复杂砂芯，因此选用 SLS 技术成型覆膜砂，直接制备复杂液压阀的砂型及砂芯，然后浇铸铸件。

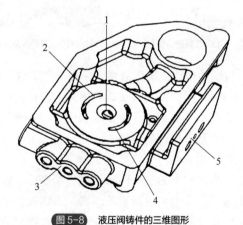

图 5-8　液压阀铸件的三维图形

1—ϕ19.7mm 垂直孔及型芯；2—宽 3.6mm 左月牙形垂直窄孔；

3—前端面；4—宽 3.6mm 右月牙形垂直窄孔；5—右侧面

华中科技大学科研团队经过对覆膜砂 SLS 成型工艺的深入研究，优化 SLS 成型工艺，采用整体成型的方法成功地制备了阀体的下砂型，如图 5-9（a）所示。砂型的轮廓清晰，表面光洁度和精度都较高。随后对液压阀体的砂型（芯）进行固化，工艺为：先将烘箱的温度升高至200℃后再放入砂型（芯），而后停止加热，利用余热使砂型（芯）固化，自然冷却至室温。由于树脂在固化后的强度较高，因此采用此方案后未发生砂型（芯）坍塌现象。然而，SLS成型的覆膜砂芯浇铸时的发气量大。SLS成型所用覆膜砂的树脂含量偏高，所以浇铸时的发气量大。因此，必须采取一定的措施才能保证浇铸的顺利进行。这里，在砂型（芯）上方的上砂型部位开设了许多出气冒口，如图5-9（b）所示，在型芯端部开通气道，浇铸时用人工进行引气，控制合理的后固化温度和时间，并且采用覆膜砂型（芯）SLS整体成型工艺，以增加砂芯在砂型中的稳定性，最终浇铸出了合格的阀体铸件。将浇铸的铸件沿流道进行剖分，如图5-10所示，各部分的表面和流道都很光滑。

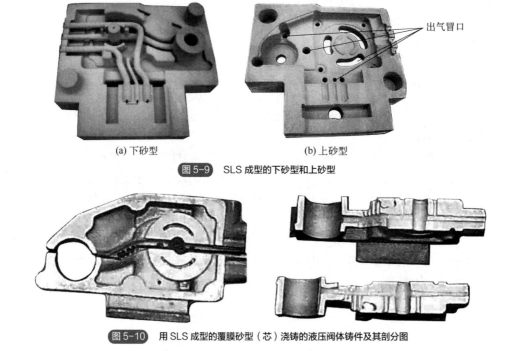

(a) 下砂型　　　　　　　　　　　　　(b) 上砂型

图 5-9 SLS 成型的下砂型和上砂型

图 5-10 用 SLS 成型的覆膜砂型（芯）浇铸的液压阀体铸件及其剖分图

另外，在熔模铸造中，传统熔模铸造所用蜡模多采用压型制造，用SLS技术可以根据用户提供的二维、三维图形获得熔模，不需要制备压蜡的模具，在几天或几周内迅速、精确地制造出原型件——手板模（或称手板），大大缩短了新产品投入市场的周期，满足快速占领市场的需要。SLS技术几乎可以制造任意复杂零件的熔模，因此，它一出现就受到了高度的关注，已在熔模铸造领域得到了广泛应用。

SLS制作熔模的工艺过程为：将零件三维图形补偿收缩率后，输入SLS快速成型设备中，SLS设备按照三维图形自动成型，成型完成后清除浮粉，再渗入低熔点蜡，并进行表面抛光，就可得到表面光滑、达到尺寸精度要求的熔模。但是SLS制作熔模的模料的性质不同于一般熔模精密铸造的蜡料，具有如下特性：

① SLS模料属于聚合物，分子量较大，不仅熔化温度高、无固定的熔点，而且熔程长；

② SLS模料的熔体黏度大，需要在较高的温度下才能达到脱模所需的黏度，一般的水煮或蒸汽等脱蜡方法则不适用；

③ SLS模料整体被包裹在模壳中，在缺氧条件下进行焙烧时，不能完全被烧失，会在模壳

内形成残渣，使铸件产生夹渣等铸造缺陷。图 5-11 和图 5-12 分别为涡轮和引擎缸体等内腔形状复杂件的 SLS 熔模和浇铸出的精铸件。

图 5-11　φ460mm 涡轮 SLS 熔模及铸件

图 5-12　摩托车引擎缸体 SLS 熔模及铸件

5.4.2　激光选区烧结在制造陶瓷零件中的应用

SLS 技术制造复杂陶瓷零件具有显著的成本低、周期短及节省材料等优点，因而逐渐成为制造复杂形状陶瓷零件的研究热点。通过 SLS 技术制造陶瓷初始形坯存在密度低、力学性能差等劣势，以往是采用熔渗、形成烧结液相等方法来提高其致密度，但是 SLS 陶瓷零件仍存在成分难控制、精度差、性能不高等缺陷。

冷等静压技术可用于 SLS 初始形坯的致密化。CIP 是在常温下对橡胶包套中的坯体施加各向均匀压力的一种成型技术，其利用液体（乳化液、油等）介质均匀传压的特性，促进包套中粉末颗粒的位移、变形和碎裂，减小粉末间距，增加粉末颗粒接触面积，获得特定尺寸、形状以及较高密度的压坯。CIP 成型的压坯组织结构均匀，无成分偏析。因此，为了成型高致密度、高性能复杂结构陶瓷零件，本应用案例利用 CIP 技术直接处理 SLS 初始形坯，然后对 SLS/CIP 形坯进行脱脂及高温烧结（FS）处理。SLS/CIP/FS 复合工艺制造陶瓷零件的路线如图 5-13 所示，具体过程是：首先制备 SLS 成型用陶瓷-高分子复合粉末，采用 SLS 技术制出初始形坯，接着经过 CIP 处理提高 SLS 初始形坯的致密度，以进行脱脂与低温预烧结处理，获得具有一定强度的多孔陶瓷形坯，最后进行高温烧结处理，获得最终的陶瓷零件。

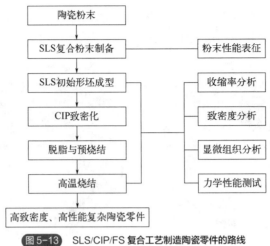

图 5-13   SLS/CIP/FS **复合工艺制造陶瓷零件的路线**

SLS/CIP/FS 技术并不是以上几种技术的简单相加,而是很好地利用了各技术的优点,具有以下特点:

① 利用 SLS 成型"分层""堆积"的特点,可根据三维模型直接成型任意坯体,不受结构复杂度限制;

② 利用 CIP 技术均匀促进致密度的特点,SLS 初始形坯经 CIP 处理可以在提高致密度的同时,几乎不改变坯体形状;

③ SLS/CIP 陶瓷形坯所用黏结剂种类、含量、分布方式均与传统陶瓷形坯不同,需根据其特点,制定合理的脱脂及高温烧结工艺路线。

图 5-14(a)和(b)分别是氧化铝齿轮零件和氧化铝带弯曲流道件在 SLS/CIP/FS 前后的零件图。其 SLS 成型预热温度、激光功率、扫描速度、扫描间距与单层度分别为 53℃、21W、1600mm/s、100μm、150μm,CIP 保压压力和保压时间分别为 200MPa 和 5min,高温烧结保温温度和保温时间分别为 1650℃和 120min,最终烧结件相对密度均在 92%以上。

(a) 齿轮   (b) 带弯曲流道件

图 5-14   **氧化铝零件 SLS/CIP/FS 前后对比**

5.4.3 激光选区烧结在制造塑料功能件中的应用

目前,用于 SLS 的高分子材料主要是热塑性高分子及其复合材料,热塑性高分子可分为晶态和非晶态两种。非晶态高分子 SLS 成型件的致密度很小,因而其强度较差,不能直接用作功能件,只有通过适当的后处理提高其致密度,才能获得足够的强度;而晶态高分子 SLS 成型件的致密度较大,其强度接近聚合物的本体强度,可直接当作功能件。

（1）间接 SLS 成型塑料功能件

间接 SLS 成型塑料功能件是指用 SLS 成型非晶态高分子材料，先制备塑料原型件，再对多孔的塑料原型件浸渗树脂，从而达到塑料功能件的要求。虽然采用间接法得到的塑料功能件的性能不如直接法，但其烧结性能好，而经后处理增强后其性能也能满足一般塑料功能件的要求，且工艺简单，成本低，精度高。因此，间接法仍是获得塑料功能件的一种重要方法。

可用于制备 SLS 原型件的非晶态高分子材料有聚碳酸酯（PC）、聚苯乙烯（PS）、高抗冲聚苯乙烯（HIPS）、ABS 等。非晶态高分子材料由于成型性能好，成型工艺相对简单，成型精度高，对温度不敏感，因此是间接法制造塑料功能件原型件的理想材料，也是最早得以应用的 SLS 材料，目前在 SLS 材料中仍占据着非常重要的位置。图 5-15 所示为 SLS 成型的塑料制件。

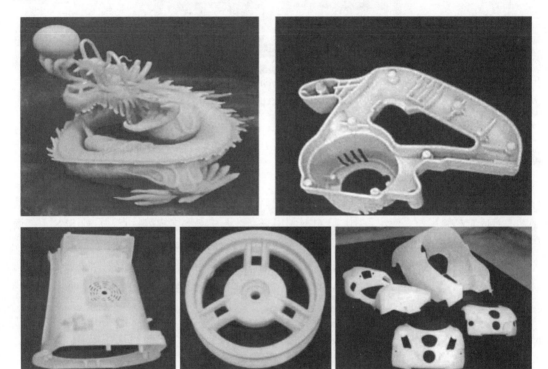

图 5-15　SLS 塑料制件

（2）直接 SLS 成型塑料功能件

晶态高分子材料的烧结温度在熔融温度（T_m）以上，由于晶态聚合物的熔融黏度非常低，因而其烧结速度较大，烧结件的致密度非常高，一般在 95% 以上。因此，当材料本体强度较高时，晶态高分子材料 SLS 成型件具有较高的强度，可以直接用作功能件。然而，晶态聚合物在熔融、结晶过程中有较大的收缩，同时烧结引起的体积收缩也非常大，这就造成晶态聚合物在烧结过程中容易翘曲变形，烧结件的尺寸精度较差。目前，尼龙是 SLS 最为常用的晶态高分子材料，另外也有其他的晶态高分子材料，如聚丙烯、高密度聚乙烯、聚醚醚酮等。图 5-16 分别为尼龙 SLS 成型件、尼龙复合材料 SLS 成型件和聚丙烯 SLS 成型件。

(a) 尼龙SLS成型件

(b) 尼龙复合材料SLS成型件

(c) 聚丙烯SLS成型件

图 5-16 SLS 塑料成型件

本章小结

激光选区烧结技术是激光增材制造技术之一，包括直接烧结成型和间接烧结成型两种，其工艺具有成型材料广泛、应用范围广、材料利用率高、无需支承结构等特点，目前 SLS 工艺商用机发展迅速，在工业领域应用广泛，其主要组成部分包括主机系统、控制系统和冷却系统。在成型过程，通过激光器烧结金属粉末、陶瓷粉末、高分子粉末等粉材，成型结束后需要高温烧结、熔浸、热等静压等后处理工艺，最终使得成型件不仅具备较高的力学性能，而且具有一定的尺寸和形状精度。

 练习题

1. 激光选区烧结的基本原理是什么？它与传统的切削加工方法有哪些根本区别？

2. 激光选区烧结成型工艺有哪些类型？该技术有何特点？

3. 激光选区烧结系统由哪几部分组成？系统的核心是什么？

4. 激光选区烧结所用的材料有哪几类？

5. 概述激光选区烧结的成型过程。

6. 激光选区烧结成型过程中容易出现哪些质量问题？如何避免？

7. 激光选区烧结的后处理一般包含哪些阶段？

8. 总结激光选区烧结在铸造生产中的优势。

9. 制造陶瓷零件中的 SLS/CIP/FS 技术具有哪些特点？

10. 目前可用于激光选区烧结的高分子材料有哪些？

参考文献

[1]　文世峰. 选择性激光烧结快速成型中振镜扫描与控制系统的研究[D]. 武汉：华中科技大学，2010.

[2]　李湘生. 激光选区烧结的若干关键技术的研究[D]. 武汉：华中科技大学，2001.

[3]　钟建伟. 选择性激光烧结若干关键技术研究[D]. 武汉：华中科技大学，2004.

[4]　Ho H C H, Cheung W L, Gibson I. Morphology and properties of selective laser sintered bisphenol-A polycarbonate[J]. Industrial and Engineering Chemistry Research, 2003(9): 1850-1862.

[5]　王从军，李湘生，黄树槐. SLS 成型件的精度分析[J]. 华中科技大学学报(自然科学版)，2001，29(6)：77-79.

[6]　樊自田，黄乃瑜，肖跃加，等. 基于选择性烧结制件的精度分析[J]. 南昌大学学报(工科版)，2000，22(2)：6-10.

[7]　严仁军，刘子建. SLS 成型精度的分析和控制[J]. 机械研究与应用，2003，16(1)：28-30.

[8]　李湘生，韩明，史玉升，等. SLS 成型件的收缩模型和翘曲模型[J]. 中国机械工程，2001，12(8)：887-889.

[9]　傅蔡安，陈佩胡. SLS 翘曲变形计算与扫描方式优化[J]. 机械科学与技术，2008，27(10)：1248-1252.

[10]　王素琴，曹瑞军，段玉岗. 激光快速成型工件翘曲变形与成型材料的研究[J]. 材料科学与工程学报，1999，17(4)：64-67.

[11]　吴传保，刘承美，史玉升，等. 高分子材料选区激光烧结翘曲的研究[J]. 华中科技大学学报(自然科学版)，2002，30(8)：107-109.

[12]　段玉岗，王素琴，曹瑞军，等. 激光快速成型中材料线收缩对翘曲性的影响[J]. 中国机械工程，2002，13(13)：1144-1146.

[13]　黄卫东，江开勇. SLS 快速成型技术中激光加工参数对制件翘曲变形的影响[J]. 福建工程学院学报，2005，3(4)：319-322.

[14]　张坚，许勤，徐志锋. 选区激光烧结聚丙烯试件翘曲变形研究[J]. 塑料，2006，35(2)：53-55.

[15]　于千，白培康. 选择性激光烧结尼龙制件翘曲研究[J]. 工程塑料应用，2006，34(2)：34-35.

[16]　于平，尤波. 选择性激光烧结精度的几个影响因素分析[J]. 黑龙江水专学报，2006，33(3)：122-124.

[17]　刘锦辉. 选择性激光烧结间接制造金属零件研究[D]. 武汉：华中科技大学，2006.

[18]　汪艳. 选择性激光烧结高分子材料及其制件性能研究[D]. 武汉：华中科技大学，2005.

[19]　樊自田，黄乃瑜. 选择性激光烧结覆膜砂铸型(芯)的固化机理[J]. 华中科技大学学报(自然科学版)，2001，29(4)：60-62.

[20]　杨劲松. 塑料功能件与复杂铸件用选择性激光烧结材料的研究[D]. 武汉：华中科技大学，2008.

[21]　刘凯. 陶瓷粉末激光烧结/冷等静压复合成型技术研究[D]. 武汉：华中科技大学，2014.

[22]　史玉升，闫春泽，魏青松，等. 选择性激光烧结 3D 打印用高分子复合材料[J]. 中国科学：信息科学，2015，45(2)：204-211.

[23]　韩召，曹文斌，林志明，等. 陶瓷材料的选区激光烧结快速成型技术研究进展[J]. 无机材料学报，2004，19(4)：705-713.

[24]　姚山，陈宝庆，曾锋，等. 覆膜砂选择性激光烧结过程的建模研究[J]. 铸造，2005，54(6)：545-548.

[25]　Mazzoli A. Selective laser sintering in biomedical engineering[J]. Medical & biological engineering & computing, 2013, 51: 245-256.

拓展阅读

激光选区烧结在生物医学工程中的应用

固体自由形态制造工艺（SFF），在过去的几十年里，被用于各种医疗应用中，包括根据从医学图像数据中获得的尺寸制造精确的人体解剖学物理模型，以及设计植入物和组织。下面将给出关于将激光选区烧结（SLS）在生物医学中的应用。

1. 病人特定的解剖模型的制造

医学建模，有时也被称为生物建模，是指直接依据医学扫描数据创建高精度的人体解剖学物理模型。

该过程包括捕获人体解剖数据，处理数据以分离单个组织或器官，优化要使用的技术数据，最后使用 SFF 技术构建模型，如图 1 所示。

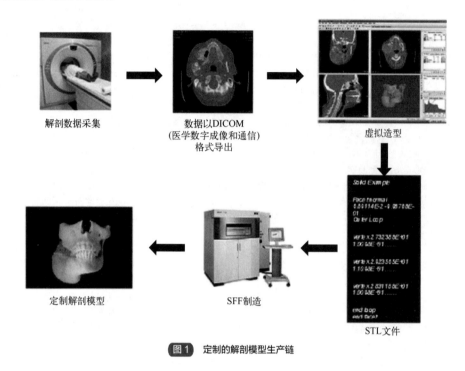

解剖数据采集　　数据以DICOM(医学数字成像和通信)格式导出　　虚拟造型

定制解剖模型　　SFF制造　　STL文件

图 1　定制的解剖模型生产链

患者特异性解剖模型特别应用于口腔、颌面、神经外科和骨科。在医学上，它们主要用于辅助诊断、计划治疗和制造植入物。定制解剖模型的有效性已在各种手术中显示。医学建模是一种直观的、用户友好的技术，便于诊断和手术计划，允许外科医生随时排练程序，而且促进了医生和患者之间的沟通。此外，SLS 制造的模型可用于创伤后缺陷、肿瘤切除和其他复杂的颅面缺损的重建。SLS 技术以及 SFF 技术还可用于术前估计定量手术结果，减少手术时间和产生更可预测的结果。

2. 植入式装置

通过 SLS 直接制备的器件植入目前仅报道了一例。EOS，世界激光烧结系统制造商之一，展示了第一个 PEEK 颅面测试植入物。试验植入物是在德国制造的，使用 EOSINT P 800 系统，使用生物相容的 PEEK 材料（这种材料越来越多地用于头部损伤或先天性畸形患者的颅面植入物，以替代钛）。关于直接制造定制植入体的烧结工艺，文献报道了 DMLS——一种直接从钛粉制备内部结构复杂的三维多孔体的有用技术，无需任何中间加工步骤。如图 2 所示，这些产品有望作为骨替代品或定制种植体使用。

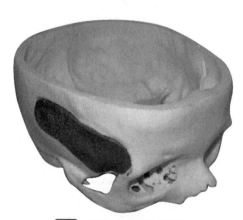

图 2　医用钛制造的定制颅骨板

已有专家研究分析了利用 SLS 制造用传统生产方法难以制造的聚合物给药装置（DDDs）的可行性。Cheah 研究了 SLS 制造部件固有的两个特征，即多孔的微结构和致密的壁形成，因为它们可能在药物储存和通过扩散过程控制药物释放方面发挥作用。Leong 等人探索了使用生物可降解聚合物作为基质，利用 SLS 构建 DDDs

的可行性。研究的生物聚合物包括 PCL 和 PLLA。他们研究了激光功率、扫描速度、工件床层温度等 SLS 参数与 DDD 基体孔隙率的关系，不同孔隙度和密度的 DDD 基质的制备方法，以及 SLS 参数与 DDD 基体致密壁层和内部孔隙等微观特征之间的关系。若孔隙度可达 50% 以上，说明该装置可装入适量药物。在口腔种植领域，一些研究人员利用 SLS 制作牙体修复体支架和修复体的研究。例如，Kruth 等人提出了在 SLS 烧结 2000 机器上使用聚合涂层 420 不锈钢粉末（LaserForm ST-100），然后在 24h 的熔炉循环中渗入青铜，以生产完全致密的部件，通过 SLS 制造牙科假体植入框架基础。Strub 等人使用 SLS 制备陶瓷或金属牙体修复体。SLS 用于间接制造可植入设备的其他应用，包括用 SLS 从蜡粉或聚苯乙烯粉制造蜡模，用于颌面外科。在这种应用中，SLS 机器制造了解剖缺陷的聚苯乙烯树脂原型。上述研究结果表明，SLS 树脂原型是实验室加工中可以接受的传统石膏、石材模铸、模具的替代品。

3．组织工程

20 世纪 80 年代中期，"组织工程"一词在文献中被宽泛地应用于组织和器官的手术操作，或者更广泛地应用于假肢设备或生物材料。现在使用的"组织工程"一词是在 1987 年引入医学的。Langer 和 Vacanti 的密切合作为组织工程提供了一个关键点，这被称为这一生物医学学科的开端。该领域依赖于多孔 3D 支架的使用，为组织再生提供合适的环境。为了促进组织生长，支架必须有一个大的表面积以允许细胞附着。在这些支架中，孔隙应该足够大，以便细胞能够穿透孔隙，并且孔隙必须相互连接，以促进结构深处的细胞进行营养和废物交换。三维模型及 SLS 制造的相关支架如图 3 所示。这些特征（孔隙率和孔径）通常取决于支架制造方法。目前已经开发出了几种制备高多孔支架的方法，包括纤维黏结、溶剂铸造/颗粒浸出、气体发泡、相分离、软光刻和静电纺丝。

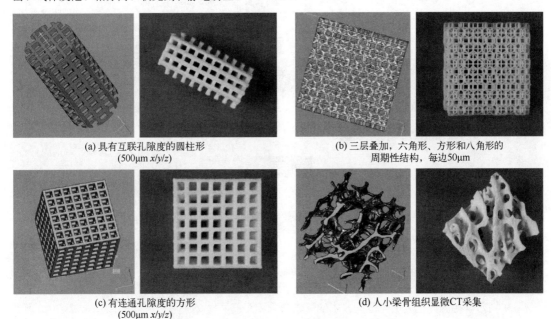

(a) 具有互联孔隙度的圆柱形
(500μm x/y/z)

(b) 三层叠加，六角形、方形和八角形的
周期性结构，每边 50μm

(c) 有连通孔隙度的方形
(500μm x/y/z)

(d) 人小梁骨组织显微 CT 采集

图3　3D 模型（左）和 SLS 制造的支架（右）

选择性激光烧结具有制造复杂几何形状和复杂可控内部结构的潜力，可以处理多种生物相容性的聚合物。它具有很强的生物医学应用前景，特别是与医学成像技术（如 MRI 和 CT）的结合。它已被证明可以促进、加快和提高外科手术的质量。生物相容性聚合物的使用使 DDDs 和生物可降解组织工程支架的直接制造成为可能。此外，Ca-P 基复合材料的引入使 SLS 成为一种广泛应用于生物医学工程的技术。

第6章

激光选区熔化技术

思维导图

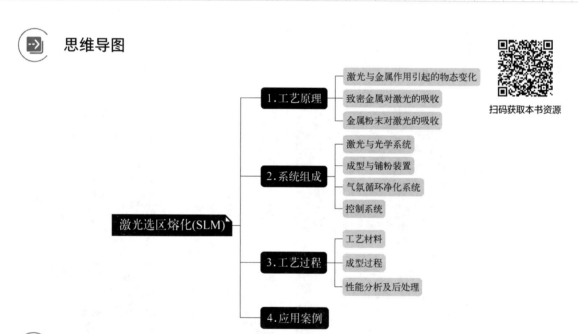

扫码获取本书资源

学习目标

（1）掌握激光选区熔化成型技术的基本概念和工艺原理；

（2）掌握激光选区熔化成型技术的工艺过程；

（3）了解激光选区熔化成型技术的系统组成；

（4）了解激光选区熔化成型技术的适用材料；

（5）了解激光选区熔化成型性能质量及后处理；

（6）了解激光选区熔化成型技术的发展现状和趋势。

案例引入

　　尽管激光选区烧结（selective laser sintering，SLS）技术可以制造出各种形状复杂的金属零件，但其致密度较低，使其应用领域受到限制。激光选区熔化（selective laser melting，SLM）技术无需刀具和模具就能制造出复杂曲面、复杂结构并且满足性能及功能要求的金属零件。如图 6-1 所示结构复杂的航空航天部件，采用激光选区熔化技术，去除了传统的铸造、锻造工序，完成传统数控铣削难以完成的加工任务，不仅缩短了零件的加工周期，而且降低了生产成本。想知道激光选区熔化与激光选区烧结技术的区别吗？想知道如何用这种技术制造金属零件吗？用这种技术制造的金属零件真的能用吗？通过本章的学习，你会找到答案。

图 6-1　航空航天部件（VELO3D）

6.1　工艺原理

　　20 世纪 80 年代末，美国得克萨斯大学奥斯汀分校的 Dechard 发明了激光选区烧结（SLS）技术，使用低功率 CO_2 激光熔化黏结剂将覆膜砂、陶瓷基粉末烧结黏结成型，或直接烧结聚合物基粉末材料成型零件，如聚碳酸酯（PC）、聚苯乙烯（PS）、尼龙（PA）等，或熔化低合金粉末将高熔点金属粉末黏结成型，通过后处理获得金属零件。这种快速原型制造技术广泛应用于航空航天、汽车、医学生物。90 年代初，一些研究团队开始进行 SLM 研究，但是并不成功，主要原因是 CO_2 激光器功率小，金属粉末对激光波长 10.6μm 吸收率较低，金属粉末高热导性、氧化倾向、高表面张力等因素影响，激光熔化高熔点金属比熔化高分子材料更加困难。

　　激光选区熔化（SLM）技术是在激光选区烧结（SLS）技术基础上发展起来的技术，同样采用分层叠加制造原理，利用高能量激光束按照三维模型切片后规划的扫描路径，逐点熔化高熔点金属粉末，逐层堆积成实体零件，工艺原理如图 6-2 所示。SLM 和 SLS 两种技术统称为激光粉末床熔融（laser powder bed fusion，LPBF）技术，另外一种粉末床熔融技术是电子束熔化（electron beam melting，EBM）技术。EBM 技术和 SLM 技术能够直接制造出接近全致密度、内部结构复杂、表面精度较高、满足多种性能要求的金属零件，是增材制造技术最具发展潜力技术。

　　在 SLM 成型过程中，激光经过传输作用于金属粉末，而激光与粉末的相互作用受金属的内在属性和粉末颗粒密堆属性的影响。这个过程存在金属物态的变化、能量平衡、金属对激光的吸收、粉末对激光的吸收等。

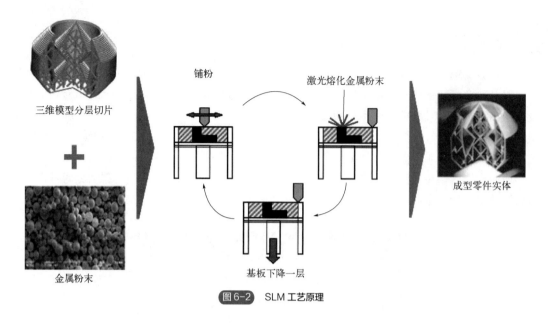

图6-2 SLM工艺原理

6.1.1 激光与金属作用引起的物态变化

SLM成型主要是利用光热效应。激光辐照金属表面时，在不同功率密度下，金属表面区域将发生各种不同的变化，包括表面温度升高、熔化、汽化等；而且金属表面物理状态的变化影响金属对激光的吸收。随着功率密度与作用时间的增加，金属将会发生以下几种物态变化。

① 当激光功率密度较低（$<10^4$W/cm²）、辐照时间较短时，金属吸收激光不发生相变。这种物理过程主要用于能量只能引起金属由表及里温度升高，但维持固相零件退火和相变硬化处理。

② 随着激光功率密度的提高（$10^4\sim10^6$W/cm²）和辐照时间的加长，金属表层逐渐熔化，随着输入能量增加，液固分界面逐渐向深处移动。这种物理过程主要用于金属表面重熔、合金化、熔覆和热导型焊接。

③ 进一步提高功率密度（$\geq10^6$W/cm²）和加长作用时间，材料表面不仅熔化，而且汽化，汽化物聚集在金属表面附近并发生微弱电离形成等离子体，这种稀薄等离子体有助于金属对激光的吸收。在汽化膨胀压力下，液态表面变形形成凹坑。此状态适用于激光焊接。

④ 当再进一步提高激光功率密度（$>10^7$W/cm²）和加长辐照时间，材料表面强烈汽化，形成较高电离度的等离子体，对激光有屏蔽作用，大大降低激光入射到金属内部的能量密度。该过程适用于激光打孔、切割等。

在金属对激光能量的吸收过程中，金属本身是否发生汽化是对激光能量吸收是否发生突变的重要判据。当金属没有发生汽化时，不论是固相还是液相，其对激光的吸收仅随表面温度的升高而有较慢的变化。因此，在SLM成型过程中要求激光能量密度超过10^6W/cm²，确保对前一成型层的重熔，利于层间冶金结合。

6.1.2 致密金属对激光的吸收

激光与金属相互作用包括复杂的微观量子过程，也包括所发生的宏观现象，如激光的反射、吸收、折射、偏振、光电效应、气体击穿等。

激光照射金属表面时，对于不透明的致密金属，透射光也被吸收，一部分被金属反射，一部分被金属吸收。激光与金属相互作用时，两者的能量转化遵守能量守恒定律。设 E_0 表示入射到金属表面的激光能量，$E_{反射}$ 表示被金属表面反射的激光能量，$E_{吸收}$ 表示被金属表面吸收的激光能量，则有

$$E_0 = E_{反射} + E_{吸收} \tag{6-1}$$

$$1 = \frac{E_{反射}}{E_0} + \frac{E_{吸收}}{E_0}$$

$$= \rho_R + \rho_A \tag{6-2}$$

式中　ρ_R——反射率；

　　　ρ_A——吸收率。

激光入射到距表面 z 处的激光强度 I 按指数规律衰减，即

$$I = I_0 e^{-Az} \tag{6-3}$$

式中　I_0——入射到金属表面（$z=0$）的激光强度，W/cm^2；

　　　A——金属对激光的吸收系数，cm^{-1}。

I_0 的大小与激光功率 P 有关，即

$$I_0 = \frac{2P}{\pi \omega^2} \tag{6-4}$$

式中　ω——光斑特征半径。

功率为 P 的单模激光聚焦功率密度分布为高斯分布，如下式所示：

$$I(x,y) = I_0 \exp\left(-\frac{2r^2}{\omega^2}\right) = \frac{2P}{\pi \omega^2} \exp\left[-\frac{2(x^2+y^2)}{\omega^2}\right] \tag{6-5}$$

式中　ω——光斑特征半径；

$I_0 = I(0,0) = \dfrac{2P}{\pi \omega^2}$ 。

金属对激光的吸收系数 A 取决于金属材料种类、激光波长，$A=4\pi K/\lambda$，K 为金属材料对激光的吸收指数。金属对激光的吸收与金属特性、激光波长、金属温度、金属表面情况、激光的偏振特性等诸多因素相关，金属对特定激光波长的吸收系数也可通过金属的电阻率来计算，即

$$A = 0.365\sqrt{\frac{\rho_0}{\lambda}} \tag{6-6}$$

式中　ρ_0——金属的直流电阻率，Ω/cm；

　　　λ——激光波长，cm。

如图 6-3 所示，在红外区，随着波长的增加，吸收率减小，大部分金属对 $10.6\mu m$ 波长的红外光吸收较弱，而对 $1.06\mu m$ 波长的红外光吸收较强。

激光光斑中心沿 x 方向以 v_s 匀速从坐标 O 点扫描到 x 时，激光辐照能量 E 为

$$E(y,0) = \int_0^t I(x(t),0)\mathrm{d}t = \frac{2P}{\pi \omega^2 v_s} \exp\left(-\frac{2y^2}{\omega^2}\right)\int_0^x \exp\left(-\frac{2x^2}{\omega^2}\right)\mathrm{d}x \tag{6-7}$$

假设扫描线为无限长向量（图 6-4），则激光在扫描线截面能量密度分布为

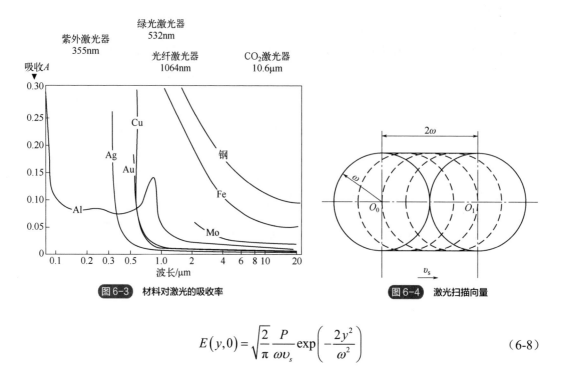

图 6-3　材料对激光的吸收率　　　　　图 6-4　激光扫描向量

$$E(y,0) = \sqrt{\frac{2}{\pi}} \frac{P}{\omega \upsilon_s} \exp\left(-\frac{2y^2}{\omega^2}\right) \tag{6-8}$$

因此，激光扫描能量密度分布与激光功率、聚焦光斑半径、扫描速度相关。

6.1.3　金属粉末对激光的吸收

金属粉末在高能密度激光的作用下吸收激光辐射能，激光辐射能转化为热量快速升温，金属粉末达到熔点开始熔化，热量通过热传导向内部扩散，熔化界面向内传递，熔化部分形成熔池。熔池随激光束的移动而移动，但熔池中的熔融金属并不移动，激光束移动后，熔池中的熔融金属快速冷却凝固成型。激光熔化金属粉末时，激光照射金属粉末的能量与时间能够充分熔化金属粉末层厚，层与层之间重熔率不影响成型的性能。激光在聚焦光斑处的功率密度小于 $10^5 \mathrm{W/cm^2}$ 时，熔池表面温度高于材料熔点温度 T_m，不超过材料沸点温度 T_b，保证材料充分熔化，又不发生汽化。

对于某种特定材料，可通过热量守恒定理判断在某一激光输入参数下是否能够获得足够的能量来完全熔化金属粉末，以及对前一成型层的重熔，利于层间冶金结合，如图 6-5 所示。

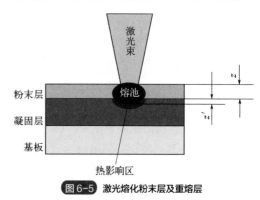

图 6-5　激光熔化粉末层及重熔层

假设金属实体的密度分别为 ρ_0，金属粉末常温下的密度为 $\rho_p = \beta \rho_0$，熔化粉层厚度为 z，重熔凝固层厚度为 $z'=\eta z$，则熔化金属粉末及重熔金属实体吸收的能量为

$$Q_{吸} = Q_{粉末吸} + Q_{重熔吸} = \rho_p V_p C_p (T_{pm} - T_{pi}) + \rho_0 V_s C_s (T_{sm} - T_{si}) \tag{6-9}$$

式中　　T_{pi}——激光作用前粉末表面温度；

　　　　T_{pm}——激光作用粉末熔化温度；

　　　　T_{si}——激光作用前金属实体重熔凝固层表面温度；

　　　　T_{sm}——激光作用金属实体重熔时熔化温度；

　　　　C_p——金属粉末比热容；

V_p 和 V_s——粉末及重熔体积。

假设金属粉末层厚比较薄，温度为线性变化，金属粉末对激光的吸收系数为 A，由式（6-8），通过高斯积分，则吸收能量为

$$Q_{吸} = \alpha_A \frac{P}{\upsilon_s} \qquad (6\text{-}10)$$

粉末对激光的吸收率 α_A 是粉末的重要特性，是被吸收激光束能量与入射激光束能量的比值。通常粉末对激光的吸收率受耦合作用方式、传输深度、激光波长 λ、粉末成分、粉末粒度、熔化过程等因素的影响。

激光与粉末存在两种作用机理：激光与块体耦合和激光与粉末耦合。当激光脉冲辐射作用于金属粉末时，激光能量传输时间短，球形粉末被加热瞬时处于高温（表面温度 T_s），且远远高于球形粉末剩余部分的温度及其周围粉末的平均温度（T_{av}）；当激光连续波辐射作用于粉末时，作用时间长，产生的液相引起较高的平均温度、较多的液态量。

对于粉末，只有部分入射激光被松装粉末的颗粒外表面所吸收，而另一部分激光穿过颗粒间孔隙，与深处的粉末颗粒相互作用，如图 6-6 所示。与激光波长尺寸相当的粒径组成的金属粉末，对激光的吸收特性不同于致密金属对激光的吸收，主要体现在激光传输路径的不同：激光在粉末中存在多次反射，而激光对于块体金属则不存在多次反射。因粉末形态（表面粗糙、颗粒间的孔隙）对入射激光吸收的影响，粉末可被当作一个黑体。激光强度减少为原来的 1/e（37%）时，激光到达粉末的深度为传输深度 δ。激光在粉末中传输经过多次反射，因此其在粉末中的传输深度 δ 远远大于其在致密材料中的穿透深度。例如，钛粉末的光学传输深度约为 65μm。

不同金属粉末对激光的吸收率如表 6-1 所示，测试条件是：激光功率密度 $1\sim10^4\text{W/cm}^2$，高纯氩气氛。表 6-1 表明，粉末的吸收率随激光波长的不同而不同，金属和碳化物对激光的吸收率随波长的增加而减小。粉末对激光的吸收率受粉末热物理性能、颗粒重组、相变、残留氧等的影响，粉末熔化过程取决于激光功率密度。如果激光功率密度低，会出现烧结过程因热平衡而停止；激光功率密度高，粉末会熔化，孔隙度急剧减小，直到完全熔化，从而影响激光的吸收。

表 6-1 不同金属粉末对激光波长的吸收率

金属粉末	$\lambda=1064\text{nm}$	$\lambda=10640\text{nm}$
Cu	0.59	0.26
Fe	0.64	0.45
Ti	0.77	0.59
Pb	0.79	
Co 合金（1%C;28%Cr;4%W）	0.58	0.25
Cu 合金（10%Al）	0.63	0.32

续表

金属粉末	$\lambda=1064nm$	$\lambda=10640nm$
Ni 合金（13%Cr;3%B;4%Si;0.6%C）	0.64	0.42
Ni 合金（15%Cr;3.1%Si;0.8%C）	0.72	0.51
SiC	0.78	0.66
TiC	0.82	0.46
WC	0.82	0.48

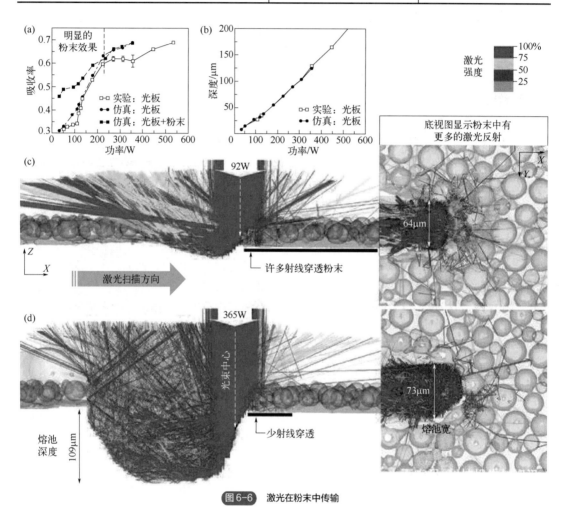

图6-6　激光在粉末中传输

6.2　系统组成

　　激光选区熔化设备主要包括激光器及光学系统、供粉系统、铺粉系统、成型缸、粉末回收系统、气体保护循环净化系统、控制系统等。为了避免金属在高温熔融状态下与氧等气体生反应，导致成型失败，通常成型过程在密闭的成型腔内进行，成型腔内通入惰性保护气体防止氧化，在整个加工过程中需要进行控制，如图6-7所示。

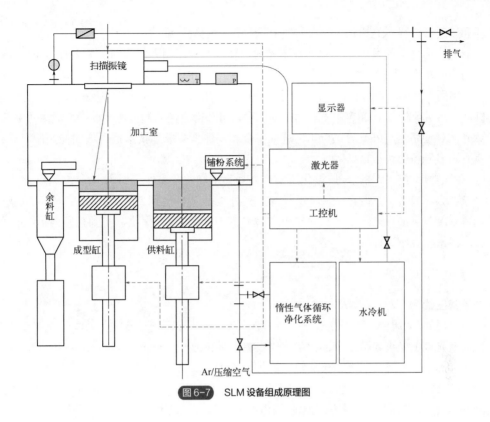

图 6-7 SLM 设备组成原理图

6.2.1 激光器

激光是一种有别于普通光源的高质量光源，具有较为优良的单色性、相干性和方向性，自1960 年世界上第一台激光器问世以来，激光器得到了迅速发展。激光器按照工作物质可分为固体激光器、气体激光器、液体激光器、半导体激光器、光纤激光器、染料激光器、自由电子激光器和化学激光器等；按照工作方式可以分为连续激光器和脉冲激光器等；按照脉冲宽度可以分为毫秒、微秒、皮秒、飞秒等激光器。

激光选区烧结技术大多采用较低功率的 CO_2 气体激光器，激光功率密度不能熔化熔点较高的金属粉末；此外，CO_2 激光器的波长为 10.6μm，所发出的激光不易被金属粉末吸收，主要熔化低熔点材料，如高分子材料 PS 粉末、PC 粉末、尼龙粉末等直接制造高分子零件；或熔化黏结剂可间接制造陶瓷零件和金属零件。

随着激光器的发展，日本、德国研究团队相继采用 Nd:YAG 激光器、光纤激光器（波长1064nm）代替 CO_2 激光器解决金属粉末对激光吸收率不高的问题，成功制作出高致密的金属件。激光器的技术进步促进了粉末床激光熔融设备技术水平提升。光纤激光器具有光束质量优良、光电转换效率高、几乎免维护等显著优点。

激光选区熔化技术目前采用光纤激光器作为熔化金属的能量源。光纤激光器是指以光纤作为工作物质的激光器。工作光纤主要有红宝石单晶光纤、Nd:YAG 单晶光纤、稀土掺杂光纤。掺杂稀土离子（Yb、Er、Nd、Tm）的光纤激光器是发展最快的激光器，应用于光纤通信、光纤传感、激光材料处理等领域，通常所说的光纤激光器多指这类激光器。光纤激光器工作光纤的基材用硅、磷酸盐玻璃和氟化物玻璃材料，显示衰减度约为 10dB/km，比固态激光晶体少几个数量级；由于玻璃基材相互作用减小了频率稳定性和泵浦光源所需的宽度，使得稀土离子吸收波段和发射波段显示光谱加宽，需要选择合适波长的激光泵浦源。

随着光纤激光器的发展，使用光纤激光器的功率有逐渐加大的倾向，大多数激光选区熔化设备采用中低功率，从初始的 50W 到目前主流的 200～500W，主要有 100W、200W、400W、500W。个别厂家采用 1000W 的激光器进行大尺寸零件成型，如德国 Concept Laser 公司的大型设备配备的光纤激光器甚至超过 1000W，随着功率的提升，可获得更快的扫描速度以提高成型效率。

激光波长通常为 1064～1070nm，是众多金属零件直接成型技术最合适的能量源。光纤激光器具有许多独特的优点：

① 激光功率密度较高。金属熔化所需激光功率密度的要求达到 10^4～10^6W/cm² ，中小功率光纤激光器为单模激光，很容易将高质量光束光斑直径 D 聚焦到 30～100μm，因此可以获得更高的功率密度。例如，光纤激光器的输出功率 P 为 100W，通过聚焦后得到直径为 100μm 的光斑，其功率密度按下式计算：

$$P_{\mathrm{W}} = \frac{4P}{\pi D^2} \tag{6-11}$$

则其功率密度约为 1.27×10^6W/cm² 。

② 较好的光束质量。光纤激光器为单模激光，光束质量因子 M^2 定义为实际光束参数乘积与基模高斯光束的光束参数乘积的比值，光束参数乘积 BPP（beam parameter product），定义为束腰半径（mm）×远场发散角（mrad）。M^2 约等于 1。

③ 光电转换效率较高。光纤激光光器光综合电转换效率达 30%，而传统的 Nd:YAG 激光器仅为 3%。因此光纤激光器可以大幅降低电力消耗和运行成本。

④ 功率稳定性更好。传统的 Nd:YAG 激光器功率稳定性典型值为 5%，光纤激光器可以达到 1%，因此加工过程中可以获得更稳定的功率输出。

⑤ 可靠性高。光纤激光器的谐振腔内无光学镜片，具有免调节、免维护优点，对灰尘、振动、冲击、温度、湿度具有很高的容忍度。

6.2.2 光学系统

光学系统主要包括扫描振镜系统、F-theta 场镜、准直及扩束等光学器件，以及实现激光的传输与运动的控制板卡，如图 6-8 所示。

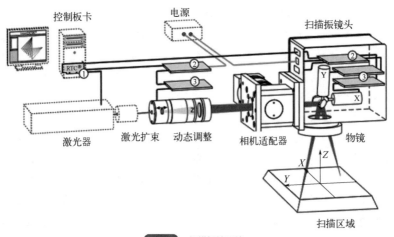

图6-8 扫描振镜系统

（1）扫描振镜

激光扫描振镜是随着激光打印以及激光照排等应用发展起来的机电一体化产品。振镜式激光扫描属于光机扫描方式，其激光束随着连接在 X 振镜与 Y 振镜转轴上的反射镜的运动在扫描视场上扫描出预期的图形。扫描振镜系统的镜片偏转较小角度即可实现较大移动量的效果，利用两个镜片的空间组合，实现大幅面的扫描；镜片偏转的转动惯量很低，在高速伺服电机和计算机控制下降低了激光扫描延迟，提高了系统的动态响应速度，具有更高的效率；振镜系统的原理性误差通过计算机控制补偿调节，具有更高的精度。

振镜式激光扫描系统主要由两个振镜和伺服驱动单元组成。反射镜安装在扫描电机主轴上，扫描电机采用具有高动态响应性能的检流计式有限转角摆动电动机，一般偏转角度在±20°以内。振镜 X 轴和 Y 轴扫描电动机的协调转动，带动连接在其转轴上的反射镜片反射激光束，实现整个工作面上的图形扫描，如图 6-9 所示。根据反射镜镜片的大小以及反射波长的不同，振镜式激光扫描系统可以应用于不同的系统。

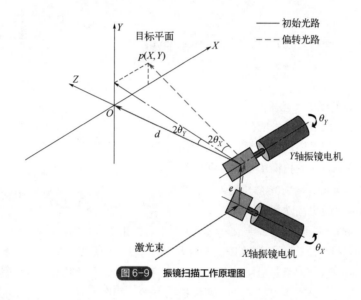

图 6-9　振镜扫描工作原理图

（2）聚焦方式

振镜式激光扫描系统以其快速、高精的特点，广泛应用于激光打标、激光固化成型、激光选区烧结和激光选区熔化等激光加工领域。这些激光加工中的振镜扫描有两种扫描方式：一种是二维扫描聚焦方式，如图 6-10（a）所示；另一种是三维动态扫描聚焦方式，如图 6-10（b）所示。

二维扫描聚焦方式也称为物镜前扫描方式，如图 6-11 所示，聚焦物镜采用 F-theta 场镜聚焦方式的振镜式激光扫描系统，焦距较短，可以实现快速、精确的打标或成型。F-theta 场镜聚焦为平面聚焦，激光束聚焦光斑在整个工作平面内大小一致，平行入射光束经过 F-theta 场镜后聚焦于工作平面上，通过改变入射激光束与 F-theta 场镜轴线之间的夹角 θ 来改变工作面焦点的坐标。工作幅面大小 L 与 F-theta 场镜焦距的关系为

$$L=2f\theta \qquad\qquad\qquad （6-12）$$

式中　f——F-theta 场镜的焦距，mm；

　　　θ——扫描振镜最大摆动角度，rad。

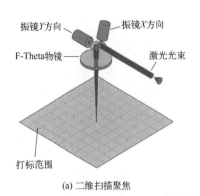

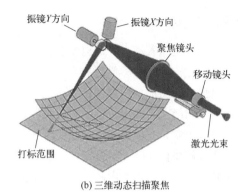

(a) 二维扫描聚焦　　　　　　　　(b) 三维动态扫描聚焦

图 6-10　振镜扫描聚焦方式

激光束经过聚焦后的光斑直径 D 为

$$D \approx \frac{4M^2 \lambda f}{\pi d} \qquad (6-13)$$

式中　M^2——激光的光束传输比；

　　　λ——波长，μm，常用的波长有 10.6μm、1065nm、532nm 和 355nm；

　　　f——场镜的焦距；

　　　d——入射平行激光光束直径。

入射平行激光光束直径 d 影响扫描系统的整体维度和动态属性，并受到扫描镜尺寸限制。更高激光功率或更小的焦距直径需要较大的扫描镜（和孔径）。光束入口孔径通常范围 7～70mm。入射光直径越大，能获得更小的聚焦光斑，越能承受更高功率的激光。

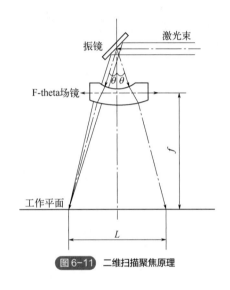

图 6-11　二维扫描聚焦原理

工作幅面较小时，F-theta 场镜一般可以满足要求。如果扩大幅面，需要增大场镜焦距，保持输入平行光直径不变的情况下，聚焦光斑直径增大，则降低功率密度。另外，大幅面 F-theta 场镜制造难度及成本都较高，很难满足应用要求，这也是大多数激光选区熔化加工大件受限的主要原因。

扫描幅面较大时，一般使用三维动态聚焦扫描方式，如图 6-10（b）所示，焦距长度较长，动态聚焦系统由一个可移动的聚焦镜和一个静止的聚焦物镜组成，当移动镜头静止不动时，激光束经过扫描系统后的聚焦面为一个球面，如果以工作面中心为聚焦面与工作面的相切点，则越远离工作面中心，工作面上扫描点的离焦误差越大。为了保持焦距到工作面上的光斑大小一致，在扫描的过程中，只有通过实时改变镜头的位置调节焦距，通过物镜放大聚焦镜的调节作用。移动镜头需要快速精确地实时响应。

（3）准直及扩束

光纤准直器可以将光纤输出端的发散光经由内部的组合透镜转变成准直光（平行光），如图 6-12 所示。选择准直器要考虑的性能指标有激光波长、激光功率、发散角、输出光斑直径（1～5mm）。

根据式（6-13），为了得到合适的聚焦光斑以及扫描

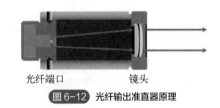

光纤端口　　　　镜头

图 6-12　光纤输出准直器原理

一定大小的工作面，通常选择合适的焦距 f 以及入射平行激光光束直径 d。通常进入扫描振镜的平行激光光束需要扩束，以降低激光束的功率密度，特别是对反射镜的损伤，从而减小激光束对光学组件的热应力，有利于保护光路上的光学组件。激光扩束后，其束散角被压缩，减小了激光的衍射，能够获得较小的聚焦光斑。

6.2.3 成型主机

　　成型主机包括供粉机构、铺粉机构、成型缸、粉末回收机构、密封箱体等。扫描振镜安装在成型缸正上方。由铺粉机构将供粉机构送出的金属粉末以一定的厚度均匀铺在成型缸上平面，扫描振镜将聚焦后的激光束按规划扫描路径将成型缸上平面的粉末直接熔化，该层熔化完毕后成型缸下降一个层厚，铺粉机构再一次将粉末铺在成型缸上方，不断循环直至完成整个零件的制造。供粉机械形式决定了成型主机的结构形式。采用粉末从下向上供料的粉末缸与成型缸并排构成双缸式成型主机，为了保证供粉充足，供粉缸体积要大于成型缸体积，成型室空间较大，结构不紧凑，如图 6-7 所示；采用粉末从上向下的上供粉与成型缸形成单缸结构，粉末仓在上，这种主机结构紧凑，铺粉行程缩短一半，缩短了铺粉时间，如果成型过程中粉末不足，可以通过上方的粉末料舱及时补充，原理如图 6-13 所示。

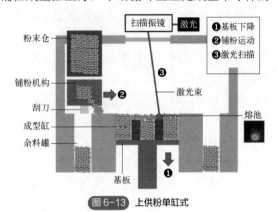

图 6-13 上供粉单缸式

　　图 6-14 为华南理工大学杨永强教授设计的双供料铺粉系统，能实现两种粉料的铺粉，上送粉储料仓储存从上而下的供料仓提供的定量粉末，供粉缸提供由下而上的送粉，通过直线移动模组带动铺粉机构上安装的柔性刮刀实现铺粉。

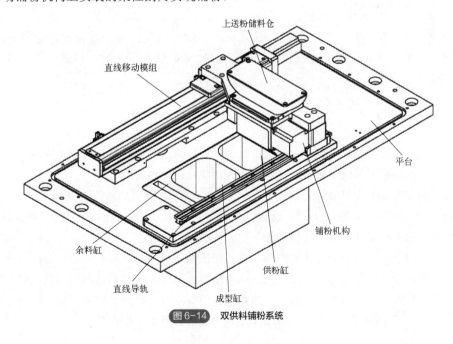

图 6-14 双供料铺粉系统

铺粉是粉末床激光熔融成型过程一个重要的步骤，铺粉装置也是粉末床激光熔融成型设备的关键部件。铺粉装置必须能够将粉末平整、紧实、均匀地铺在成型缸上面，保证成型过程流畅。在 SLM 实际制造过程中，尽管理论上粉末层的厚度应是处处相等的，粉末熔凝后的平面也应是处于同一水平面，实际上由于加工过程中瞬时条件的变化，扫描区域表面并不是完全的一个平面，甚至可能成型件表面的凸起部分远超过铺粉厚度，造成铺粉装置与成型件之间的碰撞，铺粉装置除了要获得平整、均匀、紧实的粉末层，还需要保证铺粉装置不会破坏已成型的零件。金属选区激光熔化技术的铺粉方式主要有两种：刚性刮刀和柔性硅胶条刮刀铺粉。

6.2.4　气氛循环净化系统

激光选区熔化成型过程中密封成型室内气体环境的控制非常重要，其中关键指标为氧含量、气压、金属粉尘颗粒浓度。氧含量直接关系到成型金属零件的成型质量，对金属零件的综合性能有着很大的影响。激光选区熔化的成型室内需要维持很低的氧含量，以防止成型中金属零件被氧化，影响零件性能。

在成型加工前，通过"洗气"的方式，将密封成型室内氧含量降低到一定水平，然后通过循环净化系统将氧含量降低到工作需要的参数，才能开启成型加工。

在成型过程中，不锈钢粉末（新粉、旧粉）、纯钛粉末分别在氮气和氩气保护条件下进行成型，激光与粉末发生作用瞬间会产生黑烟。黑烟污染透光镜片后对激光选区熔化的成型效率和成型件质量等方面影响很大。如果缺少气氛循环净化系统，黑烟很快使透光镜片黏上一层黑烟粉末，导致激光透过镜片时功率衰减严重，镜片很快发热、发烫直到爆裂。黑烟对透光镜片的污染，导致激光入射到粉床表面的功率不足，粉末熔化不充分，进而导致成型件质量差，影响激光选区熔化成型过程的稳定性，导致飞溅的产生，而飞溅是成型件表面嵌入物的主要来源，最终使成型力学性能大大下降，甚至无法完成打印工作。因此成型过程中应及时将飞溅、黑烟等污染物通过气氛循环净化系统过滤净化，减少成型件中的杂质含量，提高成型质量。成型腔内气氛通过过滤装置后，黑烟与汽化产物被过滤掉，得到洁净的气体后再通入成型腔内。密封成型室内应该维持 10kPa 的低正压环境，以保证外界氧气不能渗入密封成型室内。

6.2.5　控制系统

激光选区熔化控制系统控制着整个加工过程，控制系统的好坏将影响加工速度、加工精度和加工效率，并直接影响成型质量，是激光选区熔化设备的核心。

设备控制系统以工控机 IPC 为核心，一方面能处理较大的信息量，另一方面可扩展性较强。如图 6-15 所示，系统分为应用层、系统层和硬件层，应用层将路径规划软件与控制软件结合，需要具有良好的人机交互界面、便捷的加工控制功能。

控制难点在于要协调各个硬件之间的关系，保证系统安全稳定运行。激光选区熔化控制系统的控制对象主要有激光光路系统和机械传动系统两大部分，通过对这两部分的控制，实现激光选区熔化控制系统的功能要求。激光光路系统的控制主要包括激光器和振镜的控制，机械传动系统的控制主要包括工作平台的升降动作控制和铺粉装置的动作控制。

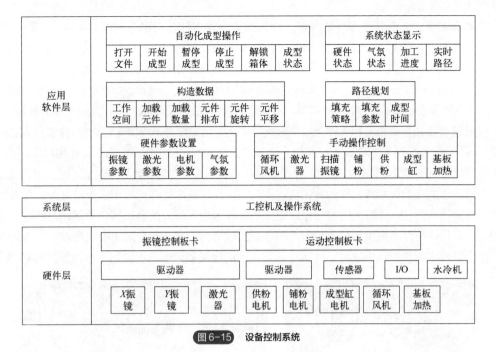

图6-15 设备控制系统

控制系统主要包括以下功能：

① 系统初始化，状态信息处理，故障诊断和实现人机交互功能。

② 对电机系统进行各种控制，提供对成型缸、供粉缸和铺粉装置的运动控制。

③ 扫描振镜控制，设置扫描运动、扫描延时等。

④ 设置自动成型参数，如调整激光功率、加工层厚等。

⑤ 基板加热温度控制。

⑥ 气氛环境控制。

6.3 工艺过程

激光选区熔化是金属粉末在高能量密度激光作用下快速熔凝，要获得满足功能要求的零件，需要考虑金属材料的特性、成型过程工艺参数、满足工艺要求的零件特征设计、路径规划以及后处理等。

6.3.1 工艺材料

激光增材制造材料主要有钛合金（Ti-6Al-4V）、镍基高温合金（Inconel718、Inconel625）、马氏体不锈钢金（316L、H13）、铝合金（AlSi10Mg）、钴铬合金（Co-Cr-Mo），制造工艺较成熟，主要是由于钛及钛合金、铁基合金、镍基合金等材料对激光波长1064nm的激光吸收率较高，能制造出合格的零件。

（1）激光选区熔化金属材料的特点

金属粉末是激光选区熔化的加工对象，目前只有少部分金属能用激光选区熔化进行增材制造。金属粉末对激光的吸收率极其关键，金属粉末中含有的各项组分对激光的吸收不同，金属材料对激光的反射率增加，则吸收率下降。例如，铜为高反射材料，对1064nm波长的激光吸收率较低，如果能量输入不足则成型件质量较差；而铜对绿光波长（515nm）的吸收率高达40%，是传统近红外（1064nm）的8倍以上。另外，金属的热物理特性包括熔点、沸点、熔化热、汽化热、辐射率、热导率、热胀系数、原子结构、电阻率等，特别是金属的电阻率影响成型过程及成型件的性能。

通常情况下预合金粉末和单质金属粉末成型件性能比混合粉末成型件性能好。将多种成分的粉末颗粒均匀混合的混合粉末在铺粉时产生分离作用，在激光扫描过程中，由于热作用程度不相同，一部分熔化而另一部分未熔化，成型件存在成分不均匀现象，容易出现断层，影响成型件性能。

金属粉末的形貌影响成型件的致密度。不规则的颗粒粉末比球形粉末的流动性差，粉末的流动性影响铺粉均匀性，铺粉不均匀会导致激光扫描区域内各部分的金属熔化量不均，熔池发展不均匀，进而使成型件的组织结构不均匀，即部分区域结构致密，部分区域出现孔隙。水雾化工艺生产的金属粉末颗粒形状不规则，气雾化工艺生产的金属颗粒形状均匀为球形，如图6-16所示。

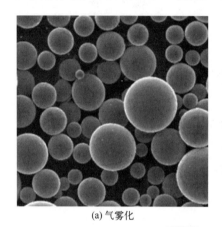
(a) 气雾化

(b) 水雾化

图6-16 316L不锈钢粉末微观形貌

激光选区熔化使用中小功率光纤激光器，金属粉末的粒度及分布和粉末的颗粒形状共同决定了粉末的松装密度。松装密度对激光选区熔化成型有直接影响，松装密度越高，成型件致密度越高。小粒度可以提高松装密度，而单一的粉末粒度不利于提高松装密度。对于球形粉末，其堆积密度小，需要粗细粉末搭配，粉末粒度呈高斯分布最有利于提高松装密度，如图6-17所示。

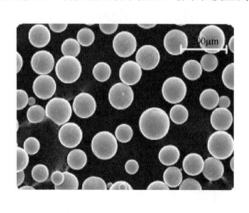

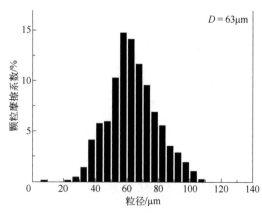

图6-17 Ti-6AL-4V粉末粒度分布

（2）激光选区熔化材料分类

随着激光选区熔化不断发展以及激光与金属材料之间相互作用研究的深入，开发出适用激光选区熔化的金属粉末种类逐渐增多，具有比较成熟工艺的金属粉末有钛及钛合金、镍基高温合金、钴铬合金、不锈钢、模具钢等材料。

① 纯钛。纯钛在常温时是一种银白色金属，原子量为47.90，具有较高的熔点（1668℃），密度为4.506g/cm³。主要特点是密度小、机械强度大、容易加工。钛作为结构材料具有良好的力学性能，钛中杂质的存在显著影响钛的物理、化学、力学性能和耐腐蚀性能。特别是一些间隙杂质，它们可以使钛晶格发生畸变，从而影响钛的各种性能。纯钛是无磁性金属，在很大的磁场中也难以被磁化，无毒且与人体组织及血液有好的相容性，所以被医疗界采用。粉末钛在空气中可引起自燃。常温下钛的化学活性很小，能与氢氟酸等少数几种物质发生反应，但温度增加时钛的活性迅速增加，特别是在高温下钛可与许多物质发生剧烈反应。钛有良好的抗腐蚀性能，不受大气和海水的影响。

② Ti-6AL-4V（TC4）。是典型的α+β两相高温钛合金，也是目前最典型、研究最为深入的一种钛合金。与不锈钢、钴铬合金等材料相比，TC4具有比强度高、耐腐蚀性好、生物相容性好等优点，在航空航天、生物医学等高端制造领域得到广泛应用。

③ 镍基高温合金。是航空航天领域重要的增材制造类材料，具有熔点高、强度高、耐腐蚀、抗氧化性强等显著特点，特别适用于涡轮叶片、发动机燃油喷头等具有复杂外形结构或复杂内腔的金属零件。比较成熟的材料有K4202，Inconel 718，Inconel 738LC，Inconel 625，Hastelloy X等。

④ CoCr合金。具有良好的力学性能、生物相容性以及耐腐蚀性，在口腔医疗领域应用广泛。CoCr合金作为医用牙科材料，可以修复牙体、牙列缺损等。

⑤ 不锈钢。是金属3D打印中最早研究的材料。316L不锈钢是典型的奥氏体不锈钢，力学性能较好，结构强度也较高，并且具有较好的耐磨性、耐腐蚀性和亲水性，粉末成型性好，制备简单、来源广泛。然而，316L不锈钢在SLM成型过程中，存在孔洞、裂纹等缺陷，并且强度不足以达到理想状态。

⑥ 模具钢。是制造冷冲压模、热锻模和压铸模的钢种。模具质量直接影响产品质量、精度以及生产成本。激光选区熔化增材制造具有复杂型腔结构的模具有着巨大的优势。目前激光选区熔化技术模具钢的应用主要有18Ni300马氏体时效钢、H13热作模具钢、S136模具钢等。

⑦ 铝合金。铝的密度为2.7g/cm³，属于轻金属。它非常适合加工用于具有复杂几何形状的薄壁部件。铝也表现出良好的导电性。由于其强度低，它首先用于合金中，目前最常见的合金为AlSi10Mg。典型的合金添加剂是硅、镁、铜或锰。在合金形式中，铝用于生产具有高强度和高动态负载能力的部件，这些部件最适合用于航空航天工程和汽车工业等领域。铝合金部件呈现出均匀、几乎无孔的纹理，从而力学特性值处于材料规格的范围内。通过随后的后处理，如硬化、热处理或热等静压（HIP），可以调整组织性能以满足特定要求。

对于铜、铜合金、贵金属等金属材料的增材制造，德国通快（TRUMPF）公司采用515nm绿光打印纯铜的致密度超过99.95%。目前，已经突破了用粉末床激光熔融技术对极高激光反射率的铜合金、高熔点金属钨和脆性较大的金属间化合物等材料的加工。

6.3.2 成型过程

（1）工艺参数

激光选区熔化成型是基于线—面—体的成型方式，成型件的性能取决于每道、每层的成型质量。在激光选区熔化成型过程中，因激光作用于金属粉末的时间不同，所以具有不同的成型轨迹。成型轨迹包括连续直线形、非连续直线形和非连续球形。对成型质量影响最大的工艺参数是激光功率 P、光斑直径 d、扫描速度 v、扫描间距 $\varDelta$、搭接率 η、层厚 δ。

① 激光功率 P 与扫描速度 v。单道成型是激光选区熔化的最基础单元，影响单道熔道成型质量的主要工艺参数是激光功率与扫描速度。激光能量输入高，容易获得光滑、连续的单道熔道，但过高的功率密度会使材料汽化，减少熔池内的材料；激光能量输入过低，不能熔化更多粉末，容易出现不连续断裂和球化现象。在实际加工中单道成型常采用能量输入值计算，即

$$Q_0 = \frac{4P}{\pi d^2 v_0} \tag{6-14}$$

式中　P——激光功率；

　　　d——光斑直径；

　　　v_0——单道激光扫描速度。

② 扫描间距 $\varDelta$。单道成型过程中，除了激光功率与扫描速度两个工艺参数外，还要考虑相邻两条熔道之间周期性搭接熔合。扫描间距决定了两条熔道之间的结合质量、致密度、孔隙、表面粗糙度等。如图 6-18 所示，AC 与 DF 分别是两相邻熔道的宽度，扫描间距小于熔道宽度，相邻熔道间存在一部分共有区域，熔道搭接率为

$$\eta = \frac{D - \varDelta}{D} \times 100\% \tag{6-15}$$

式中　D——熔池宽度；

　　　$\varDelta$——扫描间距。

激光扫描间距的大小影响激光传输给粉末的能量分布，当扫描间距约等于激光光斑直径时，熔道叠加后，能够保证激光能量叠加后也分布均匀。

多道搭接扫描时由于存在搭接率，前一道熔道对后一道熔池的热影响不可忽略，修正输入能量为

$$Q_1 = \frac{4P}{\pi d^2 v_1}(1 + \beta) \tag{6-16}$$

式中　v_1——其余激光扫描速度；

　　　β——熔道搭接热量累积因子。

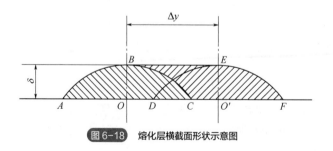

图 6-18　熔化层横截面形状示意图

在实际成型过程中，由于多道搭接热积累，通常激光功率 P 保持不变，提高扫描速度减小激光能量输入，即 $v_1 = (1+\beta)v_0$，则 β 可表示为

$$\beta = \frac{v_1 - v_0}{v_1} \qquad (6\text{-}17)$$

其值大小与搭接率 η 密切相关。可以定义 $\beta = \chi\eta$，χ 定义为不同搭接率的热影响系数。

③ 铺粉层厚 δ。多层叠加成型过程中，因堆积实体零件时成型条件比较复杂，多层叠加成型比单道熔道或多道熔道搭接成型更加困难。输入能量不断积累，能量输入不仅与激光功率、扫描速度有关，成型精度还与铺粉层厚设定、扫描策略相关。金属粉末一般采用 $400\sim500$ 目❶，相对密度约为相应实体材料的 45%，金属粉末受高能量激光辐照熔化后凝固，从松装状态变到致密状态的过程必然在 X、Y、Z 轴方向产生体积收缩，致使 SLM 的每一层加工结束后，凝固层上表面的高度要低于熔化前粉层的上表面高度，对凝固层上表面进行铺粉时，实际铺粉厚度要大于设定粉层层厚（软件切片厚度），实际粉末层厚 δ_n 为

$$\delta_n = \delta\frac{\rho_m}{\rho_1} \qquad (6\text{-}18)$$

式中 δ——设定层厚（切片厚度）；

ρ_m——金属实体标准密度；

ρ_1——对应粉末的松装密度。

由于激光选区熔化成型过程存在收缩现象，导致实际铺粉层厚大于切片设定厚度。铺粉层厚对成型效率及成型质量具有极其重要的影响。铺粉层厚大意味着总层数减少，能够提高成型效率；但受激光器功率、成型件几何结构等限制，过大层厚会导致粉末熔化不充分，从而降低致密度、成型精度以及成型件的力学性能。

（2）扫描策略

激光选区熔化成型过程就是激光沿扫描线填充的过程，成型温度场和材料的状态随扫描路径动态变化。激光束扫描移动方式会影响成型过程中温度梯度和温度场分布情况，从而产生热应力，使零件产生变形和出现残余应力，影响成型件的精度、强度和综合力学性能。合适的激光扫描路径有助于成型时热应力的释放，减少残余热应力的出现。

① 层内扫描策略。经过分层切片数据处理后，每层获得轮廓数据，对轮廓线包括的区域进行扫描线填充，基本扫描填充方式有平行线填充、轮廓线填充、螺旋线填充，如图 6-19 所示。轮廓扫描和螺旋线扫描可从内向外扫描，也可以从外向内扫描。在平行线扫描中，扫描线越长，残余应力越大，通常采用短边扫描，如图 6-20（a）所示，分区正交扫描方式，如图 6-20（b）所示。对于具有内轮廓等复杂的图案，则采用分区平行线与轮廓线混合扫描填充策略，如图 6-21 所示。

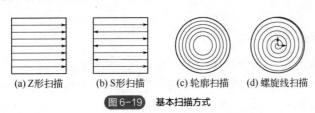

(a) Z形扫描　　(b) S形扫描　　(c) 轮廓扫描　　(d) 螺旋线扫描

图 6-19　基本扫描方式

---

❶ 目，粉末颗粒大小的表示单位，以 1in（25.4mm）宽度的筛网内的筛孔数表示。

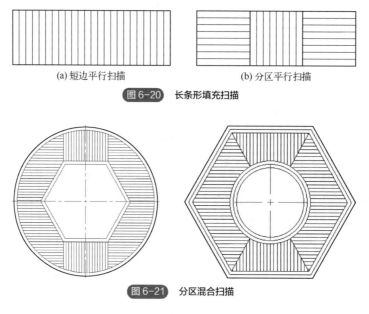

(a) 短边平行扫描　　　　　　　(b) 分区平行扫描

图 6-20　长条形填充扫描

图 6-21　分区混合扫描

② 层间扫描策略。为了保证上下两层结合致密度，采用如图 6-22 所示扫描策略。

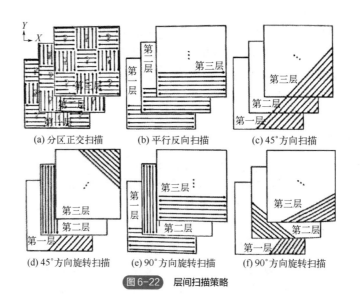

(a) 分区正交扫描　　　(b) 平行反向扫描　　　(c) 45°方向扫描

(d) 45°方向旋转扫描　　(e) 90°方向旋转扫描　　(f) 90°方向旋转扫描

图 6-22　层间扫描策略

6.3.3　性能分析及后处理

（1）致密度与孔隙率

致密度是衡量激光选区熔化增材制造零件质量极其重要的指标之一，它决定了零件是否可以实际应用，影响着零件的力学性能以及物理化学性能。孔隙率是与致密度相对应的另一个指标，两者之间一般呈负相关关系，提高零件的致密度则可以显著降低零件的孔隙率。

SLM 过程的致密化机制极其复杂。当激光束扫描金属粉末以后，激光束的能量迅速被金属粉末吸收，导致金属粉末的温度迅速提高，超过熔点后熔化。此时，熔体内部产生较高的温度梯度和表面张力，在表面张力的驱动下，扫描线相互搭接与熔体的润湿性决定了表面形貌；而每一层表面形貌将随之影响下一层粉末的铺展，最终影响 SLM 的致密化。

SLM 过程的球化现象是孔隙形成的一个最主要原因。球化是由于熔化的金属材料在液体与周边介质的界面张力作用下，试图将金属液体表面形状向具有最小表面积的球形表面转变，以使液体及周边介质所构成的系统具有最小自由能的一种现象。球化会使大量孔隙存在于成型组织中，显著降低致密度，并使成型材料表面粗糙度增大，尺寸精度降低。在成型过程中，成型材料表面的球化效应导致下一层粉末无法铺放或铺粉厚度不均，使成型过程失败。

裂纹的产生也是 SLM 成型件孔隙形成的一个原因。SLM 是一个快速熔化-凝固的过程，熔化具有较高的温度梯度和冷却速度，这个过程在很短的时间内瞬间发生，将产生热应力和组织应力。受热不均匀是产生热应力的主要原因，是产生裂纹的主要因素。当 SLM 制件内部应力超过材料的屈服强度时，产生裂纹以释放热应力。微裂纹的存在会降低零件的力学性能，损害零件的质量并限制实际应用。通过热等静压（HIP）处理，能够消除 SLM 成型件内部的微裂纹，孔隙得到闭合，并大幅提升力学性能。

气孔的形成也是 SLM 成型件孔隙形成的一个方面。粉末铺在基板上，在粉末形成熔体过程中，部分气体来不及逸出就凝固在成型件内，形成球形孔隙。合理控制 SLM 工艺，可以调控气泡数量。降低扫描速度会增加熔化时间，提高熔化温度，降低表面张力，从而降低气孔数量，以提高致密度。

即使激光热线为连续体，不产生球化，扫描线未紧密搭接，仍然可能形成孔隙。可以通过人为设计孔隙，制造多孔金属材料。多孔金属材料具有密度小、比表面积大、散热性好、吸声性好、透过性优异、吸波等优异性能，用于过滤、消音、热交换、含能、电化学、生物医用等方面所需要的复杂零件。

影响增材制造零件致密度的因素有很多，除了设备、材料、人为以及环境因素外，最主要的因素还有激光功率、扫描速度、扫描间距、铺粉层厚及扫描策略等。通过优化上述工艺参数可以获得高致密度甚至接近 100% 全致密的增材制造零件。目前致密度的测量方法较多，主要有阿基米德排水法、横截面微观分析法以及 X 射线扫描法等。SLM 成型缺陷严重影响成型件的致密度，如图 6-23 所示。

(a) 夹带气体形成的　　(b) 圆形气孔引起　　(c) 能量过大引起的缺陷　　(d) 熔体凝固不连续
　　近圆形孔隙　　　　的疲劳裂纹

(e) 熔合不全　　　　(f) 熔合不全　　　(g) 熔合不全引起疲劳　　(h) 球化现象
　　　　　　　　　　　　　　　　　　　裂纹萌生

图 6-23

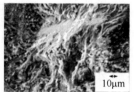

(i) α相疲劳裂纹萌生　　　　(j) α相疲劳裂纹萌生

 图 6-23　SLM 成型件中缺陷

（2）成型力学性能

激光选区熔化成型技术的一个重要优势是可以制造出完全致密的金属零件，用于实际应用，其力学性能达到或超过传统制造的零件。对激光选区熔化成型不同材料标准拉伸试样进行拉伸性能检测，根据 ISO6892-1 B10，采用直径为 5mm，标距长度为 20mm 的拉伸试样，表 6-2～表 6-4 为 EOS 公司部分材料成型试样的力学性能参数，试样通过水平放置和垂直放置两种方式成型，并进行了热处理前后的测试。

表 6-2　Ti-6Al-4V 和 IN625 力学性能参数

材料		Ti-6Al-4V		IN625	
热处理		前	后	前	后
铺粉层厚		$60\mu m$		$40\mu m$	
成型体积率		$9.0mm^3/s$		$4.2mm^3/s$	
屈服强度 $R_{p0.2}/MPa$	垂直	1169	1032	611	606
	水平	1147	1017	750	692
拉伸强度 R_m/MPa	垂直	1287	1120	852	862
	水平	1311	1125	1030	1041
断裂延伸率/%	垂直	10	14.6	48.2	52.1
	水平	6.6	12.7	32.9	35.6

表 6-3　MS1 和 AlSi10Mg 力学性能参数

材料		MS1		AlSi10Mg	
热处理		前	后	前	后
铺粉层厚		$50\mu m$		$3\mu m$	
成型体积率		$5.5mm^3/s$		$5.1mm^3/s$	
屈服强度 $R_{p0.2}/MPa$	垂直	860	1100	230	250
	水平	980	1200	270	260
拉伸强度 R_m/MPa	垂直	1990	2110	460	310
	水平	2040	2120	450	320
断裂延伸率/%	垂直	12	3	6.3	11
	水平	13	4	10.2	11

表6-4 316L和20MnCr5力学性能参数

材料		316L		20MnCr5	
热处理		前	后	前	后
铺粉层厚		50μm		40μm	
成型体积率		5.5mm³/s		3.84mm³/s	
屈服强度 $R_{p0.2}$/MPa	垂直		480		1265
	水平		540		1265
拉伸强度 R_m/MPa	垂直		570		1480
	水平		640		1480
断裂延伸率/%	垂直		51		9
	水平		40		9

Ti-6Al-4V 试样热处理：在真空炉中进行热处理，真空度 $1.3×10^3$～$1.3×10^5$mbar，在 800℃ (±10℃)，120min(±30min)保温，之后在真空炉中冷却。

IN625 试样热处理：退火处理 1h，温度 870℃，然后迅速冷却。

MS1 试样热处理：固溶处理温度 940℃，时间 2h，然后空气中冷却到室温；边缘硬化则 6h，490℃，然后空气中冷却。

AlSi0Mg 试样热处理：固溶退火 30min，530℃，水淬；人工老化 6h，165℃，在空气中冷却。

20MnCr5 试样热处理，淬火处理：保持 30min，840～870℃，然后水淬或油淬；回火处理：160℃～200℃，2h，然后在空气中冷却；

316L 试样热处理应力消除：保温温度 900℃，保温时间至少 2h，彻底加热，水淬；固溶退火：保温温度 1150℃，保温彻底加热时至少 1.5h，水淬火。

（3）零件几何特征的成型精度

目前，增材制造成型精度主要集中在对形状精度、尺寸精度和表面粗糙度的研究上。形状精度是指成型零件表面的实际几何形状符合程度，在增材制造中主要表现为成型零件受残余应力影响的局部变形，包括翘曲、扭曲变形、椭圆度误差和局部缺陷等。尺寸精度研究成型零件的几何尺寸和设计尺寸之间的匹配度，除了受设备精度影响外，还受材料的收缩效应、光斑尺寸效应以及数据处理精度等影响。表面粗糙度是指成型零件的表面具有的较小间隙和微小峰谷的不平度，主要由增材制造过程中的球化、料末黏附、飞溅、挂渣以及相邻熔道和层间无法圆滑过渡引起。机械零件特征结构对形状精度、尺寸精度及表面粗糙度具有重要影响。

尽管机械零件的种类众多、形状各异，但是零件的基本组成特征就是面、柱、孔、角度、球体、间隙等，这些特征构成了零件的基本元素。SLM 技术能否成型机械零件的关键因素就是能否成型这些典型结构特征以及在什么样的工艺条件下可以成型。通过成型薄板、尖角、圆柱体、圆孔、方孔、球体和间隙等各种典型几何特征，如图 6-24 所示，观察这些几何特征的成型情况来考察 SLM 技术的加工能力。

① 薄板最小壁厚。

SLM 单道多层扫描成型可获得最小壁厚几何特征。最小壁厚与激光光斑大小、激光功率、扫描速度、铺粉方向相关。相同激光功率，单道扫描成型轨迹宽度随扫描速度的增加而减小；

相同扫描速度，单道扫描成型轨迹宽度随激光功率的增加而增加。薄板厚度的绝对误差随薄板厚度增大而增大，但相对误差随薄板厚度增大而减小，故薄板越厚成型精度越高。实验将厚度 0.05~0.5mm（步进为 0.05mm）的 10 块薄板沿铺粉方向（X 方向）、垂直于铺粉方向（Y 方向）和与铺粉方向成 45°共 3 个方向放置，如图 6-25 所示。当薄板沿铺粉方向放置时，成型精度最高，整体误差最小。设计最小壁厚小于激光光斑时，实际成型尺寸受激光光斑直径的限制而保持为一个稳定值，实际成型宽度大于激光光斑。

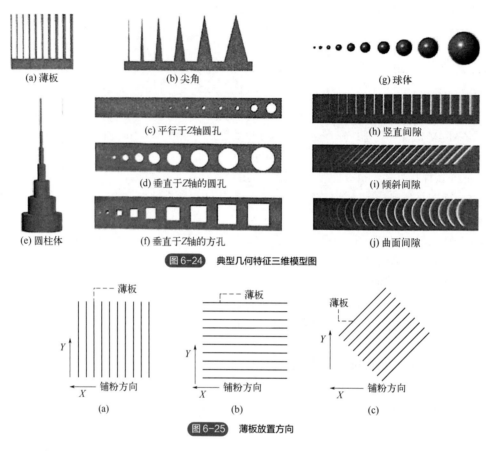

(a) 薄板　　(b) 尖角　　(g) 球体

(c) 平行于Z轴圆孔　　(h) 竖直间隙

(e) 圆柱体　　(d) 垂直于Z轴的圆孔　　(i) 倾斜间隙

(f) 垂直于Z轴的方孔　　(j) 曲面间隙

图 6-24　典型几何特征三维模型图

薄板　　薄板　　薄板

Y　　Y　　Y

铺粉方向　　铺粉方向　　铺粉方向

X　　X　　X

(a)　　(b)　　(c)

图 6-25　薄板放置方向

② 尖角。

设计角度为 2°、5°、10°、15°、20°、30°且高度为 20mm 的尖角按水平和竖直两种方式放置，水平放置比竖直放置成型尺寸精度高。产生这种现象的原因：SLM 技术基于离散/堆叠原理，采用逐层叠加的方式对零件进行成型。这一过程中，需要先沿着叠加方向将零件的模型进行分层。分层后，零件模型被分割成有限个厚度一定的切片层。切片层包含的信息仅是每一层的轮廓以及对应的实体，而切片层之间的外轮廓信息并没有计算在内。因此，在实际成型中，零件模型的外表面由若干个切片层的轮廓包络面构成，即台阶效应。如图 6-26 所示，虚线为竖直尖角原始外轮廓，实线为实际分层后得到的外轮廓是锯齿状，水平放置时，台阶效应不明显，并且可以设置外轮廓扫描成型消除台阶效应。

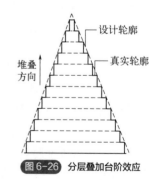

设计轮廓

真实轮廓

堆叠方向

图 6-26　分层叠加台阶效应

③ 圆柱体。

圆柱体的最小直径与激光光斑直径相关，圆柱体直径小于激光光斑直径时，不能生成填充路径。圆柱直径越大，成型精度越高。圆柱体的尺寸误差主要由轮廓误差引起，圆柱体截面扫描线填充示意图如图 6-27（a）所示，设计轮廓为圆形，用点画线表示，受扫描熔道宽度和光直径的影响，实际成型的轮廓会超出设计轮廓范围，如黑色实线所示。可以通过加入轮廓扫描减小此类误差，如图 6-27（b）所示，轮廓扫描使轮廓表面得到重熔，熔化后的材料进行重新填充，从而使轮廓表面变得圆滑。

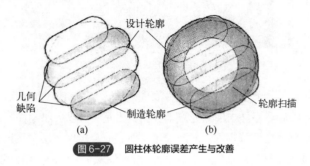

图 6-27　圆柱体轮廓误差产生与改善

④ 圆孔。

圆孔作为零件重要的几何特征，通过 SLM 技术成型，有两种成型方式：圆孔轴向与 XY 平面垂直以及圆孔轴向与 XY 平面平行，如图 6-28 所示。当圆孔轴向与 XY 平面垂直时，圆孔的轮廓误差与光斑直径以及扫描线间距相关，当圆孔直径较小时，光斑直径影响较大，当圆孔直径较大时，相对误差减小；当圆孔轴向与 XY 平面平行时，圆孔的轮廓误差与粉末层厚相关，受台阶效应影响，圆孔的形状精度较差，圆孔顶部存在"挂渣"现象，且孔径越大，"挂渣"越严重。在 SLM 成型过程中，零件层与层之间领先激光穿透当前成型层，熔化上一层已经成型的部分体积，圆孔顶部的上一成型层不存在，由粉末作为支承，熔池因重力和毛细管力的作用深陷到粉末中，出现"挂渣"现象。

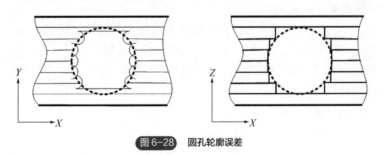

图 6-28　圆孔轮廓误差

⑤ 临界成型角度。

SLM 技术通过层与层之间的重叠搭接堆积成型，在成型具有倾斜特征的几何体时，加工层厚和倾斜角度决定了重叠搭接面的相对面积。当加工层厚一定时，悬垂面的倾斜角度越小，重叠搭接面的面积越小，悬空部分越多，悬垂面产生的悬垂物越多，从而造成型面质量差和翘曲缺陷等问题。因此，在 SLM 技术成型具有倾斜特征的几何体时存在一个临界成型角度，图 6-29 为 SLM 成型悬垂面原理。

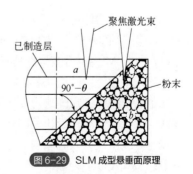

图 6-29　SLM 成型悬垂面原理

在优化工艺的基础上，设计并制作了不同倾斜角度的悬垂结构。倾斜角度从 45°减小到 25°

的悬垂结构的成型效果如图 6-30 所示。从中可以看出，倾斜角度大于等于 40° 的悬垂结构成型良好，倾斜角度小于或等于 35° 的悬垂结构出现翘曲缺陷。此外，倾斜角度越小，悬垂结构的下表面黏附粉末越多，使下表面质量比上表面的差。

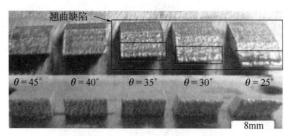

图 6-30　不同倾角悬垂结构成型效果

手工打磨、喷砂及电解抛光主要改善成型件表面的清洁度和粗糙度。喷砂处理是一种通用、迅速、高效的清理方法，喷砂后零件表面更光亮、表面更平整、可以去除零件表面黏附的粉末及氧化层。在电解抛光后，电解液会溶解零件中的凸起，零件表面会出现一层黏液层，填补零件表面的凹陷部分，从而使零件变得平整光亮。电解抛光具有生产效率高、电解液可以连续使用等优点。

6.4　应用案例

激光选区熔化技术的成型过程不受三维模型的结构限制，能够直接成型复杂形状的零件，具有精度高、成型致密度高、力学性能优异、节省材料等优点，已经应用于个性化医疗、随形冷却模具制造、复杂几何形状结构件和功能结构件制造。采用优化的激光选区熔化工艺参数和合适的后续热处理工艺，能够获得力学性能达到甚至优于传统锻造水平的钛合金、镍基高温合金、铝合金和铁基合金等金属零件。

材料、工艺的双重进步，使粉末床激光熔融技术的商业化应用成为可能，近 10 年来该技术在航空航天、生物医学（尤其是牙科）、模具等领域取得了良好的应用成果。

航空航天领域，结构复杂的航空航天部件缩短了零件的加工周期，降低了生产成本。轻量化已成为航空航天、武器装备、交通运输等领域发展的重要方向，金属 3D 打印作为先进的成型技术，实现了通过结构设计和轻质材料使用层面上达到轻量化的可行性。选区激光溶化（SLM）可直接成型镂空点阵、中空夹层、一体化等复杂轻量化结构零件，图 6-31 所示为八面体点阵结构。

空客公司基于 SLM 技术设计和制造了仿生点阵结构机舱隔板，如图 6-32 所示。在成型材料上，此隔板构件选用新型轻质高强铝合金 Scalmaolly，该合金为稀土元素钪微合金化 AL-Mg 合金，具有较低的密度（$2.67g/cm^3$）和良好的 SLM 加工工艺性能。钪元素可显著细化铝合金晶粒，故 SLM 成型合金构件具有优良的力学性能（抗拉强度约为 520MPa，延伸率约为 13%），可作为未来轻量化结构件及点阵构件的理想材料。在结构设计上，空客研发人员基于生物启迪实现了跨尺度仿生点阵结构设计，如图 6-32（c）所示，在宏观尺度上基于"黏菌自适应网络"算法实现了主体结构设计，该算法以最小的行数连接一组点并使每个点至少与两条线相连，因此在一条线出现失效时该点仍连接在整个设计结构中，可保障整体构件的结构完整性和结构强度。在微观尺度上，该构件借鉴了骨骼生长的生物灵感，完成了超过 66000 个网格的排布，实现了微观网格稠密度与应力分布相匹配，最终使跨尺度仿生点阵构件较原蜂窝复合材料隔板结构在相同冲力下（9g 重力加速度）的位移减少了 8%（9mm）。在成型工艺上，该构件采用 SLM 技术实现复杂零部件一体化高效成型，如图 6-32（d）所示，最终的机舱隔板构件由 112 个部件组装而成，相较于原蜂窝复合材料隔板构件减重 45%（30kg），从而可使空客每年减少 465000t 二氧化碳排放量，并有望批量化应用于 A320 客机。

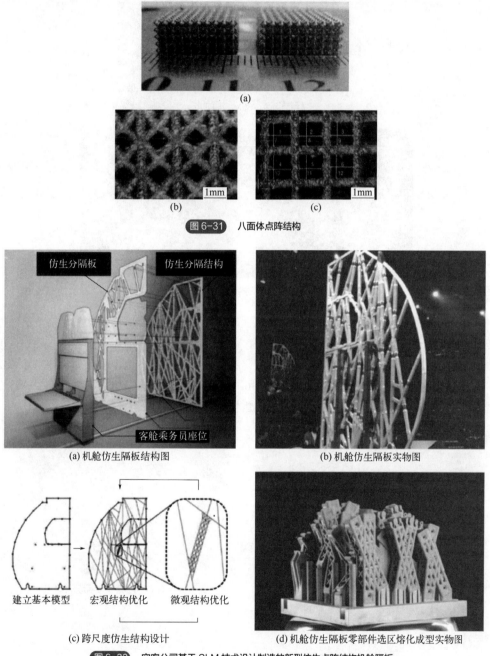

图 6-31　八面体点阵结构

(a) 机舱仿生隔板结构图

(b) 机舱仿生隔板实物图

(c) 跨尺度仿生结构设计

(d) 机舱仿生隔板零部件选区熔化成型实物图

图 6-32　空客公司基于 SLM 技术设计制造的新型仿生点阵结构机舱隔板

生物医学领域，打印牙齿、骨关节、多孔植入体满足个性化需求，如图 6-33 和图 6-34 所示，对于植入体常采用亲生物材料如钛合金，牙齿多采用 CoCr 合金材料。

图 6-33　SLM 打印牙齿

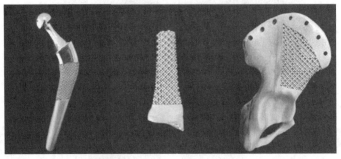

图 6-34　生物医学植入体（飞而康）

　　模具行业，带有随形冷却通道的模具嵌入件能够提高注塑零件质量，这些复杂结构的零件是传统加工技术很难完成的。对于薄壁、小型产品的模具，由于难以对浇口套采取冷却措施，主流道部分常常比产品部分更为耗费冷却时间。利用金属粉末激光造型复合加工技术，可以在浇口套内部设置冷却水路，如图 6-35 和图 6-36 所示。如果再配置专用温调机，并根据注塑机成型周期调节水流进出，将能对主流道部分实施快速有效的冷却。

图 6-35　随形冷却模具（GF）　　　　　图 6-36　SLM 打印随形冷却模具（铂力特）

本章小结

　　激光选区熔化（SLM）是最具有潜力的直接金属增材制造技术之一，基于分层叠加制造原理，通过高能量激光束逐渐熔化金属粉末成型复杂结构、高致密的金属零件。激光选区熔化技术采用中小功率光纤激光器作为能量源熔化金属粉末，金属粉末种类包括钛基、镍基、铁基、铝基粉末等。激光选区熔化加工工艺参数主要包括激光功率、激光波长、聚焦光斑直径、扫描间距、分层厚度、铺粉厚度、扫描速度、扫描路径等。不同金属粉末的加工工艺参数不同。不同金属粉末熔点不同，对不同激光波长的吸收率不同，所需激光能量不同，激光能量大小由输出激光功率、聚焦光斑直径和扫描速度确定。光斑直径影响熔池宽度、熔道之间的搭接率，从而影响成型件的成型精度、致密度等。激光选区熔化成型过程中金属粉末在激光的作用下快速熔凝，存在收缩现象，铺粉厚度大于分层厚度，这与金属标准密度和相应粉末密度相关。成型零件的致密度、孔隙率与加工工艺参数密切相关，零件的几何特征对成型件的形状精度也有影响。激光选区熔化在加工复杂结构件、多孔结构方面有着巨大优势，在航空航天、模具行业、生物医疗方面的应用最为突出。

 练习题

1. 简述激光选区熔化成型技术的工艺原理。激光与金属作用引起哪些物态变化？
2. 激光与致密金属相互作用和激光与金属粉末相互作用有什么不同？
3. 简述激光选区熔化成型技术的系统组成。对激光器有哪些要求？气氛循环净化系统的作用是什么？
4. 激光选区熔化成型 3D 打印机常用的金属粉末有哪些？
5. 激光选区熔化成型技术的主要工艺参数有哪些？有什么影响？
6. 简述激光选区化成型技术制造零件的优缺点。
7. 激光选区化成型技术后处理有哪些？
8. 激光选区熔化与激光选区烧结的区别是什么？

参考文献

[1] Milan Brandt. Laser additive manufacturing materials, design, technologies, and applications[M]. Woodhead Publishing, 2017.
[2] 杨永强, 陈杰, 宋长辉, 等. 金属零件激光选区熔化技术的现状及进展[J]. 激光与光电子学进展, 2018, 55(01):9-21.
[3] Abe F, Osakada K. A study of laser prototyping for direct manufacturing of dies from metallic powders[C]//Advanced Technology of Plasticity 1996, Vol.Ⅱ, Proceedings of the Fifth ICTP, October7-10, 1996, Columbus, pp923-926.
[4] Abe F, Yoshidome A, Osakada K, et al. Direct manufacturing of metallic model by laser rapid prototyping[J]. Int. J. Jpn, Soc. Prec. Eng. 1998, 32(3): 221-222.
[5] Abe F, Osakada K, Shiomi M, et al. The manufacturing of hard tools from metallic powders by selective laser melting[J]. Journal of Materials Processing Technology, 2001(111): 210-213.
[6] Abe F, Costa Santos E, Kitamura Y , et al. Influence of forming conditions on the titanium model in rapid prototyping with the selective laser melting process[J]. Proceedings of the Institution of Mechanical Engineers Part C Journal of Mechanical Engineering Science, 2003, 217(1): 119-126.
[7] 顾冬冬, 张红梅, 陈洪宇, 等. 航空航天高性能金属材料构件激光增材制造[J]. 中国激光, 2020, 47(05): 32-55.
[8] 史玉升, 刘锦辉, 闫春泽, 等. 粉末材料选择性激光快速成型技术及应用[M]. 北京: 科学出版社, 2012.
[9] 王迪, 杨永强, 刘洋, 等. 粉末床激光熔融技术[M]. 北京: 国防工业出版社, 2021.
[10] 王向明,苏亚东,吴斌,等.微桁架点阵结构在飞机结构/功能一体化中的应用[J]. 航空制造技术,2018,61(10):16-25.

拓展阅读

微桁架点阵结构在飞机结构/功能一体化中的应用

摘要：近几年，点阵结构技术随着 3D 打印等新兴制造技术的发展而快速发展，在结构功能一体化技术应用中表现出巨大潜力。它可作为多功能化的优良设计载体，实现承载、防热、隐身、变体等各项功能的有机融合。但一些关键技术尚待突破，目前为止尚未见增材制造点阵结构在飞机上大规模应用。结合飞机结构/功能一体化需求，对点阵结构的制造工艺、性能特点和典型应用进行了综述，并从结构设计、制造工艺、性能评价等方面对制约点阵结构工程应用的原因进行了分析讨论。

关键词：点阵结构/点阵材料；结构功能一体化；多功能结构；增材制造；优化设计

随着飞机的升级换代，结构技术正在从"面向性能"向"面向功能"转变，兼具承载与功能特性的多功能结构显得越来越重要。这类结构表现出明显的多约束、多尺度、多材料特点，导致其构型的创新度和复杂度急剧上升，点阵结构是其中的典型代表。点阵结构是传统飞机结构体系中尚不存在的构型元素，是飞机实现结构创新的典型要素之一，在飞机结构应用特别是结构功能一体化应用中具有重大潜力。

1. 战斗机结构/功能一体化需求分析

从第一架喷气式飞机诞生开始，战斗机的发展已经经历了三代，进入第四代研制阶段（美国、俄罗斯等称为第五代）。第四代战斗机以隐身、超声速巡航、超机动性和先进传感器 4 项核心指标为典型特征，不仅要求飞机的结构平台具有优良的力学特性，对其功能特性也提出了较高的要求。可以预测，后续的其他飞行器对多功能结构的需求将越来越强烈，结构功能一体化将是军用飞机结构的重要发展方向。

飞机对结构功能一体化的需求，按功能要素可分为二元一体化、三元一体化及多元一体化（图 1）。

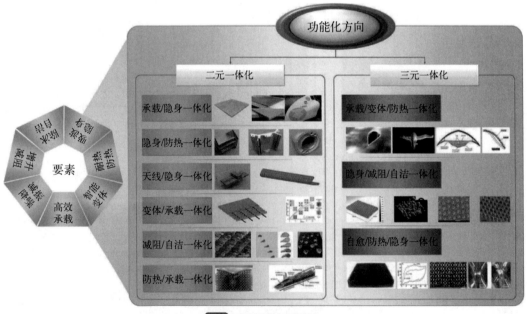

图 1　飞机主要多功能需求

二元一体化是指两种功能要素融合于结构中,这一类多功能结构复杂程度偏低,成熟度相对较高,部分结构已在工程化中实现应用,比如:隐身/防热一体化、减阻/自洁一体化、天线/隐身一体化等。三元一体化是指三种功能融合于结构中,这一类结构的功能要素偏多,结构复杂程度往往较高,技术成熟度也相对较低,目前尚未实现工程化应用,比如:承载/变体/防热一体化、隐身/减阻/自洁一体化等,目前尚不具备工程化应用成熟度,因此解决三元一体化及以上的多功能结构设计与应用将是下一步研究的重点方向。

2.点阵结构的分类与性能特征

点阵结构是多孔材料与结构体系中的重要组成部分。多孔材料与结构(图2)大体上可以分为两大类:一类是以无序为典型特征的多孔材料/结构(图3),这类材料/结构以泡沫为代表,根据它们的间隙结构还可细分为开孔泡沫材料和闭孔泡沫材料两种,开孔泡沫材料的空隙相互连通,闭孔泡沫材料的空隙则互不连通;另一类是构型有序的多孔结构(图4),按其周期性的维度可细分为二维有序多孔结构和三维有序多孔结构。点阵结构是三维有序多孔结构的一种,由周期性的点阵桁架组成,可以通过桁架单胞的构型和几何尺寸设计实现其功能性的调控。

点阵结构与宏观工程桁架结构的区别在于几何尺寸方面,点阵结构的尺寸为毫米级或微米级,远小于工程结构的相应尺寸。对不同结构或材料的点阵结构,支配其结构-形状关系的机理可能大相径庭。

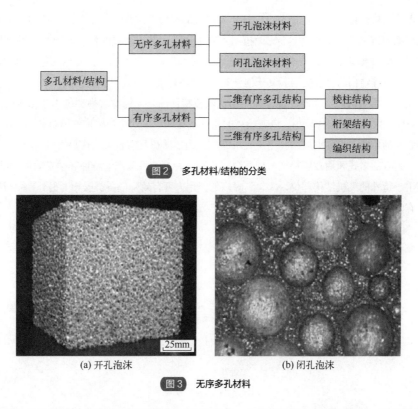

图2　多孔材料/结构的分类

(a) 开孔泡沫　　　　(b) 闭孔泡沫

图3　无序多孔材料

增材制造技术的显著特点是可以制造构型复杂的构件,点阵结构的几何构型复杂,正是增材制造发挥技术优势的最佳结构。使用选区熔化工艺的增材制造技术,可以制造绝大部分复杂构型的微桁架点阵结构(图5),并且这种加工不受结构胞元的构型影响,也不受结构的曲面复杂度影响,在微桁架点阵结构制造方面具有重大应用潜力。

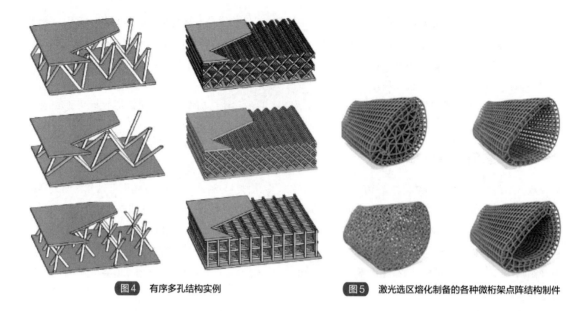

图4　有序多孔结构实例　　　　　图5　激光选区熔化制备的各种微桁架点阵结构制件

3．点阵结构的性能特征

　　微桁架点阵结构是由节点和连接节点的杆单元组成的周期性结构，每个节点连接的杆单元数目与规格决定了微桁架点阵结构的力学性能。①微桁架点阵结构每个节点连接的杆单元数必须满足拉伸主导型几何构造要求；②微桁架点阵结构的杆单元为形状规则的直杆；③微桁架点阵结构胞元规则，严格遵守周期性。微桁架点阵结构的比强度明显高于泡沫材料、蜂窝夹层材料和均质材料。

　　微桁架点阵夹层结构的主动冷却性能和热结构响应特征的胞元构型对换热能力和结构强度有较大的影响，相对密度较大、截面尺寸较小、流速较高的条件下有利于主动冷却结构的耦合传热。从轻量化、热防护以及热强度的角度，点阵夹层结构用于飞机结构的耐热防热具有较大的优势。

　　点阵结构固有的多孔和周期性特征，使其自然成为一种具有特殊声学特性和禁带效应的结构型材料。这种材料应用于特殊的飞机结构部位，能起到隔声的作用，可有效降低各类噪声。另外，微桁架点阵结构可以作为具有禁带效应的声子晶体，制成滤波或导波器件，用于声波和振动的控制。

第 7 章

激光沉积制造技术

思维导图

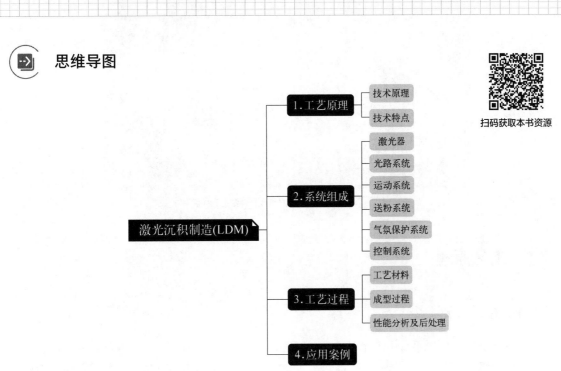

扫码获取本书资源

学习目标

（1）了解激光沉积制造原理、特点及发展历程；

（2）熟悉激光沉积制造系统组成及特点；

（3）掌握激光沉积制造基本几何特征参数、可控工艺参数；

（4）掌握激光沉积制造变形、缺陷类型及相关控制措施；

（5）了解激光沉积制造应用案例。

案例引入

激光沉积制造技术（laser deposition manufacturing, LDM）是增材制造重要技术之一，是在激光快速成型（rapid prototyping, RP）和激光熔覆（laser cladding, LC）技术的基础上发展起来的一项先进制造技术。该技术不仅可为大中型难加工金属构件的制造提供一种快速、柔性、低成本、高性能、短周期的新方法，也可以对具有较复杂形状、一定深度制造缺陷、误加工损伤或服役损伤的零件进行修复，是一项变革性的低成本、短周期、高性能、绿色、数字制造技术。图 7-1 所示为北京航空航天大学王华明院士团队采用激光沉积制造技术制造的大型钛合金主承力框，已应用于国产海空军新一代战斗机、大型运输机。想知道激光沉积制造技术如何制造金属零件吗？这种技术与激光选区熔化（SLM）有哪些区别呢？用这种技术制造的金属零件真的能用吗？通过本章的学习，你会找到答案。

图 7-1　激光沉积制造的大型钛合金主承力框

7.1　工艺原理

7.1.1　技术原理

通常激光沉积制造系统由激光器、激光加工头、多轴运动系统、送粉器系统组成。激光沉积制造技术的原理如图 7-2 所示，在高功率激光束的作用下，基板表面吸收光能局部熔化为熔池，同时金属粉末通过惰性保护气体输送，经同轴送粉头聚焦注入熔池中熔化。激光束向前移动时，熔池在液体表面张力的作用下开始随激光束移动，激光束后方的熔池由于无能量输入迅速冷却，凝固为致密的冶金结合体。激光束移动的轨迹决定了沉积层形成的轨迹，通过设计激光束运动轨迹，采用逐层累积的方式制造不同形状的零件。

激光沉积制造是以激光熔覆为基础发展起来的技术，激光熔覆技术涉及复杂的物理过程，如激光与粉末相互作用、传热、熔化、流体流动、凝固等现象，在使用高功率激光器时，还伴随蒸发和等离子体形成。激光熔覆过程中激光、粉末与基体三者之间存在着相互作用。

① 激光与粉末的相互作用。激光穿过粉末云并与粉末云相互作用，颗粒到达工件之前，在

激光的照射下，粉末颗粒吸收一部分激光能量，粉末温度升高，同时粉末颗粒云使激光能量衰减，当激光通过粉末云后，一部分激光能量被吸收和反射，其强度降低并改变了能量分布。

②　激光与基体的相互作用。经粉末吸收和反射的激光作用于基体表面，使基体熔化形成熔池，此时激光能量的大小决定了基体熔池的深度。

③　粉末与基体的相互作用。金属粉末经送粉喷嘴送出汇聚后发散，导致一部分粉末未进入金属熔池，飞溅到熔池区外的基体上，影响粉末的利用率以及熔覆质量。

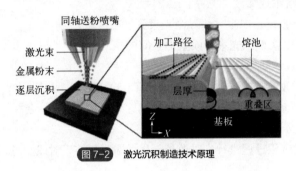

图 7-2　激光沉积制造技术原理

7.1.2　技术特点

激光沉积制造过程是一个快速熔化与快速凝固的过程，与传统加工技术（铸造、锻造、机械加工）相比，具有以下特点：

①　能够直接制造大型金属零件，制造过程柔性化程度高并且极大地缩短产品研制周期。由于摆脱了模具、专用工具和卡具的约束，能够方便地实现多品种、变批量零件加工的快速转换。它在直接制造大型复杂结构件、难加工材料方面具有明显优势，成型件只需通过少量的后续加工及热处理就可使用，去除了前期铸造、锻造等工序，省去了设计和加工模具的时间和费用，极大地缩短了大型结构件的加工周期，降低了生产成本。

②　有效提高零件力学性能和化学性能，是合金材料设计实现的重要手段，前景广阔。激光沉积制造以金属粉末为原材料，在高能激光作用下快速熔化和凝固沉积成零件，零件内部几乎完全致密，显微组织细小均匀，不但强度高、塑性高，耐蚀性能也很强，达到或超过锻件的力学性能。能够沉积多种材料的异质零件，是实现材料梯度、组织梯度和结构梯度、高熵合金材料制造最有效的制造技术之一。

③　实现功能优先的结构设计，是轻量化的重要途径。由于激光沉积制造工艺在制造过程中几乎不受模具、刀具以及工装的限制，使结构设计摆脱了制造工艺的束缚，为结构设计提供了更大的自由度，尺寸大小和复杂程度对加工难度影响较小，最大程度上实现以功能性为主导的功能优先的结构设计；可以实现结构的整体或部分整体制造，减少结构所需的部件数量，减少焊接/铆接接头等工艺结构，实现整体结构轻量化。与结构拓扑优化技术相结合，可以实现零件结构轻量化。

④　零件修复再制造。对重要的金属零件、高附加值工件、大型模具等缺损部位进行修复，恢复零件形状，修复后的零件力学性能仍然可以达到零件本体的性能，比其他修复技术更有优势，为循环经济和节约型社会提供了一种重要的技术。

⑤　真正实现制造的数字化、智能化。零件几何设计建模、分层与工艺设计、实际制造过程均在计算机控制下进行。

7.2   系统组成

激光沉积制造技术是建立在同步送粉激光熔覆技术基础之上的增材制造技术，是以高功率激光为热源，通过光路系统熔化同步送粉的金属粉末，不仅是熔覆表面一两层材料，而是要按加工路径沉积上百层或上千层，金属粉末经历快速熔化和快速凝固获得高性能高致密零件的过程。

激光沉积制造系统组成如图7-3所示。

① 激光器和光路系统：产生并传导激光束到加工区域。

② 运动执行机构：实现激光束与成型件之间的相对运动，可以由多轴数控机床或多轴工业机器人按控制指令完成运动轨迹。

③ 送粉系统：实现金属粉末物料输送，将粉末输送到熔池位置。

④ 气氛保护控制系统：保证加工区域的气氛达到一定的要求，金属材料在熔融状态容易被氧化，该保护系统是必不可少的配置。

⑤ 控制系统：对沉积过程进行实时监控，并根据监测结果对成型过程进行反馈控制，以保证成型工艺的稳定性。

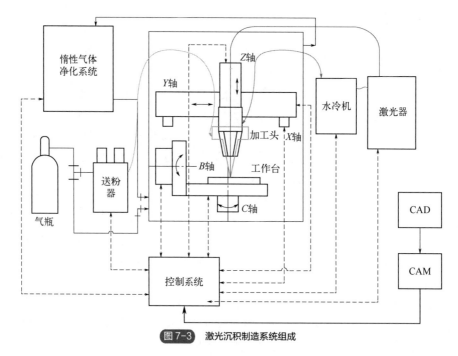

图 7-3   激光沉积制造系统组成

7.2.1   激光器

高功率激光器产生极高的功率密度和能量密度，使激光广泛应用于沉积增材制造领域。同时，激光器输出特性如激光波长、输出功率、聚焦能力、光束模式对激光沉积制造质量有重要影响。高功率激光器是激光沉积制造系统的核心组成部分之一，提供高能量密度的热源熔化金属粉末，激光束的能量越大，所产生的熔池面积就越大，金属堆积速率就越大，成型效率越高。激光沉积制造采用大功率激光器，其目的是发挥激光沉积制造能够加工大型复杂金属构件的优势，追求高成型效率。高功率激光器是随着激光加工技术的应用需要不断发展起来的，同时高功率激光器发展反过来推动并促进激光加工技术的不断改进和深入。激光沉积制造系统通常使用的高功率激光器有 CO_2 气体激光器、半导体激光器、光纤激光器、碟片激光器。

（1）高功率 CO_2 气体激光器

CO_2 激光器是工业应用最广的激光器，广泛应用于打孔、打标、切割、焊接、熔覆、淬火和热处理等。CO_2 激光器的工作物质由几种气体混合而成：CO_2 占 10%～20%、N_2 占 10%～20%，其余为 He；该激光器有连续和脉冲两种工作模式。工业应用高功率 CO_2 激光器发射出 10.6μm 波长远红外激光，其能量转换效率为 7%～10%，常见功率范围 1～8kW，商业应用激光器高达 45kW。

工业用大功率 CO_2 激光器可以分为五类：封离型 CO_2 激光器、慢速轴流 CO_2 激光器、横流 CO_2 激光器、快速轴流 CO_2 激光器以及扩散冷却型 CO_2 激光器。目前应用为第五代扩散冷却型 CO_2 激光器，其工作原理如图 7-4 所示，射频激励 5 激励 CO_2 分子在射频板条电极 9 之间以及反射镜 7 与输出耦合镜 3 之间构成的稳定-非稳谐振腔内放电，放电气体扩散所散发的热量传输到两个相距较近的电极板 9 上，然后由电极板内流动的冷却水带走。减小两电极板的间距有助于产生高功率密度激光束，且激光光束质量高。

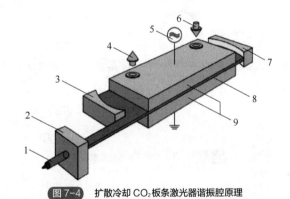

图 7-4　扩散冷却 CO_2 板条激光器谐振腔原理

1—输出激光束；2—激光光束整形；3—输出耦合镜；4，6—冷却水；5—射频激励；

7—后反射镜；8—谐振腔；9—射频板条电极

激光束从输出耦合镜 3 转向反射镜输出矩形光束，该矩形光束再通过光束整形系统变为圆形对称光斑，其光束整形原理如图 7-5 所示，输出耦合镜 3 输出矩形光束穿过金刚石窗口，再通过转向反射镜到达球面反射镜，通过空间滤光器、柱面反射镜及球面反射镜从而获得圆形光束。

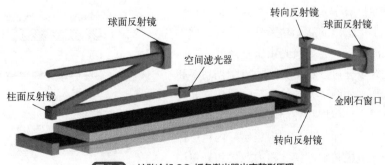

图 7-5　扩散冷却 CO_2 板条激光器光束整形原理

大功率 CO_2 激光器体积大、结构复杂、维护困难，CO_2 激光不能用光纤进行传输，需要用光学镜片组成的光学系统进行传输，柔性较差，并且在传输过程存在能量损耗；另外，金属材料对 $10.6\mu m$ 波长激光吸收率较差，但吸收率会随材料温度的升高而显著提高，液态金属材料对 CO_2 激光的吸收率会超过 50%，为保持熔池的稳定需要输入过多的能量，使成型零件内部累积过多的能量，内部产生较大的残余应力，导致零件变形较大，甚至造成零件开裂、破坏。

（2）高功率光纤激光器

光纤激光器是指以光纤作为工作物质的激光器。工作光纤主要有红宝石单晶光纤、Nd:YAG 单晶光纤、稀土掺杂光纤。掺杂稀土离子（Yb、Er、Nd、Tm）的光纤激光器是发展最快的激光器，应用于光纤通信、光纤传感、激光材料处理等领域。通常所说的光纤激光器多指这类激光器，高功率光纤激光器工作原理如图 7-6 所示。掺镱（Yb）光纤激光器输出激光波长（1070 ± 5）nm。

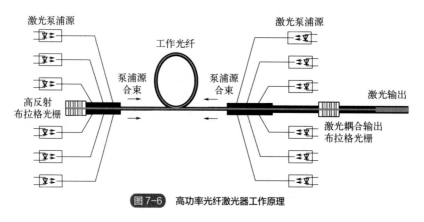

图 7-6 高功率光纤激光器工作原理

光纤激光器的工作光纤按结构分为单包层光纤和双包层光纤两种。单包层光纤激光器泵浦光源耦合到纤芯内，纤芯是掺杂稀土的光电介质材料，芯径通常为 $3\sim8\mu m$，折射率为 n_0，通常被一层纯硅玻璃包层包围，包层折射率 $n_1<n_0$。泵浦辐射和产生的激光辐射在纤芯与包层交界表面内部全反射，在纤芯内进行光传播。纤芯层既是激光工作介质又是光波导。为了减少光纤扩散，保护光纤的聚合物外涂层的折射率 $n_2>n_1$，如图 7-7（a）所示。由于纤芯芯径小，输出的激光功率受到限制。增大纤芯芯径及泵浦功率，会导致光束质量降低。

双包层光纤设计可以获得更高输出激光功率和优良的光束质量。如图 7-7（b）所示，双包层光纤由纤芯、内包层、外包层和外涂层组成。泵浦光不是直接进入到纤芯，而是耦合到内包层，内包层作为波导对泵浦光多模传输，使之在内包层和外包层

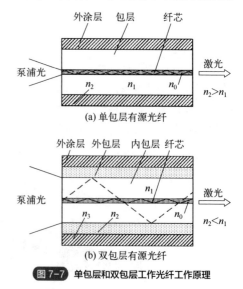

图 7-7 单包层和双包层工作光纤工作原理

之间来回反射，反射光穿过纤芯时被吸收，纤芯吸收进入的泵浦光，在纤芯内受激辐射，激光

被限制在纤芯传输，纤芯的折射率为 n_0，内包层的折射率为 n_1，外包层的折射率为 n_2。纤芯芯径为 50～200μm，内包层直径为 125～400μm。

高功率光纤激光器采用多模耦合输入泵浦激光，光纤数值孔径（NA）是多模光纤的重要参数，它表示光纤端面接收光的能力，其取值的大小要兼顾光纤接收光的能力和对模式色散的影响。入射到光纤端面的光在某个角度范围内才可被光纤传输，这就要求入射到光纤前端面上的光处于开放角 α 的内锥面，如图 7-8 所示，根据折射定律，耦合到光纤中的入射角 α 的正弦值就称为光纤的数值孔径，即

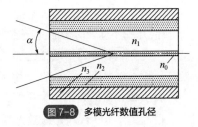

图 7-8 多模光纤数值孔径

$$NA = \sin\alpha = \sqrt{n_1^2 - n_2^2} \qquad (7\text{-}1)$$

式中，多模光纤 NA 的范围一般在 0.18～0.23，所以一般有 $\sin\alpha = \alpha$，即光纤数值孔径 $NA = \alpha$。不同厂家生产的光纤的数值孔径不同。

在任意截面内的光强按高斯函数 $\exp\left[-\dfrac{2(x^2 + y^2)}{\omega^2(z)}\right]$ 所描述的规律分布，称为高斯光束，如图 7-9 所示，在光轴方向的光强分布可表示为

$$I(x, y, z) = \frac{2P}{\pi\omega(z)} \exp\left[-\frac{2(x^2 + y^2)}{\omega^2(z)}\right] \qquad (7\text{-}2)$$

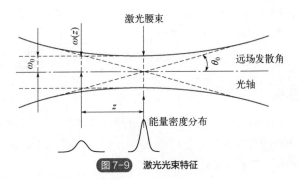

图 7-9 激光光束特征

光束质量是激光器的重要参数，激光光束质量的两种常用表达形式分别是 BPP 和 M^2。激光光束参数如图 7-9 所示，BPP（beam parameter product）是光束参数乘积，定义为束腰半径（mm）×远场发散角（mrad）

$$BPP = \omega \times \theta \qquad (7\text{-}3)$$

高斯光束的远场发散角半角：

$$\theta_0 = \frac{\lambda}{\pi\omega_0} \qquad (7\text{-}4)$$

式中 λ——激光波长；

ω_0——高斯光束聚焦焦点处腰束半径。

M^2 定义为实际光束参数乘积与基模高斯光束的光束参数乘积的比值，即

$$M^2 = \frac{\omega\theta}{\omega_0\theta_0} \qquad (7\text{-}5)$$

激光光束质量是判断激光器好坏和能否进行激光精密加工的一个关键物理量，对于多种单模输出的激光器来说，高品质的激光器通常都具有很高的光束质量，对应很小的 M^2，例如 1.05 或 1.1。在激光光束处于高斯分布或近高斯分布时，M^2 因子越接近于 1，则表明实际激光越接近于理想状态高斯激光，则光束质量越好。激光器能够在使用寿命之内都保持稳定的光束质量，M^2 数值几乎不变。对于激光精密加工而言，高质量的激光光束更有利于整形，从而进行不损伤基底、没有热效应的平顶激光加工。在实际使用中，标注激光器规格参数时，M^2 多用于固体激光器、气体激光器，而 BPP 多用于光纤激光器。BPP 越小，表示激光器的光束质量越好。

根据图 7-10 所示，光纤激光耦合输出光纤芯径为 d，可对光纤纤芯和数值孔径进行估算。对于光纤激光器，束腰半径 $\omega_0 = d/2$，$\theta \approx \sin\alpha \approx \alpha = NA$。例如，已知传输

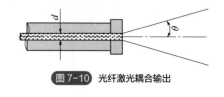

图 7-10 光纤激光耦合输出

光纤芯径为 800μm，BPP 为 48mm·mrad，则 $NA = \dfrac{48}{0.4} = 120\text{mrad} = 0.12$。

光纤激光器主要特点包括以下几个方面：

① 光纤作为波导介质，耦合效率高，纤芯直径小，纤芯内易形成高功率密度，构成的激光器具有转换效率高、激光阈值低、输出光束质量好的特点。

② 光纤具有很高的表面积与体积比，散热效果好，环境温度允许在 −20～70℃，无需庞大的水冷系统。

③ 光纤具有很好的柔性，激光器可以设计得小巧灵活、外形紧凑、体积小，易于系统集成。

④ 具有相当多的可调谐参数和选择性，例如在双包层光纤的两端直接刻写波长和透过率合适的布拉格光栅，替代由镜面反射构成的谐振腔。

⑤ 可在恶劣的环境下工作，如在高冲击、高振动、高温度、有灰尘的环境下正常工作。

（3）碟片激光器

光纤激光器工作光纤的纤芯可以看成将激活介质做成芯径非常小、长度很长的细丝，而碟片激光器则是将激光介质做成薄片状晶体，厚度为 150～300μm，直径最大可达 12mm。晶体为掺杂镱（Yb）元素的钇铝石榴石，镱的掺杂比例高达 30%，因此使一个更小的 Yb:YAG 晶体能够容纳更多的激光激活离子。图 7-11 所示为碟片式激光器的基本原理，碟片背面镀有对波长为 1030nm 激光高反射率的镀膜，并贴在冷却盘上。使用波长为 940nm 的激光二极管作为泵浦源。泵浦光在谐振腔内多次反射，碟片吸收由抛物柱面反射镜反射的泵浦光，通过输出耦合镜输出激光。

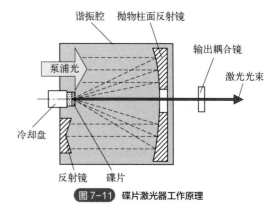

图 7-11 碟片激光器工作原理

碟片激光器具有以下优点：

① 碟片晶体设计大大减少了体积对冷却面的比率，采用一平行光泵浦，产生均匀一维热流并且与片状表面垂直，减小了热曲变，几乎没有热透镜效应（这是棒状激光器的典型特征）和热应力双折射影响，具有较高的转换率。碟片激光器采用半导体激光泵浦，光-光转换效率已经

能达到 65%，从而使整个系统的光电转换效率最高可达到 30%。

② 碟片晶体内部的温度保持恒定，实现的光束质量将大大超过棒状系统，提高光束参数积（BPP），衍射极限倍率因子 M^2 在高输出功率下接近 1。

③ 在保证泵浦功率不变的前提下，增加泵浦区域的直径可以容易地提高碟片激光器的输出功率。由于只有一维热流，光束质量不受影响。

④ Yb:YAG 激光材料中有受激吸收，能量损失小，是理想的激光活性材料，适合大功率系统。

（4）半导体激光器

半导体激光器是以半导体材料作为激光工作物质的一类激光器，这类激光器体积紧凑、容易水冷、光电转换效率超过 50%，光电转换效率远远高于其他激光器，已成为新一代全固态激光系统，并在应用领域与气体激光器、固体激光器竞争。

半导体激光器是成熟较早、进展较快的一类激光器，它的波长范围宽、制作简单、成本低、易于大量生产，并且体积小、重量轻、寿命长。半导体激光器明显向着两个方向发展，一类是以传递信息为目的的信息型激光器，在激光通信、光存储、光陀螺、激光打印、测距以及雷达等方面已经获得了广泛的应用；另一类是以提高光功率为目的的功率型激光器，用于激光切割、塑料焊接、激光熔覆、激光锡焊等材料加工。此外，在泵浦固体激光器等应用的推动下，作为光纤激光器和碟片激光器的泵浦源，高功率半导体激光器在 20 世纪 90 年代取得了突破性进展。

半导体激光器是指以半导体为工作物质的一类激光器，常用工作物质有砷化镓（GaAs）、硫化镉（CdS）、磷化铟（InP）、硫化锌（ZnS）等。大功率半导体激光器（输出功率大于 1W）的工作物质——半导体材料制作成半导体面结型二极管，当对二极管注入足够大的电流后，中间有源区中电子（带负电）与空穴（带正电）会自发复合并将多余的能量以光子的形式释放，再经过谐振腔多次反射放大后形成激光。图 7-12 所示为半导体激光器工作原理。P 型半导体和 N 型半导体结合，中间形成 PN 结，此时 PN 结中的电子与空穴数量相同。当 PN 结外加正向偏置电压，即 P 区接正极，N 区接负极，当注入 PN 结的电流足够大（如 30kA/cm²），PN 结导带中的电子多于价带中的空穴呈反转分布，当导带中的电子跃迁到价带时，多余的能量以光的形式发射出来。半导体激光器的光学谐振腔是由两个与 PN 结平面垂直的具有高反射率的镀膜光栅构成，使受激辐射光子增加，从而产生激光振荡。激励方式有电注入、电子束激励和光泵浦三种形式。半导体激光器件可分为同质结、单异质结、双异质结等几种。同质结激光器和单异质结激光器在室温下多为脉冲器件，而双异质结激光器在室温下可实现连续工作。

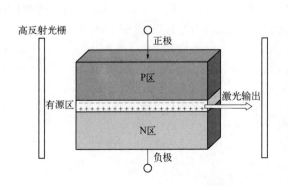
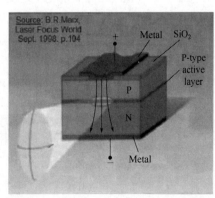

图 7-12　半导体激光器工作原理

大功率半导体激光器具有以下特点：

① 高功率半导体光电转换效率能达到40%～50%。

② 高功率半导体光束质量（*BPP*）差，激光束垂直于PN结平面的方向光束质量几乎达到衍射极限而形成高斯分布，发散角较大，光束发散非常快，通常称为"快轴"；在慢轴方向，其典型发散角在几度范围，激光无规律发散。

③ 为了获得较高的输出功率，通常将封闭的半导体激光器并行排列成一个 10mm 宽的靶条。一个靶条输出功率约 100W，通过光束整形或直接耦合到一个光纤束；在几千瓦或更高输出功率，需要使用阵列相互叠加成堆栈结构。

7.2.2 光路系统

光路系统是激光系统的重要组成部分，将激光器输出的激光束传输到激光加工头，激光加工头光路由光纤接口模块、准直镜模块、聚焦镜模块及保护镜模块组成，聚焦通常有两种方式：直接透射式［图7-13（a）］和反射聚焦式［图7-13（b）］。

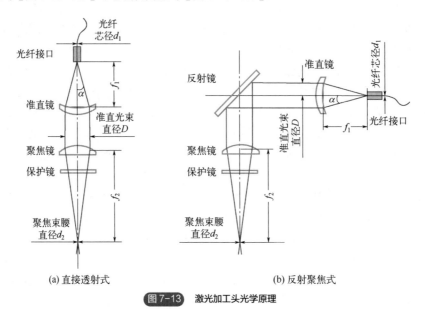

(a) 直接透射式   (b) 反射聚焦式

图7-13　激光加工头光学原理

在光学中，数值孔径是表示光学透镜性能的参数之一。当平行光线照射在透镜上，并经过透镜聚焦于焦点处时，假设从焦点到透镜边缘的仰角为 α，则取其正弦值称为该透镜的数值孔径。准直镜片大小受尺寸限制，准直光束直径 $D_{\max}$ 的大小与准直镜的焦距 f_1 以及准直镜允许的激光数值孔径（$NA \approx \alpha$）相关，由式（7-1）确定：

$$D_{\max} = 2f_1 \tan\alpha \approx 2f_1\alpha \tag{7-6}$$

根据几何光学中的聚焦原则，聚焦束腰直径 d_2 由式（7-7）估算：

$$d_2 = \frac{f_2}{f_1}d_1 \tag{7-7}$$

式中　f_1——准直镜焦距，mm；

f_2——聚焦镜焦距，mm；

d_1——输出光纤芯径，μm。

7.2.3 运动系统

运动系统是实现激光沉积制造的载体,其功能和精度直接影响激光沉积制造系统的功能和最终制造精度。激光沉积制造工艺采用的运动系统有数控机床以及多轴机器人。

(1)数控机床

三轴或五轴数控机床是激光沉积制造系统中的必备系统,其数控系统的速度和精度能够满足最基本的要求。理论上,激光沉积制造只需要一个三轴(X、Y、Z)数控机床就能实现"离散沉积"的加工要求,激光沉积制造采用激光作为加工工具,没有切削力,与铣削加工数控机床有着明显不同,运动机构设计时可以不考虑切削力的影响,采用框架单立柱悬臂梁结构,如图7-14所示,M_1为Y方向运动驱动电机,M_2为X方向驱动电机,M_{31}为Z方向运动驱动电机,若在Z方向要求较大尺寸,可以增加M_{32}使悬臂梁也在Z方向运动,通过M_{31}和M_{32}叠加扩大Z方向工作空间。如果在X方向要求较大尺寸,悬臂过长时,可以采用双立柱移动龙门式结构,Y方向再增加一套运动执行机构,保持系统稳定性。若Y方向采用双驱动时,由于跨距大,容易产生运动不同步问题。对复杂曲面构件的激光沉积制造,三轴机床无法满足实际需求,五轴数控机床能够更好地实现任意复杂形状的零件成型,即在三轴结构的基础上增加摆动轴和旋转轴。

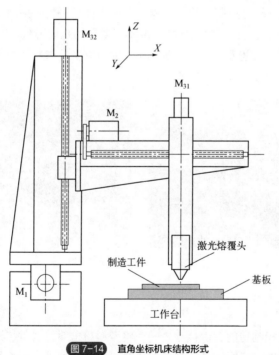

图7-14 直角坐标机床结构形式

在激光沉积增材制造中,材料受激光辐射作用容易发生氧化,运动机构需要安装在密封良好的箱体内,机床结构形式需要优化设计,在最小的箱体体积内,制造最大的工件。

激光沉积制造采用具有插补运算功能的轮廓控制机床,能够对两个或两个以上运动的位移和速度进行控制,按规定的比例关系精确地协调运动,并且控制激光的参数以及通/断命令,使激光加工头熔化金属粉末。运动执行系统通常采用伺服电机驱动滚珠丝杠带动丝母作直线运动,对于较长距离的直线运动采用齿轮齿条运动副。

（2）多轴机器人

工业机器人是工业领域的多关节机械臂或多自由度机械设备，可以由人进行操控指挥，也可以按预定程序自动执行操作。根据任务的不同，可分为点对点控制模式、连续轨迹控制模式、扭矩控制模式等几种控制方式。

① 点对点控制（PTP）：通过控制工业机器人末端执行器在工作空间内某些指定离散点的位置和姿态，从一个点移动到另一个点。这些位置数据记录在控制存储器中。PTP机器人不控制从一个点到下一个点的路径。这种控制方式的主要评价技术指标是定位精度和运动所需的时间。常见应用包括元件插入、点焊、钻孔、机器装卸和粗装配操作。

② 连续轨迹控制（CP）：实现对工业机器人末端执行机构在工作空间的连续控制，要求机器人末端机构严格按照预定的路径在一定精度范围内运动，能停驻在任何特定点处。连续轨迹控制方式的主要评价技术指标是轨迹跟踪精度和平稳性。机器人末端执行器的运动路径能按照程序设计的光滑曲线路径；也可以通过人工示教的方式，移动工业机器人末端执行器通过所需要的路径，控制单元将大量沿着路径上的单点位置存储起来。

③ 扭矩控制方式：组装、放置工件等时，除了需要准确定位外，还要求使用的力合适。系统中使用扭矩传感器，有时候还采用接近、滑移等传感器来实现自适应控制。

激光沉积制造是无切削力的制造方式，要求机器人在整个沉积过程中时刻保持高稳定性和运行精度，一般采用连续轨迹控制方式对机器人的动作进行控制。采用工业六轴机器与双轴变位机（摆动和旋转）可以不受任何限制地加工并实现复杂的几何形状，如图7-15所示，该系统是德国Fraunhofer ILT（弗劳恩霍夫激光研究所）开发的金属粉末材料与金属丝材的激光沉积制造系统，并且配置了非接触式测量装置监控增材制造的质量。

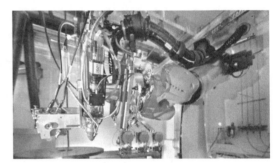

图7-15　机器人激光沉积制造系统

7.2.4　送粉系统

送粉系统是激光沉积制造的关键核心之一，将金属粉末原材料直接送入激光辐照区，送粉的均匀性、稳定性和送粉精度影响着成型件的质量，包括成型精度和性能。送粉性能不好将导致沉积薄厚不均匀，结合强度不高。送粉系统主要由送粉器、送粉喷嘴及送粉气路几部分组成。

（1）送粉器

送粉器的作用是储存和输送金属粉末。激光沉积制造过程要求能够连续均匀地输送粉末，也就是均匀的送粉速度。影响送粉速度的有粉末特性和送粉器两个方面。粉末特性方面包括粉末的粒度大小、密度、湿度等，这些因素的综合指标就是粉末的流动性。流动性好的粉末越容易得到均匀连续的粉末流。一般情况下，颗粒不太小而含水量低的球形粉末具有较好的流动性；颗粒太小的粉末相互之间容易团聚，粉末之间的摩擦力与粉末自身重力之间的比值相对较大，流动性较差；不规则形状的粉末颗粒，粉末之间接触面积显著大于球形粉末，其流动性比球形粉末要差很多。常见送粉器可以输送的粉末粒度直径为 20~250μm，送粉量误差小于 2%，重复送粉量误差小于 1%。只能使用氩气、氦气等惰性气体作为载粉气体，不能使用氧气和氢气以及其他可燃性气体。

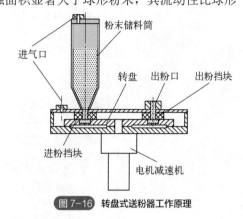

图 7-16　转盘式送粉器工作原理

目前，较为常用的送粉器主要有转盘式送粉器。如图 7-16 所示，送粉器由粉末容器组成，粉末通过重力流入旋转盘上的槽中。粉末通过气流输送到抽吸装置。插槽的尺寸与圆盘的速度控制容积式粉末进料速度。

螺杆式送粉器如图 7-17 所示，它主要由粉末储存仓斗、螺杆、振动器等组成。把细粉、超细粉料从储料仓或漏斗中定量、连续地输送出去。为了使粉末充满螺纹间隙，粉末储存仓斗底部加有振动筛分网，不同网孔大小可处理不同粉末。送粉量的大小与螺杆的旋转速度成正比，调节控制螺杆转动的电机转速，就能精确控制送粉量。这种类型送粉机的一个缺点是移动的零件和磨料粉末颗粒使螺杆快速磨损，可能导致涂层质量的变化，并增加维护成本。

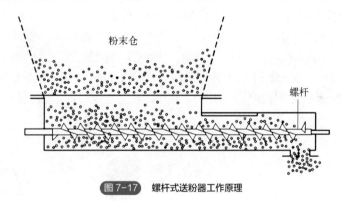

图 7-17　螺杆式送粉器工作原理

计量轮式送粉器如图 7-18 所示，把旋转轴制作成计量轮，旋转轴周向布置孔，孔的大小和轴的角速度决定了粉末进料速率。

凸轮齿轮式送粉器如图 7-19 所示，适合应用于高送粉率场合。

（2）送粉喷嘴

送粉喷嘴的功能是把送粉器出口流出的粉末准确、稳定地送达激光光斑所在位置，也就是熔融区内。按照喷嘴与激光束之间相对位置关系，喷嘴的种类大致可分为两种：旁轴喷嘴和同轴喷嘴，同轴喷嘴又包括环形喷嘴和三束喷嘴。

旁轴喷嘴送粉又称侧向送粉，如图 7-20 所示，该侧向送粉 X、Y、Z 三个方向以及粉末入射角 50°~80°可调，具有较好的可达性，能够承受高达 20kW 激光功率，模块化结构设计，实现不同送粉量喷嘴的快速更换，粉末流与激光束作用重合度较低；但受方向性限制，难以加工复杂零件，多用于轴类零件、沟槽位置的修复。另外，无法在熔池附近区域形成稳定的惰性保护气氛，成型过程中抗氧化能力较差。

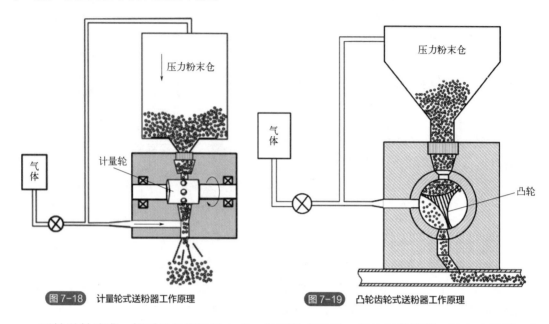

图 7-18　计量轮式送粉器工作原理　　　　图 7-19　凸轮齿轮式送粉器工作原理

同轴送粉喷嘴一般采用气流送粉方式，包括粉末通道、保护气体流道、冷却水流道，如图 7-21 所示。同轴送粉喷嘴与激光加工头集成在一起，粉末流与激光束同轴，并且在粉末分布均匀的前提下，沿层内任意方向进行粉末沉积，不存在成型方向性问题，能够完成具有复杂结构零件的成型。同轴送粉喷嘴端部距离熔池较近，受熔池热辐射、激光反射、溅射和热积累的作用，升温很快，严重时可能烧坏、堵塞粉末通道。冷却水流道设计的好坏直接影响送粉喷嘴能否长时间正常工作。合理设计同轴送粉喷嘴保护气体流道可以使熔池表面有效避免成型过程中材料被氧化。

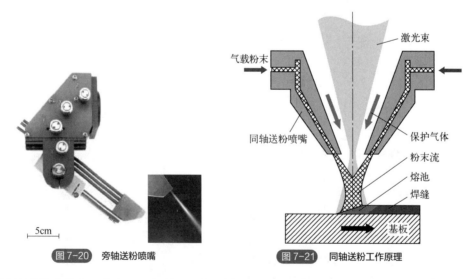

图 7-20　旁轴送粉喷嘴　　　　图 7-21　同轴送粉工作原理

同轴送粉喷嘴有三束和环形两种，三束同轴送粉喷嘴如图 7-22 所示，通过三束粉末流汇聚于一点，喷嘴端部到工件距离通常为 12～16mm，汇聚直径 2～3mm，最大激光功率 5kW，喷嘴可倾斜 90°工作，能够实现多方向激光沉积熔覆；集成气体保护设计，适合于易氧化材料加工。

环形同轴送粉喷嘴如图 7-23 所示，特点是粉末汇聚性较好，具有更小的粉斑尺寸，最小汇聚直径 300μm，喷嘴端部到工件距离通常 2～9mm，最大激光功率 3kW 左右，粉末利用率可高达 90%；无方向限制，可实现多方向激光增材制造；集成气体保护设计，具有较优质的气体保护效果，适合于易氧化材料加工；受重力影响，沉积角度大于 20°会产生粉末密度分布不均，因此增材制造时最大倾斜角度不超过 20°。

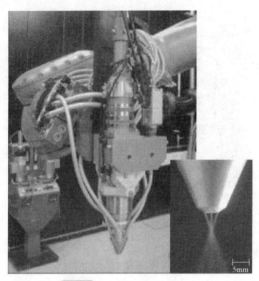

图 7-22　三束同轴送粉喷嘴

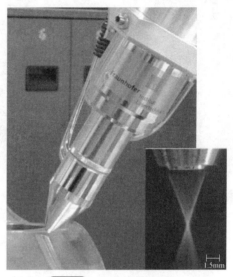

图 7-23　环形同轴送粉喷嘴

7.2.5　气氛保护系统

金属粉末在熔融状态下易发生氧化反应，特别是钛合金等高活性金属在高温下极易与氧气发生反应。除了送粉喷嘴设计有保护气体流道，具有一定的气氛保护作用外，良好的气氛工作环境可以有效防止金属粉末在激光沉积成型冷却过程中被氧化，降低沉积层的表面张力，提高层与层之间的湿润性，因此气氛保护系统在激光沉积制造系统中具有十分重要的作用。

气氛保护系统由密封箱体、惰性气体净化系统、气氛监控系统组成，完成充气/排气、净化气体、控制气氛工作。密封箱体有两种形式，一种是将密封保护箱体置于数控机床工作台上，激光熔覆头及 Z 轴运动机构在箱体内进行激光沉积制造的局部密封形式，密封箱体顶部采用动密封结构或柔性保护罩阻止气体大量外泄；另一种是将整个运动机构和激光熔覆头置于密封箱体内全密封，该方法实施相对简单。

密封箱体内的水、氧含量要求达到 50ppm（对气体来说，ppm 是指摩尔分数或体积分数，10^{-6}）以下。通常将高纯度惰性气体充入密封箱体内，由于惰性气体比空气重，惰性气体将空气排出箱体，氧气和水也一同排出箱体（称为"洗气"），置换箱体内的气体，通常这个过程较长，比较消耗惰性气体。当惰性气体达到一定浓度后，氧、水含量降低较小，这时通过箱体外的含有除氧剂和除水剂的净化系统循环过滤掉箱体内的氧和水，以达到所要求的水、氧含量。大多数激光沉积制造通过"洗气"的方式获得一定的气氛环境，如图 7-24（a）所示，这种箱体结构通常采用 3mm 不锈钢板拼装，结构简单，成本较低。即使密封箱体的门或视窗密封结构达到密封要求,但由于激光通过光纤进入真空箱体,光纤与箱体外激光器相连,有一定泄漏率,因此激光沉积过程中通常充入惰性气体使箱体处于微正压状态,以保证稳定的气氛环境。

为了缩短置换密封箱体气体的时间,可以采用抽真空方式转换气体。通常用 15～20min 时间由真空泵抽真空,达到一定真空度后充入惰性气体,水、氧含量达到设定值后启动净化系统进一步去除氧气和水分。密封箱体要采用真空箱体设计,如图 7-24(b)所示。采用真空箱体,结构设计复杂,成本较高。

(a) 惰性气体密封箱　　　　　　　　　　(b) 真空密封箱体

图 7-24　密封箱体

7.2.6　控制系统

激光沉积制造实际上是一个熔化"逐点扫描—逐线搭接—逐层堆积"的长期循环往复过程,逐线搭接和逐层堆积,要求每道线的道宽和每层的层厚具有较好的稳定性,才能保证成型件的几何精度和性能。激光沉积制造是一个快速熔化快速冷却凝固的过程,材料与激光相互作用,当入射激光功率密度足够高时,激光辐照到材料表面,材料表面吸收大量入射激光的能量并在极短时间内向邻近材料表面的内部传递热量,使表层迅速被加热,若温度升高到材料的熔点或沸点,则材料表层发生熔融甚至汽化,汽化产生的粒子与后续激光继续作用产生等离子体作用于材料表面,使材料发生一系列变化。温度是重要的监控参数。温度对粉末的熔化与凝固、成型几何尺寸、微观组织结构、宏观力学性能等成型质量有极其重要的影响。

激光沉积制造的质量由内在固有参数和可控工艺参数决定,成型质量参数包括几何形状及精度、微观结构、裂纹、孔隙率、表面粗糙度、残余应力等。可控工艺参数是与过程中使用的激光器、送粉器、运动系统、气氛环境等硬件相关的参数,如激光平均功率、激光焦点、光斑大小、送粉器的粉末流量、喷嘴位置和方向以及激光与工作台的相对位置和速度,这些参数可以补偿加工过程的变化。如图 7-25 所示,虚线部分组成激光沉积制造开环过程控制,增加检测反馈组成激光沉积制造闭环控制框图。

在开环过程控制中,通常需要通过设计工艺试验,经过大量的试验和误差修正,寻找最优的外部工艺参数。通常工艺试验的试验样件在形状结构、尺寸大小等方面与实际激光沉积零件存在较大差别,即使试验获得的最优工艺参数在实际制造中也难以保证。

为了使沉积制造过程更稳定,不易受到干扰,采用闭环控制实时评估沉积质量与期望沉积质量十分必要。闭环控制需要根据实时评估沉积状态与期望状态,修改可控外部参数动态以补偿过程中的任何干扰或变化。

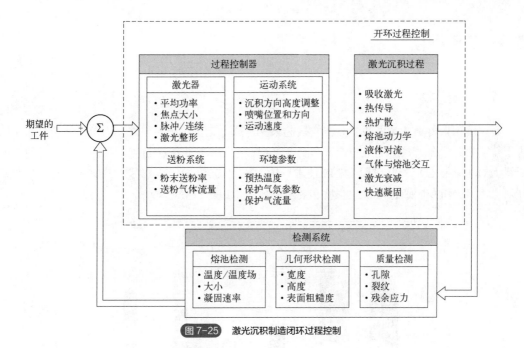

图 7-25　激光沉积制造闭环过程控制

　　图 7-26 为有高度控制和无高度控制比较，在这个例子中，每层高度 0.1788mm，按顺序沉积 100 层，有高度控制的最终结果高度为 17.78mm，误差小于 0.075mm，没有高度控制无法实现最终制造。由此可看出沉积高度的控制极其重要。

图 7-26　有高度控制（左）和无高度控制（右）

　　在闭环控制激光沉积过程中开发各种控制器，有单输入单输出（SISO）控制器、多输入单输出控制器、多输入多输出（MIMO）控制器、基于知识的模糊逻辑控制器、神经网络控制器等。如图 7-27 所示，单输入单输出（SISO）控制器中，将送粉器和运动系统预定义的粉末速率、指定路径运动及运动速度设为独立参数，使用高温计作为熔池温度 T_m，与系统设定温度 $T_{m,s}$ 比较，得到温度差 ΔT_m，通过 PID 控制器调节激光器功率 P_{laser}，以达到稳定熔池温度的目的。

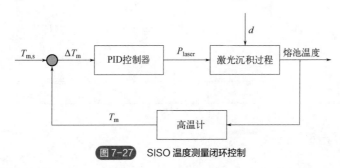

图 7-27　SISO 温度测量闭环控制

　　根据对工件宏观微观质量要求，需要开发更多的闭环控制方法及策略，如成型精度与效率匹配、搭接率与光斑大小、变形检测与控制等。

7.3 工艺过程

7.3.1 工艺材料

激光沉积增材制造是由激光熔覆发展起来的，成型完全致密的零件，力学性能至少等于或优于铸造材料，在某些情况下与锻造材料非常相似，特别是极限抗拉强度和屈服强度。图 7-28 所示为 Optomec 公司开发应用 LENS 技术对 Ti-6-4、316SS、IN625 三种材料进行增材制造与锻造对比，激光沉积制造极限抗拉强度和屈服强度优于或等于锻造水平。

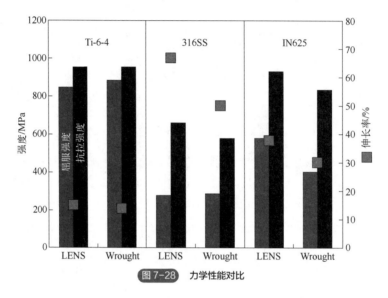

图 7-28　力学性能对比

激光沉积制造常见的工程材料如不锈钢、工具钢、钛合金以及钴合金、锆、钽、钨、铝、青铜等难熔金属和难加工材料，表 7-1 是 Optomec 公司开发的能用于激光沉积制造的合金类型及名称。

表 7-1　典型沉积合金

合金类型	合金	合金类型	合金	合金类型	合金
不锈钢	H13	钛	CP Ti	镍基合金	IN625
	S7		Ti-6-4		IN713
	17-4-PH		Ti-6-2-4-2		IN718
	304		Ti-6-2-4-6		Hastelloy X
	316	铜合金	Cu-Ni		Ni-Cr-B-W
	420	钴合金	Stellite 21	铝合金	4047

7.3.2 成型过程

激光沉积制造是一个复杂的过程，实际上是一个熔化"逐点扫描—逐线搭接—逐层堆积"的长期循环往复过程，金属粉末在激光的作用下快速加热并熔化形成熔池，随着激光焦点按运动轨迹移动，远离激光热源熔池急剧冷却凝固，在长时间的沉积制造过程中，零件不同部位的每一沉积层的固体材料，在随后的逐层沉积过程中都经历了多周期、变循环、剧烈加热和冷却的短时热历史，即构件不同部位的材料均经受一系列短时、变温、非稳态、强约束、循环固态相变过程或微热处理过程。

激光沉积制造工艺参数可分为两类，一类是与几何尺寸相关的沉积特征参数，在开始进行激光沉积制造之前，需要进行工艺规划，工艺规划先对模型进行分层切片，然后进行扫描路径填充，如图 7-29 所示，先设定分层厚度 Δz，通过分层算法计算获得截面轮廓，然后设定激光扫描间距 Δy，也就是两个相邻轨迹之间的距离，采用平行扫描、轮廓扫描及分形扫描等扫描方式进行路径填充。这两个参数与实际激光沉积单道单层熔覆的熔宽 w、熔高 h、搭接率 η、z 轴单层行程增量 Δz 相关。对于不同的材料，由于材料与激光相互作用不同，这些参数也不相同，需要做大量的工艺试验确定这些工艺参数。这些工艺参数与第二类工艺参数相关。

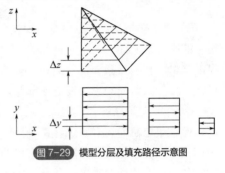

图 7-29 模型分层及填充路径示意图

第二类工艺参数为激光沉积过程中的可控工艺参数。这类工艺参数在激光沉积制造过程中对质量影响最大，如激光功率 P、激光光斑直径 D、激光光斑扫描速度 v、送粉速率 $\dot{m}$、z 轴单层行程增量 Δz 等，激光沉积参数影响沉积层的宏观和微观质量。

（1）沉积几何特征参量

单道单层沉积成型是最小的成型制造单元，其特征几何尺寸直接决定零件的精度，是激光沉积制造的重要参数。单道单层沉积时，沉积层不是平面，而是凸面，是由激光熔化粉末表面张力梯度引起的强制对流和润湿性共同作用的结果。通常沉积横截面有三种形态，如图 7-30 所示，θ 称为浸润角，激光沉积制造中有三种界面自由能，分别是固-液界面自由能 γ_{SL}、固-气界面自由能 γ_{SV} 和液-气界面自由能 γ_{LV}，这三种自由能达到平衡决定了熔覆层的形状。图 7-30（a）为熔深较深，液-气界面自由能 γ_{LV} 较大，$\gamma_{SV}-\gamma_{SL} < \gamma_{LV}$，说明激光能量较高；图 7-30（b）为理想熔覆层，$\gamma_{SV}-\gamma_{SL} < \gamma_{LV}$，说明激光能量适中；图 7-30（c）为无熔深，粉末熔化形成球状，称为球化现象，说明激光能量不足。氧化也会引起球化现象。氧化问题是高温熔化金属带来的一个较严重的问题，生成的金属氧化物具有较低的表面能，液态金属对金属氧化物的浸润性较差。

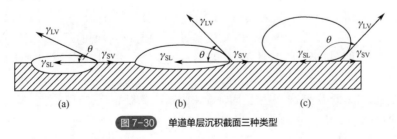

图 7-30 单道单层沉积截面三种类型

图 7-31 所示为理想的单道单层沉积层横截面示意图，w 为单道沉积层宽度，称为熔宽；h 为单道沉积层高度，称为熔高；t 为单道沉积层熔深；S_1 为沉积区，位于基体表面上方；S_2 为粉

末与基体的结合区。单道沉积熔宽 w 和熔高 h 是激光沉积制造的最基本也是最关键的形状参量，熔宽与熔高与加工路径规划关系紧密。

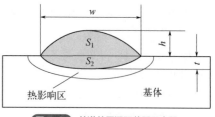

图7-31 单道单层沉积截面示意图

将单道单层沉积截面近似为抛物线，则沉积区面积 S_1 可由式（7-8）计算：

$$S_1 = \frac{2wh}{3} \qquad (7-8)$$

① 单道熔宽 w。单道熔宽主要受激光功率、光斑大小和扫描速度影响，送粉率等其他参数对它的影响不明显。熔宽 w 随激光功率的提高而增大，随扫描速度的提高而减小。尺寸大的光斑能够增大材料受激光辐照面积，有利于形成较大的熔池从而增大单道熔覆宽度；但光斑尺寸过大，会导致激光功率密度迅速降低，导致熔池尺寸缩小并减小单道熔覆熔宽。

② 单层熔高 h。单层熔高是激光沉积制造中最为重要的参数，它的大小不仅决定着制造效率，而且决定着能否对它进行精确控制，直接决定零件的最终精度。激光功率、光斑大小、扫描速度、送粉率是对其影响最为突出的参数。可以通过仿真分析预测熔高，但是激光沉积过程比较复杂，影响因素较多，常常采用实时反馈控制来保证熔高的稳定性。

③ 搭接率 η。搭接率是激光熔覆和激光沉积制造的重要参数，是衡量平整度和精度的重要指标。多道熔覆时，如果不进行搭接，不同道次连接处熔覆层有效厚度为 0；搭接率较低时，相邻两轨迹之间存在明显凹陷区域，表面不平整度增加；搭接率过高时，前道轨迹部分区域相当于熔覆两层粉末，后道轨迹受前道轨迹影响，熔化量增加，熔池内金属液体流动逐渐增大，熔覆层厚增加，气孔和裂纹的概率增加，最终导致成型尺寸精度无法保证。搭接率大小影响填充扫描路径的间距设定，如图7-32所示。

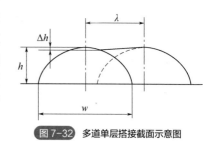

图7-32 多道单层搭接截面示意图

搭接率表示为

$$\eta = \frac{w - \lambda}{w} \times 100\% \qquad (7-9)$$

式中　　w——熔宽；

　　　　λ——扫描路径间距。

通常搭接率为30%~45%时，表面平整，无气孔、裂纹等缺陷。

④ z 向单层行程增量 Δz。理论上，Δz 的数值与单层厚度应该保持一致，这样才能确保各层的工艺条件完全相同。但是在实际沉积成型过程中，第一层沉积成型后形成的表面不是平面而是抛物面，不可避免存在高度偏差，激光焦点与第一层沉积表面的距离是变化的，使得熔池的位置也跟随其变化，粉末汇聚点到熔池的距离发生变化，进而影响激光能量分布及熔池尺寸大小，使成型高度和宽度均发生变化，因此设定合理的 Δz 值是多层沉积的关键。

如图7-33和图7-34所示，假设初始同轴粉末喷嘴到基板的距离为 z_0，第一层沉积厚度为 h，第二层沉积时同轴粉末喷嘴在 z 轴方向提高 Δz，如果 Δz 小于单层厚度 h，激光光斑在第一层沉积表面形成的光斑尺寸小于第一层在基板上形成的光斑尺寸，在沉积表面顶部能量密度较大，形成熔池，粉末流入熔池内熔化，并且液态金属向两侧向下流动然后迅速凝固。随着更多粉末进入熔池熔化，快速冷却凝固，随着激光熔覆头的移动形成第二层沉积层。当 Δz 大于单层沉积厚度时，激光光斑在第一层沉积表面形成的光斑尺寸大于第一层在基板上形成的光斑尺寸，如果激光能量密度不足，减小粉末熔化量，会导致熔宽 w 变小，沉积层厚减小，如果不修正 Δz，将形成下粗上细的形状；如果能量密度充足，增大粉末熔化量，将会增大熔宽 w，减小沉积层厚 h，如果不修正 Δz，将形成上粗下细的形状。当 Δz 大于单层沉积厚度时，会使成型过程逐步偏离平衡，导致过程无法稳定进行，甚至根本不能进行。

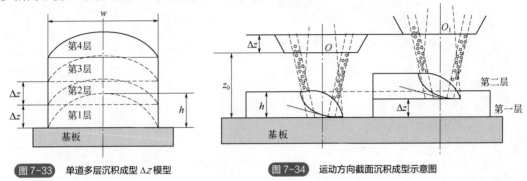

图7-33　单道多层沉积成型 Δz 模型　　　　图7-34　运动方向截面沉积成型示意图

事实上，要想控制沉积层厚度 h 与增量行程 Δz 精确保持一致，需要在成型过程中采取实时控制技术来保证精度。

⑤ 稀释率。稀释率是激光熔覆的重要评价指标，是指基体材料熔化进入熔覆层，从而导致熔覆层成分发生变化的程度。在激光熔覆过程中可表示为熔深与总熔化高度的比，用几何定义如下：

$$\gamma = \frac{t}{h+t} \tag{7-10}$$

式中　h——熔高，mm；

　　　t——熔深，mm。

稀释率反映了熔覆层与基体的结合程度。稀释率过小，熔覆层与基体不能在界面形成良好的冶金结合，容易剥落；稀释率过大，会增大熔覆层开裂、变形的倾向。

（2）过程工艺参数

激光沉积制造是一个快速加热和冷却的复杂冶金结合过程，涉及物理、化学、材料、冶金等领域。影响熔覆层质量的工艺因素很多，但是一旦选定了激光器以及激光熔覆头，激光系统特性也就确定了，在实际激光沉积过程中可调节的工艺参数并不多。

① 激光功率 P。激光功率是激光沉积制造的重要参数，与材料熔化量成正比例关系变化，激光功率越大，熔化的金属量越多。激光功率过小，仅能熔化粉末不能熔化基体，熔覆层表面出现局部起球、空洞现象，如图 7-30（c）所示。随着激光功率增加，缩短了粉末熔化时间，增加了与基体作用时间，所形成的熔池面积增大，有更多的粉末进入熔池，有利于提高单层熔覆厚度；熔池内在深度方向上温度和熔化时间分布不均匀，熔池表面为液-气界面，熔池表面的熔化时间最长，温度最高，当温度高于材料沸点，发生汽化；在熔池底部的液固界面温度较低，对熔深方向的温度分布影响最大的是激光束的能量密度，能量密度越高，温度梯度越大。

激光沉积成型是一个较复杂的过程，通常使用与激光功率相关的其他两个参数，即激光功率密度和激光能量密度作为综合考察指标。

② 激光功率密度。是指单位光斑面积内的激光束能量大小，是激光熔覆过程中粉末涂层热量吸收的关键性影响参数，其数学表达式如下：

$$P_W = P / S \qquad (7\text{-}11)$$

式中　P_W——激光功率密度，W/mm^2；

　　　　P——激光功率，W；

　　　　S——光斑面积，mm^2。

由于普遍采用圆形光斑，光斑直径为 D，则

$$P_W = \frac{4P}{\pi D^2} \qquad (7\text{-}12)$$

在不同功率密度的激光束照射下，材料表面区域发生各种不同的变化，包括表面温度升高、熔化、汽化、形成小孔以及产生光致等离子体等。当激光功率密度在 $10^4 \sim 10^6 W/cm^2$ 范围时，产生热传导型加热，材料表层发生熔化，可用于金属表面重熔、合金化、熔覆和热传导型焊接。

③ 激光能量密度。是指单位面积上的激光能量，与激光功率、激光光斑直径、激光光斑扫描速度相关，其表达式为

$$E = \frac{P}{Dv} \qquad (7\text{-}13)$$

式中　E——激光能量密度，J/mm^2；

　　　　P——激光功率，W；

　　　　D——激光光斑直径，mm；

　　　　v——激光扫描速度，mm/min。

④ 激光光斑直径 D。激光束通常为圆形光斑，熔覆层宽度主要取决于激光束光斑直径，光斑直径增加，熔覆层变宽。光斑尺寸不同会引起熔覆层表面能量分布变化，所获得的熔覆层形貌和组织性能有较大差别。一般来说，在小光斑下，熔覆层质量较好，随着光斑尺寸的增大，熔覆层质量下降；但光斑过小，不适合大面积的熔覆层，对于沉积制造大型复杂结构件来说，效率较低。激光光斑直径大小通常通过调整正离焦的方法获得，如图 7-35 所示，则激光光斑直径为

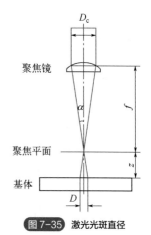

图 7-35 激光光斑直径

$$D = \frac{D_c}{f} z \qquad (7\text{-}14)$$

式中　D_c——聚焦前激光束直径，mm；

　　　　f——聚焦焦距，mm；

　　　　z——正离焦距离，mm。

⑤ 激光扫描速度 v。激光在工件表面的运动称为激光扫描，扫描速度是激光熔覆的重要工艺参数。激光能量密度与扫描速度的大小相关，扫描速度过快，意味着单位面积内的热输入量小，可能出现短时间内材料不能完全熔化，出现未熔现象；扫描速度过慢则相反，即单位面积内的热输入量大，熔池存在时间过长、粉末过烧、汽化现象，导致合金元素损失、表面平整度及宏观形貌变差等缺陷，同时由于热输入量大，增加热应力引起变形。

⑥ 送粉密度 G。表示单位面积粉末质量（g/mm^2），与粉末汇聚点直径、送粉速率 v_f 以及激光扫描速度相关，其表达式为

$$G = \frac{\dot{m}}{D_f v} \qquad (7\text{-}15)$$

式中 $\dot{m}$——送粉速率，g/min；

   v——激光扫描速率，mm/min；

   D_f——粉末注射到平面的直径，mm。

图 7-36 所示为环形送粉喷嘴和三束送粉喷嘴粉末汇聚状态。假设粉末汇聚点直径与激光光斑直径相同并且保持不变，如果激光扫描速率小，送粉速率较大时，则单位面积内的粉末较多；如果激光扫描速率大，送粉速率小，则单位面积内的粉末较少。

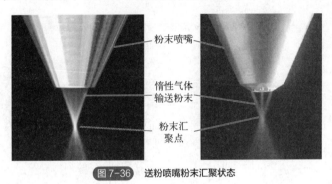

图 7-36 送粉喷嘴粉末汇聚状态

7.3.3 性能分析及后处理

（1）钛合金构件凝固晶粒形态及微观组织

我国从 2000 年开始对钛合金、镍基高温合金、不锈钢、超高强度钢、难熔合金、耐热钢、金属间化合物等材料的激光增材制造工艺、装备、组织及性能研究。北京航空航天大学王华明院士带领的大型金属构件增材制造国家工程实验室团队，在国际上首次解决了激光增材制造大型钛合金关键构件质量性能低和难以用作关键主承力结构的制约性难题，被评价为"提高了构件性能""带来了减重效果"。图 7-37～图 7-39 为不同晶粒形貌 TC11 钛合金形成机理示意图。这种独特的由搭接区定向生长柱状晶组织（"钢筋"）和非搭接区近等轴晶组织（"混凝土"）交替排列组成的"钢筋混凝土状"混合凝固晶粒组织是传统冶金制备技术无法制备的，凝固晶粒组织形态极其独特，可望具有独特的性能。

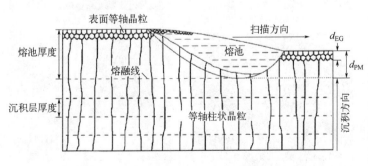

(a) 全柱状晶组织形成示意图   (b) 全柱状晶凝固组织照片

图 7-37 钛合金构件激光沉积制造柱状晶凝固形成机制及微观组织

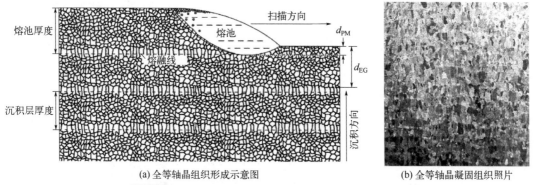

(a) 全等轴晶组织形成示意图

(b) 全等轴晶凝固组织照片

图 7-38 钛合金构件激光沉积制造等轴晶凝固形成机制及微观组织

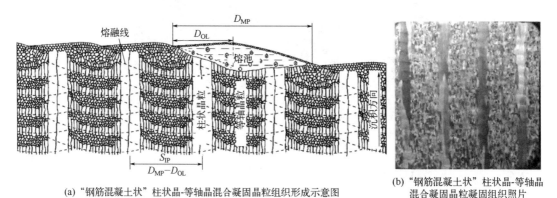

(a) "钢筋混凝土状"柱状晶-等轴晶混合凝固晶粒组织形成示意图

(b) "钢筋混凝土状"柱状晶-等轴晶混合凝固晶粒凝固组织照片

图 7-39 钛合金构件激光沉积制造柱状晶-等轴晶混合晶粒凝固形成机制及微观组织

激光增材制造双相钛合金特殊超细网篮组织，其后续热处理经控制冷却的亚临界退火，可稳定获得由根须状初生 α 相和细片层状 β 转变组织组成的特种双态显微组织新形态，如图 7-40 所示。

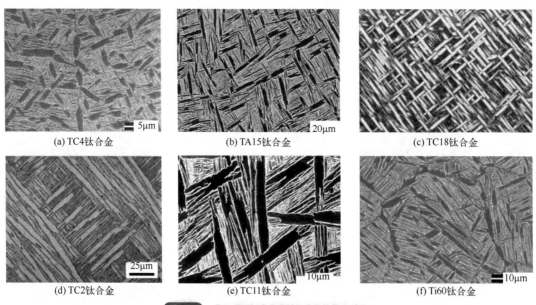

(a) TC4钛合金

(b) TA15钛合金

(c) TC18钛合金

(d) TC2钛合金

(e) TC11钛合金

(f) Ti60钛合金

图 7-40 激光增材制造双相钛合金特种双态组织

激光增材制造双相钛合金构件，经后续特殊热处理后获得的上述特种双态显微组织，由于其 α 与 β 界面积比极高，其塑性变形抗力尤其是抵抗裂纹扩展能力极其优异，在保持优异静强度、疲劳强度、冲击韧性、断裂韧性及高温蠕变等综合力学性能条件下，具有异常优异的损伤容限性能。

（2）变形及缺陷

激光沉积制造是一个复杂的过程，材料的熔化、凝固和冷却都是在极快的条件下进行的，变形是激光沉积制造过程中不可避免的情形。如果沉积工艺控制不当，金属构件内部常出现裂纹、孔隙和夹杂等缺陷，缺陷按照尺度可分为宏观缺陷和微观缺陷，裂纹和夹杂为宏观或微观缺陷，孔隙为微观缺陷。裂纹是成型过程中最常见、破坏性最大的缺陷。

① 变形。

在激光沉积制造过程中，在高能量激光束的作用下，熔池及附近部位以远高于周围区域的速度被急剧加热并熔化。这部分材料受热而膨胀，膨胀变形受周围较冷区域的约束并受压应力的作用。图 7-41 所示为薄板试样翘曲变形示意图。图 7-41（a）为基板受较强的外部机械约束力，基板无变形或变形较小。在激光沉积制造过程中热应力积累到一定程度后，零件会发生翘曲变形，当基板无法限制这种翘曲变形时，零件便会与基板脱离，发生整体翘曲变形。这种变形的破坏一般从零件的端部开始，裂纹不断向内部扩展，变形逐渐变大，且端部、边缘处的变形最大。图 7-41（b）为基板受的外部机械约束力较弱，在热应力作用下同时产生变形。

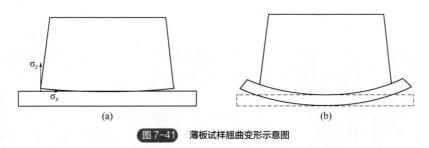

图 7-41 薄板试样翘曲变形示意图

当沉积过程结束后，温度逐渐均匀化，构件内部还可能存在残余应力。假设沿平行于光束扫描方向的应力记为 σ_x，沿沉积高度方向的应力记为 σ_z。研究发现，σ_x 靠近基板处时为压应力，远离基板时压应力数值减小并逐步变为拉应力，随着沉积高度增加呈现增加趋势，顶部残余应力最大。而 σ_z 靠近基板处时为拉应力，随着沉积高度拉应力数值减小。

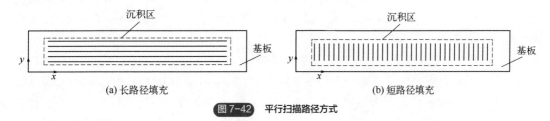

图 7-42 平行扫描路径方式

扫描路径填充方式不仅影响成型件的几何性能，还影响成型件的应力与变形。如图 7-42 所示，沉积制造一长条形零件，有两种扫描方式，有数值模拟以及实验验证，长路径扫描方式变形大于短路径扫描方式。对于轮廓填充路径，由内向外和由外向内的扫描路径产生的应力区和翘曲变形也不相同，如图 7-43 所示。由外向内的沉积方式产生的高应力区和翘曲变形最小。

激光沉积的零件一般还需要进行少量的加工后才能交付使用，机械去除部分材料后将使零件中本身平衡的残余应力受到破坏，导致构件产生二次变形和残余应力的重新分布，从而降低成型件的刚性和尺寸稳定性。零件服役时以拉应力为主的残余应力场将对其使用性能产生不利影响，特别是显著降低零件的疲劳寿命。

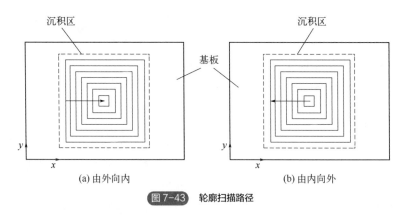

图 7-43 轮廓扫描路径

为了保证成型过程的顺利完成，以及成型零件在使用过程中尺寸稳定、性能可靠，必须采取一定的工艺措施来降低以至消除瞬时应力-应变场及残余应力和变形的不利影响。这些工艺措施包括：

- 选择适当的沉积方式，例如尽量采用由外到内的螺旋堆积方式，避免以长路径方式沉积成型。
- 尽量选择和沉积材料同材质的板材或块材作为基材，以防止由于热导率和热胀系数相差较大而在界面处形成较大的残余应力。
- 预热基材，成型结束后采取缓冷措施。
- 后热处理，即对零件进行去应力退火处理。退火处理必须严格控制加热和冷却速度、退火温度和退火时间，在保证尽可能消除应力的同时防止组织变化降低材料性能。

② 裂纹缺陷。

裂纹是激光沉积过程中最常见、破坏性最大的缺陷，影响开裂的因素很多，如材料的延展性及可焊性、零件形状、沉积方式、内部热应力、微观组织等。激光沉积制造过程中快速复杂的热循环通常会使金属构件有较大内应力，萌生微裂纹，部分微裂纹在后续制造过程中扩展成宏观裂纹。对于激光沉积制造中产生的裂纹缺陷，根据发生的温度区间，可以将其分为热裂纹与冷裂纹两类。热裂纹是当构件处于较高温度时，在凝固热应力的作用下产生的裂纹，主要分为凝固裂纹及液化裂纹两类。

- 凝固裂纹。在凝固温度附近，结晶粒界处残余的液相或脆弱的不纯物的液体薄膜不能支承凝固时的收缩热应力而发生开裂。图 7-44 所示为激光沉积制造 316L 薄板试样时在沉积层表面肉眼可见的宏观裂纹，从成型件最顶层向基板扩展，裂纹扩展方向与光束扫描方向近似垂直并向光束扫描方向倾斜，随着沉积层粉继续增加，裂纹不会愈合，相邻断开面之间的距离将持续增大，成型过程被破坏。有多种理论可以解释凝固裂纹现象，如强度理论、回流愈合理论以及液膜理论等，这些理论解释都离不开热应力，热应力是凝固裂纹产生的充分条件。

图7-44 316L 不锈钢熔覆层裂纹宏观形貌

- 液化裂纹。在激光沉积过程中，前几层沉积层受循环再热影响，晶界上的低熔共晶被重新熔化，在拉应力的作用下导致沿晶界开裂，产生道与道之间的搭接裂纹。液化裂纹是冶金因素和力学因素相互作用的结果，其大致形貌如图7-45所示。裂纹存在于成型件内部道与道之间的搭接区，沉积表面无肉眼可见裂纹，沿道与道之间平行分布，随沉积层数的增加，部分裂纹会愈合，形成小尺寸（100～300μm）的裂纹，部分裂纹将沿搭接区继续扩展，发展成大尺寸（3～10mm）的裂纹。液化裂纹一旦在晶界形成，在残余拉应力的作用下会沿晶界扩展，穿越多个沉积层形成宏观裂纹。当裂纹遇到方向差别较大的转向枝晶或等轴晶后，裂纹终止。

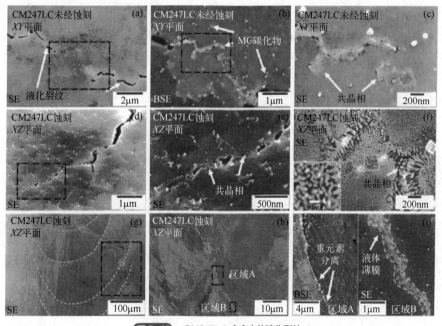

图7-45 CM247LC 合金中的液化裂纹

（a）～（c）未经蚀刻的情况；（d）～（i）蚀刻的情况

- 冷裂纹。在激光沉积制造结束后，材料在冷却过程中不断收缩，高能激光束的周期性循环加热致使材料内部的残余应力不断积累，进而导致应力集中，产生冷裂纹。产生冷裂纹的原因：a.水分在激光高能束的作用下分解为氢原子并扩散至缺陷夹杂处，由于氢和金属原子之间的交互作用使金属原子间的结合力变弱，当氢原子聚集到一定程度时，材料将产生裂纹且裂纹不断扩展；b.激光沉积制造产生纵向和横向的残余热应力，当应力增大到超过临界拘束应力时产生裂纹；c.马氏体含量高，钢的硬度随材料含碳量的增加而增大，塑性显著降低，裂纹敏感性增大；d.沉积过程中气氛中杂质元素质量分数较高，同时金属粉末材料本身杂质元素质量分数也比较高，也可能出现裂纹。冷裂纹通常具有一定的延时性，形成脆性断口，裂纹一旦形成，将横穿整个沉积层，裂纹扩展方向与光束扫描方向近似垂直并向微光束扫描方向倾斜，并伴有较响的脆性断裂的声音，主要是合金的低延性和成型过程中拉应力双重作用的结果。

无论是热裂纹还是冷裂纹，成型过程中不均匀受热所导致的热应力是裂纹产生的充分条件，降低甚至消除瞬时应力-应变场及残余应力的工艺措施对于防止裂纹的产生都是积极有效的。除此之外，粉末合金中的杂质元素，如 316L 中的 S、P 以及 Si 等杂质元素易于产生热裂纹；多道沉积时，特征参量搭接率影响裂纹的产生，搭接率小，产生的裂纹较多；另外，激光沉积制造工艺参数对裂纹也有影响，功率密度一定条件下，裂纹条数随送粉速率和光束扫描速度增大而增加。

③ 孔隙缺陷。

激光沉积制造中会产生大量不同类型的孔隙缺陷，气孔是常见的有害缺陷之一，气孔不仅易于成为沉积层中的裂纹源，还对零件的疲劳性能影响较大。气孔的形状多为球形或椭圆形，主要来自金属粉末中的滞留气体和设备中的保护气氛。气孔产生的原因主要是粉末氧化、受潮或在高温下发生氧化反应，在激光沉积过程中产生气体。激光沉积制造是一个快速熔化和快速凝固的过程，产生的气体来不及排出就会在沉积层中形成气孔。如多道搭接中的搭接孔洞、沉积层凝固收缩时的凝固孔洞以及沉积过程中某种物质蒸发带来的气泡等。控制气孔形成常用的方法是严格防止粉末储运中氧化、使用前烘干去湿、选取合理的激光沉积工艺参数以及加工过程中采取防氧化的保护措施。

未熔合孔是另一种常见缺陷，主要是由于沉积过程中输入的能量不足，导致粉末材料的熔融不完全或所形成的熔融金属重叠不足。当激光能量输入不足时，熔池宽度较窄，无法形成良好的重叠，相邻扫描线之间存在大量未熔化的颗粒；而在后一层的沉积过程中，如果能量输入保持不变，则难以熔化扫描线之间的残留粉末，从而形成较大的孔缺陷；如果能量输入不足导致熔池深度不足，则难以在各层之间形成紧密的重熔，致使形成大的层间未熔合缺陷。在未熔合的孔缺陷处，缺陷表面熔融金属的质量和流动性较差，后续沉积易导致缺陷逐渐向上扩展，形成大规模的穿层缺陷，如图 7-46 所示。

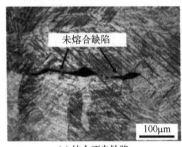

(a) 结合不良缺陷

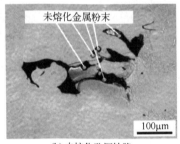

(b) 未熔化孔洞缺陷

图 7-46　TC4 合金中未熔合缺陷

为了控制孔隙缺陷，应从粉材制备、工艺参数控制及后处理入手。a. 不同合金对孔隙的敏感程度不同，可以根据产品需求，适当添加一些合金元素以改变合金成分，使得合金对孔隙缺陷的敏感度下降，从而降低孔隙率；同时，合理地改善粉末质量可以有效减小孔隙率。b. 在一定范围内调整扫描速度和激光功率、扫描间距，降低孔隙率，且由于孔隙会不可避免地出现，可以采用稍微增加功率密度的方法，使球形孔代替尖锐的未熔合孔，适当缓解应力集中现象。c. 后处理可以明显提升增材制造零件的性能。热等静压处理（HIP）可以显著减小孔隙率，即在惰性气体氛围下同时对零件进行高温和高压处理，高温导致屈服强度降低和扩散率提高，高压导致小规模的塑性流动，最终使孔塌陷，HIP 能够使较大的未熔合孔封闭，但无法消除所有孔隙。

7.4 应用案例

北京航空航天大学王华明院士带领的大型金属构件增材制造国家工程实验室团队，在国际上首次全面突破钛合金、超高强度钢等高性能难加工金属大型整体主承力关键构件激光增材制造工艺、成套装备、专用材料及应用关键技术，自主建立了完整技术标准体系，掌握钛合金、超高强度钢大型整体关键主承力构件激光增材制造技术并成功实现装机工程应用。团队建立了激光增材制造大型金属构件凝固晶粒形态主动控制方法，实现了先进航空发动机钛合金整体叶盘等具有梯度组织和梯度性能的大型关键主承力构件的激光增材制造，如图 7-47 所示。

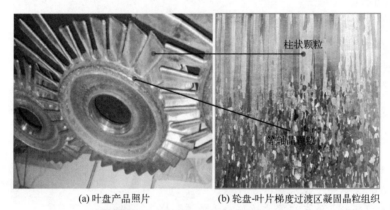

(a) 叶盘产品照片   (b) 轮盘-叶片梯度过渡区凝固晶粒组织

图 7-47 航空发动机梯度性能钛合金整体叶盘

飞机起落架外筒及活塞杆为筒状构件，采用传统锻造+机加的制造方法，筒内实心部分需要采用深镗切削加工去除，易造成材料的浪费，且增加加工难度和周期；特别是面向当前飞机型号的快速试制，采用锻造工艺制造起落架将面临原材料尺寸规格限制、不利于快速响应试制等诸多技术问题。采用 A-100 钢激光直接沉积成型技术试制飞机起落架，可有效地解决飞机型号研制中存在的复杂构型超规格结构试制技术瓶颈，实现起落架外筒及活塞杆等大型关键承力构件的无模敏捷快速试制。该技术将成为未来飞机起落架快速试制的一个重要发展方向。航空工业沈阳飞机设计研究所/北京航空航天大学技术团队从 2008 年开始，开展了 A-100 钢激光直接成型技术在飞机起落架上的应用技术研究，在工艺成型、性能质量控制等方面取得了关键性技术突破，试制的 A-100 钢起落架零件力学性能基本达到了同材料锻件水平；同时，在基于成型工艺约束的起落架结构优化设计、制件后处理工艺控制、试验考核及应用验证等方面，开展了大量的研究工作，取得了一定的技术积累，试制的起落架零件已在飞机上实现了领先试用，如图 7-48 所示。

图 7-48 A-100 钢激光沉积制造飞机起落架

本章小结

激光沉积制造（LDM）是直接金属增材制造技术之一，基于分层叠加制造原理，高功率激光束经激光加工头聚焦，熔化同轴送粉输送到焦点的金属粉末，在基板上形成熔池，熔池随着激光束移动，激光束后方的熔池迅速冷却凝固为致密的冶金结合体。激光沉积制造系统主要由激光器、激光加工头、多轴运动系统、送粉器系统组成。激光器采用高功率激光器，多轴运动系统可以采用直角坐标机床结构或多轴机器人。金属粉末种类包括钛基、镍基、铁基等。激光沉积制造工艺参数主要有激光功率、激光波长、聚焦光斑直径、扫描间距、分层厚度、铺粉厚度、扫描速度、扫描路径等。金属构件内部常出现裂纹、孔隙和夹杂等缺陷，变形是激光沉积制造过程中不可避免的情形。

 练习题

1. 简述激光沉积制造技术的工艺原理。
2. 简述激光沉积制造技术的系统组成。对激光器有哪些要求？气氛循环净化系统的作用是什么？
3. 激光沉积制造技术常用的金属粉末有哪些？
4. 激光沉积制造技术的主要工艺参数有哪些？有什么影响？
5. 简述激光沉积制造技术制造零件的优缺点。
6. 激光沉积制造零件存在哪些缺陷？如何消除这些缺陷？
7. 简述激光选区熔化与激光沉积制造技术的特点对比。

参考文献

[1] 王华明. 高性能大型金属构件激光增材制造：若干材料基础问题[J]. 航空学报, 2014, 35(10): 2690-2698.
[2] 林鑫, 黄卫东. 高性能金属构件的激光增材制造[J]. 中国科学：信息科学, 2015, 45(09): 1111-1126.
[3] 李亚江, 李嘉宁. 激光熔接/切割/熔覆技术[M]. 北京：化学工业出版社, 2016.
[4] 赵吉宾, 赵宇辉, 杨光. 激光沉积成形增材制造技术[M]. 武汉：华中科技大学出版社, 2020.
[5] 左铁钏. 21世纪的先进制造——激光技术工程[M]. 北京:科学出版社, 2007.
[6] 王华明, 张述泉, 王韬, 等. 激光增材制造高性能大型钛合金构件凝固晶粒形态及显微组织控制研究进展[J]. 西华大学学报(自然科学版), 2018, 37(04): 9-14.
[7] 汤海波, 吴宇, 张述泉, 等. 高性能大型金属构件激光增材制造技术研究现状与发展趋势[J]. 精密成形工程, 2019, 11(04): 58-63.
[8] 巩水利, 锁红波, 李怀学. 金属增材制造技术在航空领域的发展与应用[J]. 航空制造技, 2013(13): 66-71.
[9] I. Gibson, D. W. Rosen, B. Stucker. Additive manufacturing technologies rapid prototyping to direct digital manufacturing[M]. Springer Science+Business Media, LLC, 2010.
[10] Lawrence J, Pou J, Low D K Y, et al. Advances in laser materials processing technology, research and applications[M]. Woodhead Publishing Limited, 2010.
[11] Ehsan Toyserkani, Amir Khajepour, Stephen Corbin. Laser cladding[M]. CRC Press, Boca Raton London New York Washington, D.C., 2005.

拓展阅读

激光沉积制造发展历史

激光沉积制造技术是将激光熔覆技术和快速成型技术结合,形成一种制造高性能致密金属零件的增材制造技术,按预先设定的成型轨迹,利用高能量激光束将金属粉末或丝状材料快速熔化、快速凝固逐层沉积生长,快速完成全致密、高性能大型复杂金属结构件的直接制造和修复。

激光熔覆技术是将具有特殊使用性能的材料用激光加热熔化在一种金属表面,以改善其耐磨、耐蚀、耐热、抗氧化、抗疲劳或具有特殊光、电、磁效应等性能的表面改性技术,显著提高材料的表面性能,延长零部件的使用寿命和扩大其应用范围。激光熔覆技术的一个显著特点是熔覆层金属与基体金属之间是牢固的冶金结合。激光熔覆技术是涉及光、机、电、计算机、材料、物理、化学等多门学科的跨学科高新技术,可以追溯到20世纪70年代,由美国人D.S.Gnanamuthu提出第一项涉及高能激光熔覆的专利,进入20世纪八九十年代,激光熔覆技术得到了迅速发展。

20世纪80年代末期发展起来的快速原型制造技术,其增材制造原理是制造技术发展史上革命性的新概念,随着计算机技术的飞速发展,零件的三维计算机建模、分层切片以及利用分层二维数据控制数控系统实现逐层制造的方法逐渐完备,快速原型制造技术主要用于零件原型的快速制造,在其发展初期,只关心零件的形状和尺寸精度,不追求高的力学性能,不能直接作为承受力学载荷的零件使用。

1995年,美国Sandia国家实验室开发出直接由激光束逐层熔化金属粉末来制造致密金属零件的快速近净成型技术。此后,Sandia国家实验室利用LENS技术针对镍基高温合金、钛合金、奥氏体不锈钢、工具钢、钨等多种金属材料开展了大量的成型工艺研究。1997年,Optomec Design公司获得了LENS技术的商用化许可,推出了激光直接沉积成套装备。1995年,美国国防高级研究计划局和海军研究所联合出资,由约翰斯·霍普金斯大学、宾州州立大学和MTS公司共同开发"钛合金的柔性制造技术"的项目,目标是利用大功率CO_2激光器实现大尺寸钛合金零件的制造。基于这一项目的研究成果,1997年,MTS公司出资与约翰斯·霍普金斯大学、宾州州立大学合作成立了AeroMet公司。为了提高沉积效率并生产大型钛合金零件,AeroMet公司采用14~18kW大功率CO_2激光器和3.0m×3.0m×1.2m大型加工舱室,Ti-6Al-4V合金的沉积速率达1~2kg/h。AeroMet公司获得了美国军方及波音、洛克希德·马丁、格鲁曼三大美国军机制造商的资助,开展了飞机机身钛合金结构件的激光直接沉积技术研究,先后完成了激光直接沉积钛合金结构件的性能考核和技术标准制定,并于2002年在世界上率先实现激光直接沉积Ti-6Al-4V钛合金次承力构件在F/A-18等飞机上的装机应用。

自"十五"开始,在国家自然科学基金委员会、国家863计划、国家973计划、总装预研计划等国家主要科技研究计划资助下,北京航空航天大学、西北工业大学、中航工业北京航空制造工程研究所、中国科学院沈阳自动化研究所等国内多个研究机构开展了激光直接沉积工艺研究、力学性能控制、成套装备研发及工程应用关键技术攻关,并取得了较大进展。

在经历了原型制造的初期发展阶段后,利用激光熔覆技术,实现同种材料的多层熔覆直接成型高性能致密金属零件的激光沉积制造技术在20世纪90年代以来成为材料加工领域众所瞩目的研究热点。全世界许多机构发展的激光沉积制造技术都具有相同的技术原理——快速原型技术的成型原理和同步送粉激光熔覆技术的逐层叠加制造相结合,但对这一技术的命名各不相同。

美国Sandia国家实验室——激光近净成型制造(laser engineered net shaping,LENS);

英国 AeroMet 公司——激光增材制造（laser additive manufacturing,LAM）；

英国伯明翰大学——定向激光制造（directed laser fabrication, DLF）；

英国利物浦大学和美国密西根大学——金属直接沉积（direct metal deposit, DMD）；

北京航空航天大学——激光金属沉积（laser metal deposition, LMD）。

西北工业大学——激光立体成型（laser solid forming, LSF）。

西安交通大学——激光金属直接成型（laser metal direct forming, LMDF）。

目前这一类激光沉积制造技术与电弧增材制造技术（wire arc additive manufacturing，WAAM）、电子束送丝增材制造技术（wire electron beam additive manufacturing，WEBAM）统称为能量沉积增材制造（energy deposition additive manufacturing，EDAM）。

第 8 章

3DP 打印技术

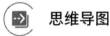 **思维导图**

扫码获取本书资源

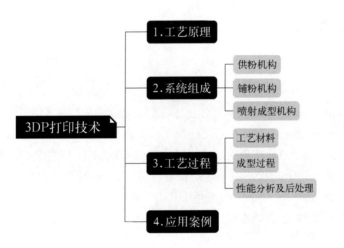

学习目标

（1）掌握黏结剂喷射成型技术的基本概念和工艺原理；

（2）掌握黏结剂喷射成型技术的系统组成；

（3）了解黏结剂喷射成型技术的适用材料；

（4）掌握黏结剂喷射成型技术的工艺过程；

（5）了解黏结剂喷射成型技术的后处理；

（6）了解黏结剂喷射成型技术的发展现状和趋势。

生活中，传统二维喷墨式打印机随处可见，我们平时用到的课本及各种资料都是靠它打印出来的，这种打印机的喷头喷出的是黑色或彩色墨水。现在，科学家已经采用相似的原理实现了三维零件的快速打印。图 8-1 所示是多喷头式黏结剂喷射。那么它具体是如何实现该过程的呢？所用到的"墨水"又与传统方式有什么不同呢？适用于何种材料及打印零件质量又如何呢？

图 8-1　多喷头式黏结剂喷射

8.1　工艺原理

8.1.1　概述

3DP（three-dimensional printing）打印技术也称三维打印成型技术，其工作原理与传统二维喷墨打印类似，不同的是喷头喷出的不是传统墨水，而是具有温敏、光敏特性的黏结剂，将成型平台上的粉末黏结成型进而实现层层堆积三维制造。3DP 打印技术由美国麻省理工学院于 20 世纪 90 年代初开发，由于 3DP 名称后被泛指增材制造技术，更多人选择使用 ASTM 标准制定的名称——黏结剂喷射成型（binder jetting, BJ）。

凭借可用材料广泛、设备成本较低、成型尺寸大及成型精度较高等优势，近年来 BJ 技术发展备受关注，已可用于高分子材料、金属材料、陶瓷材料等的制造，并在彩色模型等多材料3D 打印技术领域得到广泛应用，是当前的研究热点。

（1）黏结剂喷射成型技术特征

黏结剂喷射 3D 打印设备一般采用粉末床结构，以颗粒粉体为打印材料，以黏结剂为成型介质，由于该技术不需要激光器和精密光学器件，所以其机器成本较低。BJ 技术的可用材料范围较为广泛，涵盖高分子、陶瓷无机物及金属材料等，并具有处理高光学反射率、高热导率和低热稳定性等难加工金属材料的优势。此外，BJ 技术特征有利于减少支承结构的添加，可实现如内腔等复杂形状的制造。然而，BJ 技术也存在缺点，比如与高能束 3D 打印金属零件相比，黏结剂喷射 3D 打印件力学性能略低，且脱脂、烧结后期处理过程中存在一定程度的尺寸收缩，影响成型精度。整体而言，BJ 技术成型零件的表面粗糙度一般为 3～6μm，高于激光熔化 SLM

零件的粗糙度 12～16μm。

黏结剂喷射 3D 打印速度受喷头数量、喷射原理与黏结剂流变属性等因素控制。低喷头数 BJ 技术适用于小型零件制造，黏结剂喷射流量一般为 1cm³/min，耗时较长，为提高制造效率，目前商用喷射系统可扩展为 100 个以上喷嘴。如 Z Corporation 公司出品的 Z 402 TDP 型 BJ 打印机，其黏结剂喷射系统拥有 125 个喷头，该系列产品最大成型尺寸为 500mm×600mm×400mm，可选择的层厚范围为 0.07～0.25mm，具有成型效率高、成型尺寸大的特征。此外，该公司出品的 Z510 型 BJ 打印机可实现多种高分子材料一体成型，其出色的全色彩印刷能更好地表达零件的细节，如图 8-2 所示。

图 8-2 彩色 BJ 打印机 Spectrum Z510

（2）黏结剂喷射成型技术适用材料

最初，黏结剂喷射 3D 打印设备主要用于石膏粉以及塑料粉的成型，如打印铸造石膏模型、沙盘模型及全彩色模型等，用于建筑、艺术、装饰等模型及构件制作。随着科技的发展，BJ 技术目前已可用于金属、陶瓷等材料的增材制造。如 BJ 技术解决了高光学反射率、高热导率和低热稳定性特征的钛、铝、铜等金属的增材制造。2021 年，国外知名 3D 打印企业 Desktop Metal 与 ExOne 同时宣布突破了铝合金黏结剂喷射 3D 打印，Desktop Metal 所打印的 6061 铝伸长率超过 10%，具有比锻造 6061 铝更高的屈服强度和极限抗拉强度；2021 年，Digital Metal 宣布推出纯铜 BJ 3D 打印材料，成为第一个为黏结剂喷射 3D 打印提供官方认证的纯铜材料和工艺的设备商；2023 年，Desktop Metal 采用 Production System™ 黏结剂喷射 3D 打印机成功实现 Ti64 钛合金与 C18150 铜合金制造。

与此同时，BJ 技术还被用于制造陶瓷铸型、制芯，用于失蜡铸造及多孔陶瓷预坯制作，用液态金属浸渍后形成金属陶瓷复合物零件。此外，因 BJ 技术本身特点与传统注射成型类似，被行业认为是碳化硅等光反射性强、成型条件苛刻的特种陶瓷 3D 打印领域最有发展潜力的技术之一。

8.1.2 黏结剂喷射成型技术工艺原理

黏结剂喷射 3D 打印是一种基于粉末床工艺的增材制造技术，在计算机的控制下，根据三维模型数据来打印三维实体零件。工艺原理是以打印头作为成型源按指定路径将液态黏结剂喷射到预先铺好的粉末中，将粉末床上的一层粉末材料在选择的区域内黏结在一起，每一层粉末又会同之前的粉层在黏结剂的渗透下结合为一体，逐层黏结成为三维坯体；此后，去除多余粉料，坯体经过脱脂、烧结等后处理，最终制造出致密零件。

黏结剂喷射 3D 打印的过程无热源输出，属于冷成型，该技术无论是硬件还是材料成本都比较低。此技术适用的材料体系相较于其他 3D 打印来说得到了极大的扩展，理论上传统粉末材料体系都能适用于此 3D 打印技术。BJ 3D 打印粉体原料可对复杂结构零件成型起到支承作用，不仅减少支承结构设计，还可以实现堆叠打印，从而改善零件表面质量、提高生产效率。如目前商业砂型和金属黏结剂喷射 3D 打印机的构建体积可达 2200mm×1200mm×600mm，一次批量制造多组零件。图 8-3 所示是黏结剂喷射 3D 打印的粉床结构及黏结剂喷射系统。

图 8-3　黏结剂喷射 3D 打印的粉床结构及黏结剂喷射系统

8.2　系统组成

8.2.1　供粉机构

黏结剂喷射 3D 打印一般采用粉床工艺，其中粉末供应通常有 2 种形式：重力进料式料斗和送粉缸。

（1）重力进料式料斗

供粉机构用粉斗储存粉材，电动机 1 驱动狼牙棒形搅拌器，使粉斗中的粉材滚动，并落至由电动机 2 驱动的花键形漏粉辊上，然后经过漏粉辊上的花键形齿槽落至铺粉机构的槽口中。图 8-4 所示是重力进料式料斗。

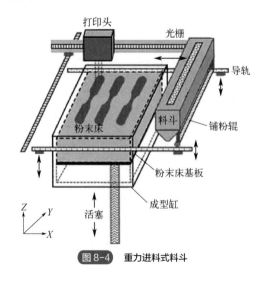

图 8-4　重力进料式料斗

（2）送粉缸

供粉机构用送粉缸提供黏结所需的粉末材料，送粉缸内的活塞上移将缸体内的粉末推出，铺粉机构把金属粉末铺设到成型缸位置，多余的粉末被推送至余粉回收槽。图 8-5 所示是送粉缸。

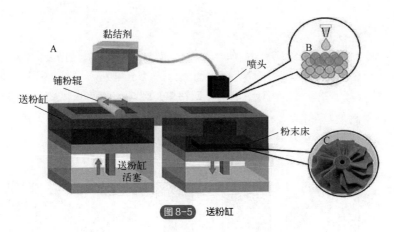

图 8-5 送粉缸

8.2.2 铺粉机构

黏结剂喷射 3D 打印的铺粉辊装置包括铺粉辊及其驱动系统，其作用是把粉末材料均匀地铺平在工作台上。电动机驱动槽口下方的铺粉辊转动，运动机构带动铺粉机构沿 Y 轴运动时，铺粉辊的平动和转动使槽口位置的粉材铺设在工作台板上，并均匀地刮平、压实，使每次铺设的粉材为设定的分层厚度。图 8-6 所示是 BJ 3D 打印及其铺粉机构示意图。

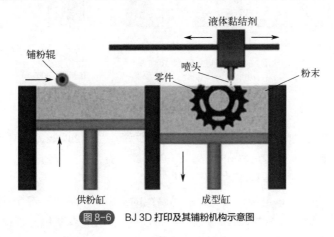

图 8-6 BJ 3D 打印及其铺粉机构示意图

8.2.3 喷射成型机构

商用的 BJ 3D 打印喷头大致分为 3 种类型，即连续喷墨打印（continuous inkjet printing，CIJ）、按需喷墨打印（drop-on-demand inkjet printing，DOD）和静电喷墨打印（electrostatic inkjet printing，EIJ）。其中，连续喷墨打印，定位精度低，不适合间断性任务；静电喷墨打印，需要喷头提取电极与衬底（基材）间形成稳定的电场，是当前的研究热点；按需喷墨打印应用最为广泛，市场认可度较高。根据驱动形式的不同 DOD 又发展出热泡按需式、气动按需式和压电按需式等。

（1）热泡式喷头

最早出现的黏结剂喷射式 3D 打印机是借助热泡（thermal bubble）喷头喷射黏结剂（"墨水"）来使粉末选区黏结成型，喷头的工作过程如图 8-7 所示。

① 通过对喷头腔内的加热电阻施加短脉冲信号，"墨水"薄层急速加热到 300℃，如图 8-7（b）所示。

② "墨水"蒸发，如图 8-7（c）所示。

③ 气泡形成并膨胀，如图 8-7（d）所示，停止加热，但残留余热仍会促使气泡迅速膨胀，由此产生的压力迫使一定量的"墨水"克服表面张力，以 5～12m/s 的速度快速从喷嘴挤出。

④ 随着温度继续下降，气泡收缩、破裂，原挤出于喷嘴外的"墨水"受到气泡破裂力量的牵引而形成分离墨滴，如图 8-7（e）所示，完成一个喷射过程。

图 8-7 所示是热泡式喷头及其工作过程示意图。

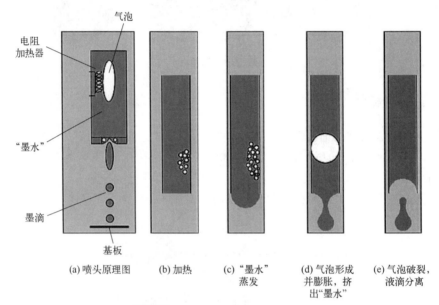

(a) 喷头原理图   (b) 加热   (c) "墨水"蒸发   (d) 气泡形成并膨胀，挤出"墨水"   (e) 气泡破裂，液滴分离

图 8-7　热泡式喷头及其工作过程示意图

热泡式喷头的结构较简单，价格较便宜，喷射频率可达到 20kHz，喷射"墨滴"直径可小于 35μm，"墨水"黏度一般为 1～3mPa·s。但热泡式喷头存在如下缺点：

① 只能用于喷射可被蒸发的水溶性"墨水"。

② 喷头中存在热应力，电极始终受电解和腐蚀的作用，这对使用寿命有影响。

③ 在工作过程中，液体受热，易发生化学、物理变化，使一些热敏感液体的使用受到限制。例如，若用热泡式喷头喷射纳米金"墨水"，当金的微粒足够小时能在 120℃左右烧结，因此，喷射液蒸发造成的高温会导致纳米金烧结在加热电阻上。当烧结其上的金层达到一定的厚度时，会使加热电阻的阻值下降，从而不能达到足够的温度。

（2）气动式喷头

气动式喷射成型由运动控制系统、伺服驱动系统、温度控制系统、驱动气压装置、压力喷头装置、供料系统以及液压系统等部分组成。气动喷射通过设置电磁阀在时间 Δt 内短暂"导通"

来实现。压强为 P_0 的高压气体通过电磁阀进入储液腔，然后通过排气管释放。这个过程在储液腔内产生振荡的正负交替的压强脉冲波形 $P(t)$，迫使液体通过微小喷嘴流出，而后断裂形成微液滴。电磁阀驱动电路气动液压系统，同时供料系统供料，在驱动气压作用下喷头喷射熔料，最终完成喷射工作。

气动喷射按照浆料喷出时的形态可以分为按需式喷射和连续式喷射，其成型过程为：浆料在压缩气体的作用下以细微液滴或液流的形式从料筒中喷出，计算机控制工作平台根据 CAD 设计的模型将粉末浆料精确输出到指定位置。气动式喷射的优点是喷射压力大，能够打印黏度较大的材料，适用材料范围广，能够对溶液、悬浮液、浆料、熔融体、胶体等有机或无机液体进行打印；打印的液体中固体含量高，固相含量能够达到 40%~50%；压缩气体的压强可以连续调节，精准地控制打印过程中送料量，提高打印件质量。

8.3 工艺过程

8.3.1 工艺材料

（1）成型粉末

黏结剂喷射 3D 打印耗材体系不断扩展，从石膏、型砂等材料扩展至钛合金、高温合金甚至铝和镁等活泼金属材料。

① 石膏粉。石膏粉是一种廉价的粉末材料，加入一些改性添加剂后就能用作 BJ 3D 打印的成型材料。这种材料在水基液体的作用下能快速固化，具有一定的强度，具有成型速度快、可实现全彩打印等特点，可用于建筑、艺术、装饰等模型的制作。图 8-8 和图 8-9 所示分别为利用石膏材料 3D 打印的建筑模型和全彩模型。

图 8-8 利用石膏材料 3D 打印的建筑模型　　图 8-9 利用石膏材料 3D 打印的全彩模型

三维扫描与 BJ 3D 打印技术相结合，可以定制个性化石膏保护架，其轻便耐用、可清洗、有助于皮肤呼吸等优点有助于骨折患者的康复。图 8-10 所示是利用石膏材料打印的修复支架。

石膏材料还可以用于实物模型、模具等的 3D 打印制造。运用高强度的复合石膏粉，可以打印出表面光滑、尺寸精度较高的医疗模型，如图 8-11 所示。

图 8-10　利用石膏材料打印的修复支架

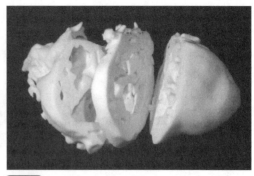

图 8-11　石膏材料打印的心脏模型，用来辅助医生在手术前进行模拟演练

也可以用石膏制作个性化的模具，价格便宜，且易于成型，能够满足人们个性化定制的需求。图 8-12 和图 8-13 所示分别为石膏材料打印的人像模型和金属模型。

图 8-12　石膏材料打印的人像模型

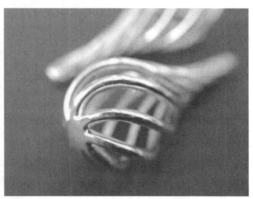

图 8-13　利用石膏材料打印出模具，再翻模而成的金属艺术品

② 淀粉。淀粉也是一种常用的廉价粉末材料，但是，它黏结成型后的强度较差，因此，成型件一般只能用于零件外观评价。

③ 陶瓷粉。陶瓷粉黏结成型后，构成半成品，再将此半成品置于加热炉中，使其烧结成陶瓷壳型，可用于精密铸造。但是，用陶瓷粉做成型材料时，所用黏结剂的黏度一般比水基液体的黏度大，喷头较易堵塞。黏结剂喷射工艺陶瓷制造技术正在不断发展，可用于先进陶瓷及传统陶瓷材料的制造，该技术具有可以生产多孔产品、材料选择灵活、尺寸限制不高、速度快、更容易实现规模化生产的优势。日本 AGC 在青岛的分公司通过 voxeljet-维捷的黏结剂喷射技术 3D 打印陶瓷模具。AGC 开发了 3D 打印用陶瓷成型材料，通过黏结剂喷射 3D 打印的陶瓷模具用来铸造不锈钢产品。

④ 铸造砂，例如硅砂、合成砂等。黏结剂喷射技术能够制造低成本、复杂形状的砂模模具，广泛用于铸造行业。图 8-14 所示为砂石黏结剂喷射 3D 打印的制件。

⑤ 金属粉，例如不锈钢粉、青铜粉、工具钢粉、钛合金、铝合金粉等。BJ 技术可用于难加工硬质金属和工具钢的复杂形状成型，不需要额外支承结构，利于实现随形冷却通道等复杂结构的设计与制造，极大提高了金属模具的设计自由度。青铜复合不锈钢以及铬镍铁合金目前常用于假肢等医疗器械的个性化制造。图 8-15 所示是 BJ 打印渗入青铜的不锈钢。

⑥ 玻璃粉，例如乳白色磨砂玻璃粉、高光泽黑色玻璃粉、高光泽白色玻璃等。

⑦ 塑料粉，例如聚甲基丙烯酸甲酯粉等。

图 8-14　砂石黏结剂喷射 3D 打印的制件

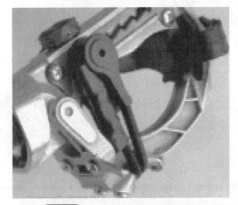

图 8-15　BJ 打印渗入青铜的不锈钢

上述为黏结剂喷射式 3D 打印可使用粉末的材料类别，根据 3D 打印设备的差异，具体粉末材料对粒径分布、形状及流动性等物化属性亦有明确要求：

① 粒度应足够细，颗粒小且均匀，一般应为 10～100μm，以保证成型件的强度和表面品质。

② 流动性好，确保供粉系统不堵塞。

③ 能很好地吸收喷射的黏结剂，形成工件截面。

④ 低吸湿性，以免从空气中吸收过量的湿气而导致结块，影响成型品质。

⑤ 易于分散，性能稳定，可长期储存。

⑥ 液滴喷射冲击时不产生凹坑、溅散和空洞。

⑦ 与黏结剂具有亲和性，相互作用后迅速固化。

（2）黏结剂

用于黏结剂喷射 3D 打印的黏结剂可分为有机、无机两大类。按照成分异同又可分为酸碱黏结剂、金属盐黏结剂和溶剂黏结剂。其中，酸碱黏结剂通过酸碱化学反应使粉末黏合，金属盐黏结剂通过盐的重结晶、盐结晶减少或者盐置换反应形成粉末间的黏结。溶剂黏结剂主要作用于聚合物粉末，可以溶解沉积区域并在溶剂蒸发后形成特定的结构。黏结剂类别、可用材料及优缺点见表 8-1。

表 8-1　用于 BJ 技术的黏结剂分类与特点

黏结剂类型		可用材料	优点	缺点
成分（有机/无机）	有机黏结剂	聚乙烯、丁缩醛树脂、酚醛树脂	适用于大部分粉末材料；易去除，残留物少	容易堵塞喷头
	无机黏结剂	硝酸铝、胶体二氧化硅	打印后加热整个粉末床，粉末黏结成零件	沉积后不会立刻与粉末发生反应
成分（酸碱成分）	酸碱黏结剂	10%（质量分数）磷酸和柠檬酸、聚乙烯吡咯烷酮	热处理后几乎没有任何残留物	仅限于少数粉末
	金属盐黏结剂	硝酸盐、硅酸盐、磷酸盐	使用盐重结晶、还原和置换反应等结合途径	盐还原过程中松散粉末必须能够抵抗热还原
	溶剂基黏结剂	氯仿	零件纯度高	常用于聚合物

黏结剂喷射 3D 打印过程中，黏结剂与粉末的相互作用直接影响打印件的几何精度、生坯强度和表面粗糙度。黏结剂-粉末相互作用机制如图 8-16 所示，黏结剂会在粉床发生一系列的渗透行为，如冲击、铺展和润湿。当黏结剂液滴撞击粉末表面时，由于黏结剂润湿粉末会在黏结剂-粉末界面处形成接触角，一旦黏结剂与粉末接触，粉末颗粒间的孔会充当毛细管将黏结剂吸收到粉末中，接触角减小，随着黏结剂液滴润湿并渗入粉末床，形成初始核，整个孔隙空间充满黏结剂。

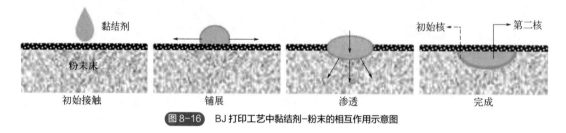

图 8-16　BJ 打印工艺中黏结剂-粉末的相互作用示意图

黏结剂与粉末的相互作用受相关固液体系的物理特性和粉床的孔隙结构的影响，黏结剂与粉末之间由于存在渗透-饱和平衡（PSTO），因此用黏结剂喷射成型技术生产的坯体的尺寸精度和强度之间不可避免地存在矛盾。零件坯体的强度随有效饱和度的增加而增加，但是渗透距离的增加对其尺寸精度产生不利影响。为了克服渗透-饱和平衡，研究人员需经常关注加工参数的优化（如粉末颗粒大小、层厚或干燥条件）。

随着金属、陶瓷等材料在 BJ 3D 打印技术中的推广应用，结合零件成型质量要求，BJ 3D 打印用黏结剂基本要求及发展趋势如下：

① 易于分散且稳定，可长期储存。

② 环保且不腐蚀喷头，目前黏结剂以有机物为主，对环境、喷头并不友好，随着环境保护意识的增强，水性黏结剂的使用将会是未来主要发展方向。

③ 低残留性。BJ 3D 打印的后续烧结本质上是一个冶金过程，如果黏结剂脱胶不彻底，会存在碳、氮、硫等残留物，影响零件最终的性能；低残留"墨水"是未来 BJ 发展的一个主要方向，适合于对碳元素敏感的金属、陶瓷等材料的生产。

④ 功能性纳米墨水。BJ 生坯烧结最大的问题是收缩和不对称变形。解决的途径主要有两个：一是采用低温渗透烧结的方法（如渗铜），通过在固相烧结的同时进行渗铜、钎料合金渗透钎焊来避免或降低收缩变形；另一个途径是采用含有金属纳米（或金属纳米前驱物）的"墨水"，"墨水"先在一个较低的烧结温度下析出金属纳米粒子，一方面起到黏结金属粉末的作用，另一方面可以填充粉末之间的间隙，这样就可以达到减少收缩变形的目的。

总体而言，当前黏结剂大多是有机聚合物，脱脂后的残留物对打印零件的性能造成了明显的不利影响。因此，开发适合 BJ 技术的抗堵塞、强度高、易脱除甚至是无须脱除的新型黏结剂成为当前国内外研究热点。如国内长沙墨科瑞于 2021 年推出环保水性黏结剂；2022 年推出第二代零残留水性黏结剂，适合金属、陶瓷粉末的 BJ 工艺。

（3）添加剂

在 BJ 3D 打印过程中，为改善粉材-黏结剂间的结合性，提高 BJ 打印零件的成型质量，添加剂成分及作用机理成为重要研究方向。常用添加剂如下：

① 打印助剂。通常采用卵磷脂作为打印助剂，它是一种略溶于水的液体。在粉末中加入少量的卵磷脂后，可以在喷射黏结剂之前使粉粒间相互轻微黏结，从而减少尘埃的形成。喷洒黏结剂之后，在短时间内卵磷脂继续使未溶解的颗粒相黏结，直到溶解为止。这种效应能减少打印层短暂时间内的变形，这段时间正是使黏结剂在粉层中溶解与再分布所需的。也可采用聚丙二醇、香茅醇作打印助剂。

② 活化液。活化液中含有溶剂，使黏结剂在其中能活化、良好地溶解。常用的活化液有水、甲醇、乙醇、异丙醇、丙酮、二氯甲烷、醋酸、乙酰乙酸乙酯。

③ 湿润剂。湿润剂用于延迟黏结剂中的溶剂蒸发，防止供应黏结剂的系统干涸、堵塞。对于含水溶剂，最好用甘油作湿润剂，也可用多元醇，例如乙二醇与丙二醇。

④ 增流剂。增流剂用于降低流体与喷嘴壁之间的摩擦力，或者降低流体的黏度来提高其流动性，以黏结更厚的粉层，更快地成型工件。可用的增流剂有乙二醇双乙酸盐、硫酸铝钾、异丙醇、乙二醇一丁基醚、二甘醇一丁基醚、三乙酸甘油、乙酰乙酸乙酯，以及水溶性聚合物等。

⑤ 染料。染料用于提高对比度，以便于观察。适用的染料有萘酚蓝黑与原生红。

8.3.2　成型过程

黏结剂喷射 3D 打印一般采用粉末床工艺，包括打印三维零件坯和坯体后处理两大步骤。BJ 工艺过程与选择性激光烧结（selective laser sintering，SLS）工艺类似，不同的是 BJ 工艺不通过激光熔融的方式黏结粉体材料，而是采用喷射黏结形式，具体过程如下：

① CAD 模型转为可打印的 STL 格式。

② 铺粉辊将供粉缸上方一定厚度的粉末铺设至成型台上方，如图 8-17（a）所示。

③ 打印喷头按照确定的工件截面层轮廓信息，有选择性地喷射液态黏结剂沉积在选择的粉末层区域上，黏结剂渗入部分粉末的微孔中并使其黏结，形成工件的第一层截面轮廓，如图 8-17（b）所示。

④ 黏结完成一层后，成型缸下降一个层厚的距离，供粉缸上升推出新的粉末，经铺粉辊推到成型缸，再开始新一层的黏结。如果零件是全彩色的，则需要额外的辅助打印头在液体黏结剂沉积后喷射着色剂，如图 8-17（c）和（d）所示。

⑤ 循环往复直到完成最后一层的铺粉与黏结，最终打印出一个三维模型。

⑥ 取出固化的零件，清除表面未固化的颗粒，将打印好的零件坯进行脱脂、烧结后处理，致密化并获得力学性能良好的零件。

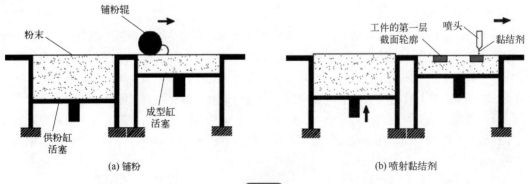

(a) 铺粉　　　　　　　　　　　　(b) 喷射黏结剂

图 8-17

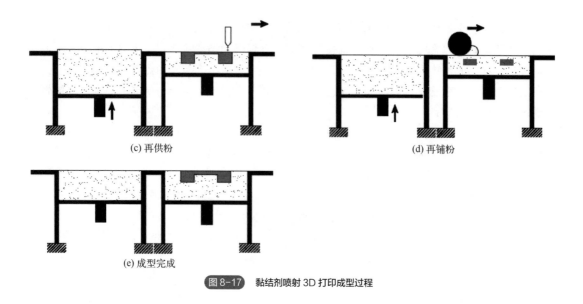

(c) 再供粉   (d) 再铺粉

(e) 成型完成

图 8-17　黏结剂喷射 3D 打印成型过程

8.3.3　性能分析与后处理

（1）性能分析

黏结剂喷射 3D 打印技术成型速度快，成型效率高，可以进行批量化生产。然而，BJ 3D 打印技术也存在明显缺点：打印金属零件时后处理烧结或浸渗难以获得高致密度零件；使用石膏粉末等作为成型材料制件时，制件的表面粗糙度受粉末粗细的影响明显；相对于立体光刻、激光选区烧结等工艺，存在打印件结构松散、模型精度和表面质量较差等现象。与高能束 AM 金属零件相比，BJ 3D 打印金属零件力学性能略低，可达到铸造水平。总体而言，由于黏结剂技术并未成熟，黏结剂-粉末匹配理论亦未得到突破性进展，当前 BJ 3D 打印所制造出的产品精度还不能与光聚合相关 3D 打印技术相媲美。

影响 BJ 3D 打印零件质量的因素可分为材料因素和工艺因素。材料因素包括粉末和黏结剂特性，粉末特性决定粉末床质量、初坯密度和致密化效果，初坯的几何形状和强度受到黏结剂的影响。工艺因素可分为两类：打印参数，主要包括层厚、黏结剂饱和度；后处理参数，包括烧结温度、时间曲线和烧结助剂、浸渗剂等因素，直接影响零件的质量和性能。

（2）后处理

从 BJ 3D 打印设备上取下的制品通常需要去除废料和支承结构，有的还需要进行打磨、抛光、表面强化及脱脂烧结等，这些工序统称为后处理。当用于高分子材料、石膏材料时，3D 打印坯体一般需要进行表面质量、成型尺寸方面的改善后处理；而用于金属和陶瓷材料时，通过 BJ 3D 打印成型的坯体件需要进行高温脱脂、烧结后处理，将黏结剂去除并实现粉末颗粒之间的融合与连接，从而得到有一定密度与强度的成品；此外，由于烧结后的零件一般密度较低，为了得到高密度的成品，还会在后处理中将一些低熔点的合金（如铜合金）在烧结过程中渗透到基体零件中。

黏结剂喷射打印后处理过程主要包括静置、去粉、固化、包覆、浸渗及脱脂烧结。

静置：将打印的零件静置一段时间，使成型的粉末和黏结剂之间通过交联反应、分子间作用力等作用固化完全，尤其是对于石膏或者水泥粉末的 BJ 3D 打印工艺，一定时间的静置对最后的成型效果有重要影响。

去粉：清理坯体表面粉末，可通过机械振动、微波振动、不同方向风吹等方式除去。

固化：根据不同类别用外加措施进一步干燥固化，例如通过加热、真空干燥等方式，当坯体凝固到一定强度后再将其取出。

包覆：表面涂覆是在基质表面上形成一种膜层，以改善表面性能的技术。如可以在打印成型的石膏工件表面涂覆 PVP（聚乙烯吡咯烷酮）、双组分液态聚氨酯、液态紫外光敏树脂等涂层，显著提高工件的强度和防潮能力。

浸渗：BJ 3D 打印坯体高温蒸发一部分黏结剂后留下空隙，有时孔隙率可达 60%以上；此时将处理坯体在毛细作用下渗入低熔点金属，从而降低其孔隙率，增加密度并提高强度。根据零件材料和结合机制，可分为低温浸渗和高温浸渗。浸渗剂必须在低于松散粉末的熔点或固相线温度下熔化，零件在浸渗过程中不产生变形。

脱脂和烧结：在烧结之前需要去除初坯中的黏结剂，即脱脂处理。对于有机黏结剂而言，可在低温（通常为 250～630℃）下加热数小时，以除尽黏结剂，然后高温烧结，烧结工艺与材料性能密切相关并影响零件的组织和性能。如果脱脂不完全，残留的黏结剂也会改变材料成分，并影响最终零件性能。

此外，为了强化烧结工艺，对脱脂坯体可以采用热等静压、真空等烧结方式。其中，热等静压法的主要原理是帕斯卡原理，即在一个密封的容器内，作用在静态液体或气体的外力所产生的静压力，将均匀地在各个方向上传递。在高温高压作用下，热等静压炉内的包套软化并收缩，挤压内部粉末使其与自身一起运动。如 Yegyan 等对 BJ 3D 打印的铜零件实施热等静压，孔隙率从烧结后的 2.90%降至 0.37%，具有消除孔隙的作用。

8.4 应用案例

8.4.1 BJ 3D 打印技术在不同领域的应用

（1）连续渐变全彩色柔性/高强度塑料件

成型全彩色工件是 3D 打印机的一个重要应用方向，目前，具有这种功能的打印机有多喷头喷射式（例如 PolyJet、MultiJet）3D 打印机和黏结剂喷射式 3D 打印机。长期以来，以石膏粉为主要成型材料的黏结剂喷射式 3D 打印机虽然可以成型彩色工件，但是色彩比较单调，工件强度较差，缺乏弹性。3D Systems 公司近年来生产的以塑料粉为成型材料的 Prolet4500 黏结剂喷射式 3D 打印机采用 Color Jet Printing（CJP）技术，彻底克服了上述弊端，能打印连续渐变色的全彩色柔性/高强度塑料件,成为黏结剂喷射式 3D 打印的典型应用。CJP 技术按照 CMYK（青、洋红、黄、黑）印刷色彩模式，通过不同的喷头喷射不同比例的 4 种原色，不仅可使其混合叠加得到丰富的全彩色，拥有近百万个独特色彩的可能性，而且能实现连续渐变，因此用户无须进行后期喷涂，就能使打印件具有绚丽、柔和的表面色彩，从而可快速、逼真地表达最终产品的特性。黏结剂喷射成型技术打印的彩色制件如图 8-18 所示。

图 8-18　彩色的花球（Projet 660）

（2）大型铸造砂模/熔模件

由 Exone 公司和 Voxeliet 公司生产的大型 BJ 3D 打印机采用组合的宽幅多喷嘴喷头，用很高的频率喷射黏结剂，有很高的成型效率（0.3～0.4m³/h），而且采用无机黏结剂打印时，可得到类矿石材质的高强度砂模，因此特别适合打印成型大型铸造砂模/熔模。图 8-19 所示是喷射黏结成型的砂型（芯）。

(a) 复杂管路砂芯　　　　　　　(b) 发动机缸盖上水套砂芯

图 8-19　喷射黏结成型的砂型（芯）

（3）复杂形状金属零部件

BJ 3D 打印技术目前应用广泛，可以打印具有悬垂、复杂内部特征和无残余应力的金属零件。例如，医疗领域中打印的义齿框架、外科植入物等。用 BJ 3D 打印技术来打印网状轻量化和中空等工业产品和艺术品，生产效率高，生产成本低。BJ 3D 技术打印的金属制件如图 8-20 所示。

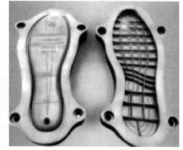

(a) 艺术装饰品316LL　　　(b) 渗青铜涡轮部件　　　(c) 金属鞋模(武汉易制)

图 8-20　BJ 3D 技术打印的金属制件

近年来，金属 BJ 技术受到人们极大关注，该技术具有高效率和低成本优势。现有金属 BJ 设备打印速度高达 12000cm³/h，最大成型体积 800mm×500mm×400mm。目前 BJ AM 打印的金属材料包括不锈钢、镍基高温合金、钛合金等，其中，打印的 Ni 625 合金致密度可达 99.2%，强度达 718MPa。金属 BJ 面临的主要问题是致密度低、黏结剂残留和零件收缩变形严重等，因此需要改善其铺粉质量、开发新型黏结剂等。

（4）复杂形状陶瓷零部件

碳化硅、铁氧体等深色陶瓷材料具有光散射性强、吸收紫外光等特征，以激光为成型源的立体光刻、数字光固化、激光选取烧结等工艺难以实现高效成型。而黏结剂喷射 3D 打印技术可以完美适用于碳化硅陶瓷等特种陶瓷领域的增材制造。如 Desktop Metal 公司在黏结剂喷射 3D 打印氮化硅、碳化硅陶瓷领域已取得了重要成果。烧结前后氮化硅构件如图 8-21 所示。

(a) 烧结前氮化硅构件　　　　　　(b) 烧结后氮化硅构件

图 8-21　烧结前后氮化硅构件

8.4.2　BJ 3D 打印技术面临的主要问题及展望

（1）优化铺粉质量以提高表面均匀性和致密度

BJ 3D 打印过程中粉末铺展的好坏将直接影响粉末床密度，进而影响坯件和最终零件的致密度。目前，粉体特征及铺展条件对粉体流动行为的影响规律还不明确；BJ 采用黏结剂与粉体结合，成型区的粉体高度未降低，在后续铺粉时会碰擦已黏结层，导致粉末铺展不均匀，甚至导致成型层出现错位现象。为了改善这个问题，需对 BJ 中的粉末铺展行为进行研究和预测，还需研制出与 BJ 工艺相适应的铺粉机制。

（2）黏结剂和粉末的相互作用需深入研究

黏结剂和粉末颗粒之间的相互作用对坯体的几何形状、强度及零件质量有着很大影响。但目前黏结剂-粉末相互作用机理尚不明确，还需要深入研究。

（3）黏结剂体系需丰富和完善

目前用于 BJ 技术的成熟黏结剂相对较少，在打印过程中会出现易堵塞、强度低、难脱除等突出问题，并且大多数黏结剂并不能适用于多种粉末打印。另外，现有黏结剂大多是有机物，脱脂后的残留物也会影响打印零件的性能。因此，研制适合多种类型金属打印，抗堵塞、强度高、易脱除或无须脱除的新型黏结剂是 BJ 技术急需解决的问题。

（4）复杂零件烧结收缩预测与补偿

目前的模型预测一般为简单的几何形状，但实际加工中往往为复杂零件的加工，因此，研究复杂零件的收缩规律及调控工艺极为重要。探究 BJ 打印典型材料的烧结变形机制及抑制收缩变形方法，对复杂零件烧结进行收缩预测和补偿，保证 BJ 打印复杂零件的精度可控。

本章小结

黏结剂喷射 3D 打印技术具有成型效率高、设备成本低、支承结构少等特点，不仅适用于石膏、型砂、陶瓷等材料的制造，也适用于光学反射率、高热导率和低热稳定性金属等材料的成型，具有广阔的应用前景。再加上允许大尺寸打印、多材料打印、适应于批量生产的特点，使其成为投资者在 3D 打印领域投资的热门技术。BJ 3D 打印成型过程不需要支承，多余粉末的去除比较方便，特别适合于作内腔复杂的原型，使得该技术在模具、建筑、玩具和艺术行业等都有广泛的应用。然而，目前 BJ 3D 打印技术仍具有成型表面质量较低、力学性能较低、黏结剂种类较少等问题，有待进一步完善。

 练习题

1. 什么是 3DP 打印技术？
2. 黏结剂喷射成型技术的工艺原理是什么？
3. 黏结剂喷射式 3D 打印机的系统组成有哪些？
4. 简述黏结剂喷射成型的工艺过程。
5. 黏结剂喷射式 3D 打印机常用的粉末有哪些？
6. 黏结剂分为哪几种类型？作用分别是什么？
7. 简述黏结剂与粉末的相互作用机制。
8. 黏结剂喷射式 3D 打印机需要哪些添加剂？
9. 黏结剂喷射成型技术制造的零件有哪些优缺点？
10. 影响黏结剂喷射成型 3D 打印零件质量的因素有哪些？
11. 用黏结剂喷射成型技术打印的零件，需要进行的后处理有哪些？

参考文献

[1] 魏青松，衡玉花，毛贻桅，等. 金属粘结剂喷射增材制造技术发展与展望[J]. 包装工程, 2021, 42(18): 103–119, 12.
[2] 刘伟军. 快速成型技术及应用[M]. 北京: 机械工业出版社, 2005.
[3] 王运赣，王宣. 黏结剂喷射与熔丝制造 3D 打印技术[M]. 西安: 西安电子科技大学出版社, 2016.
[4] 高凡，王桂冉，姜凯. 工艺参数对气动式喷射成型三维打印沉积线质量的研究[J]. 现代制造技术与装备, 2019(08): 21–23.
[5] 包伟捷. 气动微液滴喷射状态的预测和控制方法研究[D]. 北京: 北京工业大学, 2021.
[6] Gonzalez J, Mireles J, Lin Y, et al. Characterization of ceramic components fabricated using binder jetting additive manufacturing technology[J]. Ceramics International, 2016, 42(9): 10559–10564.

[7] 柳朝阳，赵备备，李兰杰，等. 金属材料 3D 打印技术研究进展[J]. 粉末冶金工业，2020, 30(02): 83-89.

[8] Kumar A，Bai Y. Eklund A, et al. The effects of hot isostatic pressing on parts fabricated by binderJetting additive manufacturing[J]. Additive Manufacturing, 2018, 24: 115-124.

[9] 樊自田，杨力，唐世艳. 增材制造技术在铸造中的应用[J]. 铸造，2022, 71(01): 1-16.

[10] Mostafaei A, Elliott A M, Barnes J E, et al. Binder jet 3D printing: Process parameters, materials, properties, modeling, and challenges[J]. Progress In Materials Science, 2021, 119: 100707.

[11] 李婷. 基于粘结剂喷射的陶瓷 3D 打印技术国内研究进展[J]. 锻压装备与制造技术，2023, 58(01): 87-93.

[12] 孙志雨，崔新鹏，李建崇，等. 金属/陶瓷粉末 3D 打印技术及其应用[J]. 精密成形工程，2018, 10(03): 143-148.

[13] 南阳瑞，杨奇龙，刘俊明. 金属粘结剂喷射技术控制收缩变形的方法探索[J]. 产业创新研究，2022(12): 102-104.

拓展阅读

最新突破：黏结剂喷射完成攻克钛合金、铜合金、铝合金 3D 打印制造

2022 年 3 月，Desktop Metal 宣布，采用自家的 Production System™黏结剂喷射金属 3D 打印机成功攻克 Ti64 钛合金与 C18150 铜合金制造。至此，该公司完成攻克黏结剂喷射金属 3D 打印最难以成型的钛合金、铝合金、铜合金的制造。

（1）攻克 Ti64 钛合金黏结剂喷射 3D 打印制造

钛合金成型工艺的攻克是与 TriTech Titanium Parts 公司合作完成的，该材料已获得后者的认证。TriTech 专注于钛合金零部件生产，拥有金属注射成型、精密铸造以及黏结剂喷射 3D 打印三种生产技术，可提供从小批量到大批量的钛合金精密零件制造。TriTech 公司在使用黏结剂喷射 3D 打印制造零件时，首先采用该工艺打印生坯，然后在真空中烧结至约 98%的致密度，根据应用还会涉及后续机加工或表面精加工。

航空航天、船舶和汽车领域是 TriTech 的主要市场，作为一家经验丰富的钛合金零件制造商，该公司寻求使用不同的工艺制造不同需求的零件。对于 3D 打印技术而言，其优势在于制造复杂结构，但传统的基于激光或电子束的金属 3D 打印技术不仅效率低而且成本高昂，难以实现批量化制造。黏结剂喷射工艺则是兼具成型效率、成本和复杂结构制造的改善型解决方案。图 1 所示是采用黏结剂喷射 3D 打印工艺制造的 Ti64 零件。

图 1　采用黏结剂喷射 3D 打印工艺制造的 Ti64 零件

TriTech 公司的负责人 Robert Swenson 表示，"通过黏结剂喷射 3D 打印，即使是最复杂的钛合金零件

生产也可以大大简化制造流程并能够以更低的成本实现。我们非常自豪能够成为全球第一家使用黏结剂喷射3D打印钛合金的团队，同时能够为客户提供这种新的制造技术。"

（2）攻克C18150铜合金黏结剂喷射3D打印制造

Desktop Metal表示，C18150铜合金成型工艺是与全球前五名汽车制造商合作的系列生产项目的一部分，这家汽车公司一直较为神秘。

山特维克开发并提供了C18150粉末，在P-1机型上完成打印并烧结后可获得98%~99%致密度，能够满足汽车制造商的使用需求，因此获得了DM的认证。C18150是一种铬锆铜，兼具强度、导电和耐腐蚀性，适用于广泛的工业和商业应用。它还能够承受高达500℃的工作温度，使其成为汽车行业某些应用的理想选择。图2所示是采用黏结剂喷射3D打印工艺制造的C18150铜合金零件。

5cm

5cm

图2　采用黏结剂喷射3D打印工艺制造的C18150铜合金零件

不过，Desktop Metal并不是第一家认证铜材料黏结剂喷射3D打印的制造商。3D打印技术参考已经报道过，2021年，Digital Metal宣布推出纯铜3D打印材料，成为第一个为黏结剂喷射3D打印系统提供官方认证的纯铜材料和工艺的设备商。

（3）攻克6061铝合金黏结剂喷射3D打印制造

2021年，Desktop Metal与Exone同时宣布突破了铝合金黏结剂喷射3D打印制造。Desktop Metal所采用的材料由Uniformity Labs提供，新型粉末可以进行高浓度烧结，这是两家公司经过多年合作开发的一种低成本原料，可生产出完全致密的可烧结6061铝，伸长率超过10%，并具有相比锻造6061铝更高的屈服强度和极限抗拉强度。Exone虽没有公布其材料来源，但表示是与福特汽车公司合作实现的。

Desktop Metal创始人兼首席执行官Ric Fulop表示，Desktop Metal很荣幸能与经验丰富的制造商合作，为黏结剂喷射带来新解决方案。随着新材料的加入，该公司已经可以采用黏结剂喷射工艺成型23种金属，包括具有挑战性的铜、铝以及钛。

（4）钛合金、铜合金、铝合金黏结剂喷射3D打印制造的难点

根据3D打印技术参考此前的介绍，钛合金的打印和烧结过程对氧含量很敏感，如果过程控制不好，

便难以实现零件致密化以及好的延伸率，设备稳定性、温度均匀性都是考量指标。这些因素造成采用黏结剂喷射来打印钛合金变得困难。

2020 年和 2021 年，Desktop Metal 分别推出了基于其 Studio 桌面 3D 打印系统的材料，这是针对以烧结为基础的铜和钛（合金）3D 打印工艺的一项突破。

同样在 2021 年，Desktop Metal 和 Exone 同时宣布突破铝合金黏结剂喷射 3D 打印，这一进步则具有更重要的意义，易氧化的钛、铜在采用黏结剂喷射打印生坯时无疑将会沿用类似的气氛保护方法。

Desktop Metal 与 TriTech 的合作则于 2022 年开始，基于后者本身所拥有的丰富钛合金注射成型经验，将其过渡到 3D 打印，则将为真正的制造带来最后的突破。至于铜合金方面，目前没有更多的报道。

（5）评论

在 3D 打印技术参考看来，钛合金、铝合金以及铜合金能够采用黏结剂喷射实现 3D 打印制造，无疑将带来革命性的影响，势必加速金属 3D 打印高效、低成本和批量化制造的进程，并能拓展更多的行业应用。

但需要指出的是，无论材料是否容易成型，该技术本身还需要关注整个制造流程效率的问题。已经有许多分析文章指出，该技术所制造的早期生坯零件存在强度和粉末清理问题，大量的手工操作将为批量制造带来诸多不利，轻则影响制造效率，重则影响制造质量，自动化水平并不比当前基于激光的金属 3D 打印高。